职业教育“十三五”规划教材
工程造价（经济）专业系列规划教材

平法识图与钢筋算量

张君率　关　升　主　编
于甜甜　张　帅　副主编

科学出版社
北　京

内 容 简 介

本书以 11G101 系列平法图集为依据，针对现浇钢筋混凝土框架、框架-剪力墙、剪力墙结构类型中的结构构件进行了分别介绍，包括课程导入、现浇钢筋混凝土柱、现浇钢筋混凝土梁、现浇钢筋混凝土板、现浇钢筋混凝土剪力墙、现浇钢筋混凝土楼梯及现浇钢筋混凝土基础等七个部分的内容，书中将每个构件作为一个项目，每个项目大致分为熟悉构件类型、构件识读和钢筋计算三部分。书中用完整图纸案例作为载体，全面详解钢筋信息的识读和钢筋计算的思路方法，为平法相关知识的学习提供了帮助和参考。

本书可作为高等学校、高职高专建筑经济与管理类、建筑施工类专业的课程教材，也可作为工程造价人员岗位培训教材，还可供相关工程造价管理人员参考。

图书在版编目（CIP）数据

平法识图与钢筋算量/张君率，关升主编. —北京：科学出版社，2015

（职业教育“十三五”规划教材 • 工程造价（经济）专业系列规划教材）

ISBN 978-7-03-045382-2

Ⅰ. ①平… Ⅱ. ①张…②关… Ⅲ. ①钢筋混凝土结构-建筑构图-识别-职业教育-教材②钢筋混凝土结构-钢筋-计量-职业教育-教材 Ⅳ. ①TU375

中国版本图书馆 CIP 数据核字（2015）第 191912 号

责任编辑：万瑞达 / 责任校对：刘玉靖

责任印制：吕春珉 / 封面设计：耕者工作室

科 学 出 版 社 出版

北京东黄城根北街 16 号

邮政编码：100717

http://www.sciencep.com

新科印刷有限公司 印刷

科学出版社发行 各地新华书店经销

*

2015 年 10 月第 一 版 开本：787×1092 1/16

2020 年 12 月第六次印刷 印张：14 1/4

字数：330 000

定价：34.00 元

（如有印装质量问题，我社负责调换〈新科〉）

销售部电话 010-62134988 编辑部电话 010-621350784（VA03）

前　言

本教材主要依据国家建筑标准设计图集11G101—1混凝土结构施工图平面整体表示方法制图规则和构造详图（现浇混凝土框架、剪力墙、梁、板）、11G101—2混凝土结构施工图平面整体表示方法制图规则和构造详图（现浇混凝土板式楼梯）、11G101—3混凝土结构施工图平面整体表示方法制图规则和构造详图（独立基础、条形基础、筏形基础及桩承台基础）进行编制。教材重点突出建筑结构施工图的识读、理解，根据平法制图规则进行结构信息的解读，结合标准构造详图对现浇钢筋混凝土结构构件的钢筋量进行计算。全书贯穿完整图纸逐个构件识读计算，其中穿插大量图例进行祥解。同时，教材编写强化实践能力，通过对不同现浇钢筋混凝土构件钢筋信息识读和计算方法的介绍，系统的表现了钢筋工程计算的整体思路和方法，以完整的结构图纸为主线强调了结构图纸识读的方法和每张图纸之间的联系，在一定程度上解决了学生在面对大量图纸无从下手的情况，为学生今后从事建筑工程施工管理、工程预算、工程监理等方面工作提供了帮助。

教材学时数为56学时，包括理论学时36和实践学时20。具体分配如下：

序号	课程内容		总学时	授课	练习
（一）	课程导入	平法概述	1	1	
		钢筋概述	1	1	
		钢筋平法计算基本原理	2	2	
（二）	现浇钢筋混凝土柱	熟悉柱分类	1	1	
		识读柱平法施工图	2	1	1
		柱钢筋计算	5	3	2
（三）	现浇钢筋混凝土梁	熟悉梁分类	1	1	
		识读梁平法施工图	3	2	1
		梁钢筋计算	8	4	4
（四）	现浇钢筋混凝土板	熟悉板分类	1	1	
		识读板平法施工图	3	2	1
		板钢筋计算	6	3	3
（五）	现浇钢筋混凝土剪力墙	熟悉剪力墙构成	3	2	1
		识读剪力墙平法施工图	3	2	1
		剪力墙钢筋计算	6	3	3
（六）	现浇钢筋混凝土楼梯	熟悉楼梯分类	1	1	
		识读楼梯平法施工图	1	1	
		楼梯钢筋计算	2	1	1
（七）	现浇钢筋混凝土基础	熟悉基础分类	1	1	
		识读基础平法施工图	3	2	1
		基础钢筋计算	2	1	1
合　计			56	36	20

本教材由天津国土资源和房屋职业学院张君率和黑龙江建筑工程学院关升主编。具体编写分工如下：项目 1～项目 3 由张君率编写，项目 4 项目～项目 6 由关升编写，课程导入由于甜甜和山东城市建设职业学院张帅共同编写。

教材在编写过程中参考了广大师生的宝贵意见，在此一并致以诚挚的谢意！特别感谢天津国土资源和房屋职业学院柳英吉老师的支持和帮助。同时希望广大读者提出宝贵意见，以资我们在后续的教学中持续提高。

目　　录

课程导入

钢筋平法概述

学习提示 钢筋平法是结构施工图的表示方法，建筑结构施工图主要表达三个方面的内容构件的位置、构件的形状尺寸及构件的配筋情况。准确识读结构图纸是实现工程项目目标的基础性工作，学生要将结构施工图与建筑施工图结合识读，运用科学的识图方法，为施工、监理、预算等相关工作奠定坚实的基础。

知识目标 熟悉钢筋平法的含义及现实意义；了解钢筋平法的形成过程；熟悉建筑所用钢筋的种类和级别；掌握钢筋计算的基本思路；熟悉抗震等级、设防烈度、混凝土强度等级等对钢筋计算的影响。

能力目标 通过学习本课程内容的学习，可以识别出结构施工图平法标注与传统标注的差异及平法标注的优势；可以通过识别钢筋牌号及钢筋符号确定钢筋的抗拉强度；可以根据工程项目概况等背景资料确定建筑物抗震等级；可以根据建筑物所处的环境条件确定出环境类别；可以根据混凝土强度等级、抗震等级和钢筋的类别确定钢筋基本锚固长度。

0.1 平法概述

【知识目标】 通过本项目内容学习熟悉钢筋平法的含义和现实意义；了解钢筋平法的形成过程。

【能力目标】 可以识别出结构施工图平法标注与传统标注的差异及平法标注的优势。

0.1.1 平法的概念

平法的全称是建筑结构平面整体设计方法，它是一种结构施工图的表示方法。而且是针对钢筋混凝土结构来进行研究的，如现浇混凝土框架、框架——剪力墙、剪力墙等结构类型。

平法的表现形式是把结构构件的尺寸和配筋（主要是配筋情况）等按照平面整体表示方法的制图规则，直接表达在各类构件的结构平面布置图上，再与标准构造详图相配合，构成一套完整的结构设计。

在对平法的学习和理解过程中我们必须搞清楚平法的本质，通过对其概念的理解，我们清晰的知道只有在建筑工程中的现浇混凝土框架、框架—剪力墙、剪力墙等结构类型的建筑结构施工图才可以用平法来表示，那么同样是这几种结构类型的建筑的给排水施工图、采暖施工图等都不可能用平法来表示出来。只有深刻理解其本质我们才能在今后的学习过程中保持较为清晰的思路，从而更好的掌握平法知识。

0.1.2 平法的形成

1. 结构设计的一般过程

（1）结构方案设计

结构方案设计是结构设计工程师最富创造性的工作。通过结构方案设计，初步实现了结构的从无到有，建筑设计师与结构设计师是一对紧密合作的搭档，他们共同创造的劳动成果就是我们人类居住、工作及休闲，贮存、安置物产和设备的自然界里原本并不存在的建筑。结构方案设计和建筑方案设计是各自专业创造的开端，但创造的性质有所不同。建筑方案属于原始创作，第一次构想出自然界里原来没有的物质存在的虚拟形态；结构方案则属于在建筑原创基础上的再创造，使这件构想中的新生事物具备了存在的可能。除某些结构功能占绝对比重的构筑物外，房屋建筑的结构创作通常不会独立于建筑创作而存在。

建筑与结构两个专业在其创作性质上的区别，决定了建筑师的主导地位，同时在某种程度上限制了结构工程师的创造空间。但是，如果没有结构工程师的配合，楼房绝不可能建造起来，这正是结构设计专业的必要性所在。当然，受时代结构技术的限制，建筑师的

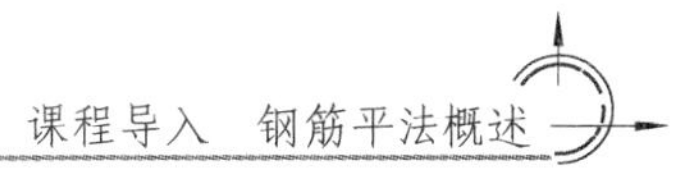

创作空间也会同样受到相当程度的束缚。结构方案设计属于结构工程师的最高级劳动，优秀的结构设计方案既可以保证结构的可靠度，又能使结构受力合理并节约材料，同时能够满足建筑功能、空间与造型等要求。

结构方案设计是否合理至关重要。从某种意义上来讲，结构工程基本属于隐蔽工程，结构施工完成后，总是要进行覆盖内外全部表面的建筑装饰，建筑装饰在给结构穿上了华丽外衣的同时，也隐蔽了结构局部的优点和缺点。但结构设计基本上满足建筑师所希望的空间要求，且仅承受重力荷载时，结构设计的优劣在短时期内通常是不明显的。但是，当经受非重力荷载如温差、飓风、地震等作用时，或当经历一段较长时期后，结构设计的优劣将会突出显现。高水平的结构设计师十分清楚，结构方案的合理与否，将决定整个结构设计的优劣。

对于如此重要的结构方案设计，结构设计工程师应花费足够的时间和精力缜密思考，反复斟酌。在结构方案设计上所花费的时间应当在总的设计周期内占相当比重，才可与结构方案自身的技术价值相称。遗憾的是，在我国普遍采用传统施工图设计方法时期，根据平法创始人陈青来教授在 1993 年所做的不完全统计，用于结构方案设计的时间却仅占全部设计周期的 2%左右。由于传统设计方法极其繁琐，施工图设计阶段通常约占去总设计周期的 80%，结构设计工程师为了赶工期，不得不将大部分时间用于绘图。这种因繁琐的传统设计方法导致工作价值与所用时间不成比例的状况，直到结构设计工程师普遍采用平法后才得到了显著改善。

（2）结构计算分析

结构方案设计完成后，结构设计进入计算、分析阶段。结构计算分析是结构工程师的重要工作，需要严谨的工作素质、扎实的理论基础和丰富的设计经验，但其创新含量应低于结构方案设计。结构计算分析是在结构方案设计的基础上，应尽量准确的简化荷载，并将简化后的荷载尽可能准确的作用到结构相应部位，继而采用适合本结构体系的力学计算方法求解结构内力，然后对内力组合的控制截面进行构件的强度计算，以及必要时进行构件的刚度验算，经过这些主要步骤之后，所获得的计算与验算结果将作为设计结构施工图的依据。应该清楚的是，在真实的建筑结构计算分析中不存在精确解，只存在控制解。在结构设计中，当我们采用现行混凝土结构设计基本理论对结构进行强度计算和刚度验算时，对选定计算截面内力的真实性通常不做具体评价，正因如此，使结构设计工程师对他们所做计算工作的准确程度往往缺少清醒的认识，从而过于相信并非精确甚至说不上是准确的而仅能起到控制作用的计算结果，忽视了某种程度上更为重要的概念设计方法。通过结构计算分析只能将误差控制在能够保证安全度的较小程度，但误差不可避免。对于实验室以外的实际工程中客观存在的真实内力，只能做到尽可能的趋近。我国大规模基本建设和大量高层建筑的起步，适于二十世纪八十年代左右，电子计算技术已经开始步入成熟期。伴随我国高层建筑的起步，计算分析程序随之在结构设计中发挥了巨大作用。目前我国大部分结构设计工作均采用相应设计软件完成，同时我们也要意识到计算机并不会将钢筋混凝土结构的内力计算、强度计算与刚度验算得到的控制解升级为实际不存在的准确解。计算机的广泛应用大幅度提高了计算效率，使结构设计人员不再陷入繁重的计算工作之中，经不完全统计，我国结构设计工程师用计算机进行结构分析所用的工作时间，仅约占全部结构设计工作周期的 15%～20%。

（3）结构施工图设计

结构施工图设计的工作内容，是将结构方案设计、结构强度或刚度计算分析后的结果，用具体的图形表达出来，形成施工图设计文件。结构施工图就是结构设计的产品。该阶段的工作内容，相对于结构方案设计与结构计算分析这两个阶段，无很多创造性。结构施工图设计不属于结构设计中富含创造性的高级劳动。结构设计人才在结构设计三阶段中的合理使用，应该是最高级设计人员主要进行结构方案设计，中、高级设计人员主要进行结构计算分析，而结构施工图的绘制则可由一般设计人员来完成。

在我国未推行平法结构设计之前，各设计阶段所耗费时间占整个设计周期的比例：结构方案设计阶段约为 2%，结构计算分析阶段约为 15%～20%，结构施工图设计阶段约为 80%。显然，各设计阶段工作耗时比例与其工作性质上重要性相比，形成过大反差。仅从这一现象，亦可反映出结构施工图传统设计方法的效率明显偏低。

从以上结构设计的一般过程我们不难看出结构设计的难易程度遵循的是从复杂到一般的规律，除此之外我们还能看出结构设计每个过程对设计人员的要求也是不同的。

2. 传统结构施工图在设计过程中存在的问题

在平法得到推广之前，我国的结构施工图是先绘制出构件的平面布置图，然后将每个构件进行编号和索引构件详图，最后绘制出各个构件的详图，每个构件的详图都要通过一个正投影和多个截面图来表达出来，如一根楼层框架梁，在梁的支座部位和跨中部位其钢筋情况肯定是不同的，那么为了表达这个梁，除了要绘制它的正投影图（钢筋的布置情况）之外，还要把不同部位的截面图绘制出来，这样一来我们的结构设计人员就把大部分的时间停留在了大量绘制相同构件做法和类似构造做法的工作上了，结构施工图设计表达繁琐、图纸量大、设计效率低、设计质量难以控制、设计成本高、设计完成后的校对和审核工序相应烦琐，由于结构设计是建立在建筑设计基础之上且受建筑设计的制约，所以建筑师在设计过程中对建筑图的变动都会影响结构施工图设计，废图量较大。

传统结构施工图设计存在的问题主要表现在以下几个方面：

（1）传统方法将大量重复性内容与创造性设计内容混到了一起

在计划经济时期，建筑设计被错误的划为上层建筑，导致对建筑设计的基本属性产生认识上的混乱。进入市场经济时期后，建筑设计的商品属性逐渐显现出来，现已形成社会共识。建筑设计有成本、价值和使用价值，通过货币方式进行物质交换，具备了商品的普遍特征。但建筑设计又不同于普通商品，它不是成批生产，而是逐个进行设计和建造。如果同一项设计用于建造第二座甚至多座建筑，那么，从第二座建筑开始，该设计已经失去了设计的意义而变为套图，其价值也相应减小。建筑设计的特殊属性，给我们的重要提示为：建筑设计应以创造性设计内容为主，重复性内容应尽量减少。结构设计是整个建筑设计的重要环节，结构设计也应以创造性设计内容为主，并尽可能的减少重复性内容。由此可见，结构设计与建筑设计的特殊属性相同，都是以创造性为主的生产活动。

结构图的传统表示方法以平面布置图为中心，派生出多张构件详图来表达构件的设计内容。平面布置图与构件详图之间，存在多种重复。例如，在梁的平面布置图上，已经注明了梁的跨度和顶面标高，但在梁的详图上还要重复标注一次；再如，每张梁的详图上都多次绘制了雷同的节点构造和构件本体构造，多次标注了钢筋的连接、锚固长度、抗震箍筋加密区范围等等。这些重复不仅大幅度降低了设计效率，而且也加大了出错概率。由于平面布置图与构件详图有关联，当为配合建筑学专业的设计调整，或者结构专业本身需要进行设计调整时，在紧张的设计工期下，往往改动了平面布置图，而漏掉了构件详图中应做的相应改动，或者改动了构件详图而漏掉了平面布置图上的相应改动。根据不完全统计，结构设计专业约有三分之二左右的错漏碰缺与表达内容的重复有关。此外，由于结构专业的设计阶段相应滞后于建筑学专业，加上采用传统结构设计方法导致的低效率，致使结构专业经常在工程项目诸多专业关联设计阶段的时间控制中拖后腿。在建筑学、结构、给排水、采暖通风、电气等各专业的设计配合中，结构设计专业经常处于被动状态。

（2）传统结构设计方法导致建筑设计与结构设计专业人员比例不合理

在我国未推行平法以前，建筑设计院中结构与建筑学专业人员的比例约为 3∶2，而在日本等发达国家约可低至 1∶7 左右。虽然如此，我国结构设计人员却仍然经常性的超负荷工作，成为建筑设计院中风险责任最高，工作最辛苦，而工作报酬却相对较低的专业。

在我国尚未推广平法时，计算机 CAD 软件的编制依据繁琐的传统方法，CAD 设计图纸的表达方式与人工绘图同样繁琐。由于计算机远做不到人工绘图时的灵活归并，结果用计算机绘图的图纸量，比人工绘制的图纸量还要多，甚至翻倍，且成图率不高，设计成本比人工更高。当时，建筑设计院采用计算机绘图，经常会出现工期急迫不敢用，结构复杂用不成的奇怪现象，甚至为了完成上级管理部门下达的计算机绘图量化指标，而将已经人工设计绘制完毕并已付诸施工的设计项目，再用计算机绘制一遍以搪塞上级部门检查的奇怪做法。过低的结构设计效率不仅造成建筑设计单位中建筑与结构设计人员比例的不合理，而且影响到整个建筑行业人才的合理布局。工程设计项目最终必须通过施工来实现，结构设计效率过低自然占用结构人才过多，国家培养的大量土建技术人才纷纷涌入设计部门，使施工单位严重缺少土建技术人员的状况长期得不到缓解，导致全国范围施工队伍的平均技术水平偏低，不利于保证施工质量，更不利于施工技术方面的科技进步。

（3）传统设计难以保证校对与审核质量

校对与审核是结构设计非常重要的两个环节，对确保设计质量起着重要的控制作用。但是，由于传统设计表达过于繁琐，实际设计工作中又不可能给最后阶段的校对与审核预留充足的时间，因此，难以保证校对与审核质量。

为了提高设计效率，我国南部沿海发达城市，曾经大面积采用列表法表达结构设计。列表法所绘制的结构平面布置图与传统方法基本相同，而构件详图则与传统方法有明显区别。列表法不必逐根梁或逐根柱的绘制单构件正投影透视图和截面详图，而采用绘制一根示意性的梁及示意性截面，或绘制一根示意性的柱及示意性截面，并将梁或柱的所有几何元素和配筋元素全部罗列在表格中。列表法以集中数据的方式替代了图形表达方式，从现象上看，的确省略了部分图纸，但本质上仍然将创造性设计内容与重复性内容混到了一起，且混合的方式更加隐蔽。因此，列表法仅仅是对传统方法进行改良而非改革，并未触及传统方法本质上的问题。列表法表格中的数据隐含着大量重复性内容，同时也隐蔽了错漏碰缺，使校对与审核更难发现问题，只能随着施工进度，在施工的各个阶段逐步发现，予以处理。列表法能适应建筑业主急于拿到设计图纸，从而尽快开工的普遍心理，但结构设计师却为处理后续施工过程中逐步发现的问题，在时间和精力两个方面付出了成倍代价。

流行多年的结构设计“错漏碰缺难免”的说法，一方面可作为结构设计工程师自我开脱的无奈之词，另一方面反映了结构设计出错率较高的事实。从长远发展趋势来看，建筑设计的市场竞争必然趋于激烈化，市场竞争的实质就是效率、质量与成本的竞争。结构设计的“错漏碰缺难免”必然随着市场竞争的普遍化而被逐步克服，结构设计必须尽快摆脱这种被动局面。

（4）过于直观的传统设计为非专业人员从事建筑施工提供了方便

由于传统设计图纸的表达方法源于面向学生的教学示范，正投影透视图直观而且详尽，初步接受结构专业训练的学生也可明白易懂，这正是教材所应具备的功能。接受教学训练的人员属于无专业感性认识的初学者，而结构施工人员则已具备一定的专业技能，且已对结构构件有比较充分的感性认识。高校中的学生都是结构施工方面的新手，而任何一个建筑施工队伍都不可能完全由新手组成，现代建筑技术具有相当高的科技含量，根据全面质量管理的要求，未受过专业技术训练和专业技能未达标的人员不允许从事专业技术工作。传统结构设计图纸过于直观详尽的表达，为根本没有经受过结构专业训练的人自以为能看懂图纸提供了方便，或许无形中鼓励这类人员敢于冒险承包建筑施工。未经过结构专业训练的人员能够看懂的仅仅是构件内部的钢筋形状，却并不了解混凝土与钢筋各自的性能以及共同工作的原理，不懂得在施工阶段为保证混凝土与钢筋共同工作所必须遵守的许多技术规定。似乎看懂了钢筋的形状，客观上会鼓励那些对混凝土的配合比、颗粒级配、搅拌、浇筑、震捣、养护等施工技术一知半解甚至一窍不通的人员敢于进行建筑施工，从而极有可能给建筑结构的质量埋下严重隐患。

（5）传统设计对结构施工中的钢筋工程进行验收很不方便

结构施工中的钢筋工程的质量，对于整体工程的质量举足轻重。钢筋工程属于隐蔽工程，为确保施工质量，必须在浇筑混凝土之前对钢筋工程进行施工验收。通常程序是，当整个楼层的钢筋绑扎完毕后，质检人员开始对构件逐一验收。当验收时，质检人员首先要在结构平面图上找到某根梁或柱的位置，然后翻找其配筋构造详图，查验现场绑扎的钢筋，当验收完一个部位后，需要在结构平面上再找到另一根梁或柱的位置，然后再翻找其配筋构造详图，对照查验钢筋。如此反复进行，直到最后一个构件验收完毕。对传统结构设计施工图，质检人员普遍反映在验收时反复翻看图纸，工作量大，效率低，图纸损坏很快，一项几十层楼房的结构设计图纸经常会翻烂三、五套，常需要加晒图纸才能满足施工要求。加晒数份图纸对一项工程增加的建设成本并不是很高，但对全国每年几十万工程项目而言，就不是一个小数目。传统设计导致质检人员工作效率不高，在施工进度加快时，有可能因时间关系疏于验收，影响隐蔽工程的质量。

（6）传统设计表达信息离散不易形成结构的整体形象

结构施工图设计文件，由施工工程师或工地技术人员具体实施，为圆满完成施工任务，需要提高项目的管理效率和质量，一要掌握建筑的整体情况，能够把握全局，二要对相类似构件做归并处理，使管理目标有序化。

在施工正式开始的时候，施工工程师或工地技术人员首先要做的就是研读设计文件。由于传统结构设计以平面结构布置图为中心，派生出许多构件详图，全面掌握一个标准层的设计信息，需要来回翻看大量图纸。设计信息的离散分部，导致对类似构件进行归并需要耗费大量时间。离散的信息也难以使施工技术人员形成空间结构的整体形象，在施工初期阶段不容易做到整体把握结构，不宜于全面控制施工质量。

（7）传统设计方法限制了工业与民用建筑专业学生的结构设计实践

全国各高校的工民建专业学生在专业课程学习后期，需要做课程设计或毕业设计。当采用传统结构设计方法进行课程设计和毕业设计时，由于表达繁琐，图纸量大，需要耗费大量时间绘图，而学校教学计划中给课程设计和毕业设计安排的课时有限，因而难以完成一项完整的设计，不利于学生通过设计实践将所学知识系统化、成熟化。当他们完成学业到设计单位就业后，由于在校期间学习或练习的设计项目通常不完整，往往在短期内不能独立承担工程的设计工作。多年来，我们始终存在课堂教学与实际设计目标不同的矛盾，课堂教学所用的表示方法与实际设计中所用的表示方法也应有所不同。由于单构件正投影表示方法存在许多简单重复的问题，直接用于实际结构设计必然导致效率低下。与传统方法截然不同的平法在全国的成功推广使用，已经证明了课堂教学方法不适用于设计实践。

3. 平面整体设计思路的形成

结构施工图设计并不表达结构内力，它以混凝土和钢筋两种材料的具体配置表达结构设计的最后结果。对于钢筋混凝土结构，设计文件中主要包括两大块：一是设计图样，另一个是文字说明（如结构设计说明，图面说明或注解等）。在传统结构施工图设计文件中，关于设计图样的表示方法分为两步完成：第一步为设计绘制结构各层的平面布置图，第二步为设计绘制构件详图。在钢筋混凝土结构施工图的设计图样中，包含了几何元素、配筋元素、补充注解等三大元素。

采用传统方法表示时，结构平面布置图中主要表达构件的平面定位和平面跨度几何元素；构件详图中主要表达构件截面的几何元素和配筋元素。结构设计无论是创造性设计还是重复性设计，都要通过几何元素和配筋元素表达。传统结构平面布置图中并不包括重复性的设计内容，大量的重复性设计内容集中出现在构件详图中，如钢筋在节点内的锚固方式和锚固长度，构件纵向钢筋的连接或截断方式、连接位置或截断位置、连接长度，以及横向钢筋的设置等。

结构楼层的平面布置图是结构设计的中心图，而构件详图则是派生图。为了把设计师的全部设计意图表达清楚，一张平面布置图需要有多达几张甚至十几张的构件详图形成离散的信息组合。例如，以某层梁结构平面布置图为中心图，假定该布置图中标有 30 根框架梁及非框架梁，再假定在一张图纸上平均可以绘制 3 根梁的配筋详图，于是，需要有十张关于梁的构件详图。这样，一张中心图加上十张派生图，总计需要十一张图纸形成的信息结合，完整表达该层梁的全部设计内容。我们可以将传统方法在构件详图中表达的所有几何元素和配筋元素，除去重复性元素外，余下的创造性元素可称为几何要素和配筋要素。

如果可以采用某种新的方式将这些几何要素和配筋要素在结构平面布置图上一次性表达清楚，则可省去许多构件详图的绘制，一张中心图便可以表达所有的创造性设计内容。在中心图上添加构件的几何要素和配筋要素之后，即可生成平面整体设计图，一张图即可完整的信息集成，这样完全可以省去采用传统方法时的数张甚至更多张的派生图，图纸量可锐减 80%左右，自然可以成倍提高设计效率。设计图的信息密度可大幅度提高且高度集中，能彻底改变采用传统表达方式时信息表达离散化的状况。另外，可以将大量重复性设计内容编制成标准设计详图，使其与平面整体设计图相配合，共同构成完整的结构施工图设计。由于减少了大量重复，标准化的节点构造和构件构造再也不需要重复绘制，可以大幅度降低出错概率，同时可以大幅度减少校对审核工程量，容易保证设计质量，设计成本自然会显著降低。

那么如何来解决这些问题呢，长期从事结构设计的一线设计人员，也就是“平法创始人”陈青来教授考虑在构件的平面布置图上将构件的几何尺寸、配筋情况及补充注解等内容也一同表达在图纸上就生成了平面整体设计图，这种方法可以弥补传统结构施工图设计过程中存在的不足。

平法的基本理论是以结构设计者的知识产权归属为依据，将结构设计分为创造性设计内容和重复性内容两部分，由设计工程师采用数字化符号化的平面整体表示方法制图规则完成创造性设计内容部分，重复性内容部分则采用标准化构造设计，两部分为对应互补关系，合并构成完整的结构设计。

0.1.3　平法创新提出了三个理论

1. 广义标准化理论

为了使结构设计方法能够达到提高效率、保证质量、降低消耗三项指标的要求，平法运用系统科学方法研究结构设计与施工的标准化概念具有创新意义。采用传统设计方法影响设计质量与设计效率的主要原因是设计内容上存在大量重复，而深层次的原因则是将创造性与重复性设计内容混在了一起。只要解决了重复问题对传统设计方法的改革将会取得突破性进展。在构造标准化思路中不存在任何完整的标准化构件，但却包括结构必须的节点构造和构件构造的标准设计，这两大类构造可适用于所有构件，但却与构件的具体跨度、高度、截面尺寸等无限制性关系，与构件所承受的荷载无直接关系，与构件截面中的内力无直接关系，与设计师根据承载力要求所配置钢筋的规格数量也无直接关系。根据以上的思路，就可以将具体工程中大量采用理论与实践均比较成熟的构造做法，集中编制成标准设计，对节点构造和构造本体构造实行大规模标准化。这样的标准化方式不仅适用范围广，而且并不替代结构设计工程师的责任与权利，完全遵守结构设计工程师的创造性劳动。该方式对于现浇钢筋混凝土结构，可以得到很高的标准化率。

另外，平法贯穿在建筑工程的各个阶段，包括设计、预算、施工及监理等阶段，可以说贯穿了整个行业体系，而更重要的是实现了设计的广义标准化。

2. 规则论

奠定了明确的技术路线，研究了现浇钢筋混凝土结构理论的现状和缺陷，目前的《钢筋混凝土结构设计规范》仅仅是构建原理，缺少了构造原理。

3. 构造原理

构造原理我们从以下两个方面来理解：

1）构建本体构造，只谈一个构件本身的钢筋情况，不牵扯其他构件，因此本体构造是比较固定的。我们必须清楚结构绝非是构件的简单组合，构件仅仅是结构的一个部分，并不能代表结构。结构是一个整体，构件是组成结构的元素。

2）构建节点构造，事实上，失去任何一个要素都会影响整个系统的运作，且影响有时是巨大的，在研究某个构件时必须要牵扯到其他构件，我们要分清楚节点主体和节点关联，最简单的判断方法就是看谁支撑谁。如梁支撑板，梁就是节点主体，板就是节点关联；再如柱支撑梁，柱就是节点主体，梁就是节点关联，节点关联是重点。

0.1.4 平法的创建历程及现实意义

1. 平法创建十年的主要历程

1995 年 7 月，平法通过了建设部科技成果鉴定，鉴定意见为：建筑结构平面整体设计方法是结构设计领域的一项有创造性的改革。该方法数倍提高了设计效率，提高了设计质量，大幅度降低了设计成本，达到了优质、高效、低消耗三项指标的要求，值得在全国推广。

1996 年 6 月，平法列入建设部一九九六年科技成果重点推广项目。

1996 年 9 月，平法被批准为《国家级科技成果重点推广计划》项目。

1996 年 11 月，建设部批准《混凝土结构平面整体表示方法制图规则和构造详图》（现浇混凝土框架、剪力墙、框架—剪力墙、框支剪力墙结构）为国家建筑标准设计图集 96G101，在批准之日向全国出版发行。

1999 年 9 月，平法国家建筑标准设计 96G101 获全国第四届优秀工程建设标准设计金奖。

2000 年 7 月，平法国家建筑标准设计 96G101 修版为 00G101。

2003 年 1 月，平法国家建筑标准设计 00G101 依据国家 2000 系列混凝土结构新规范修版为 03G101—1。

2003 年 7 月，平法国家建筑标准设计 03G101—2（现浇混凝土板式楼梯）编制完成，经建设部批准向全国出版发行。

2004 年 2 月，平法国家建筑标准设计 04G101—3（筏形基础）编制完成，经建设部批准向全国出版发行。

2004 年 11 月，平法国家建筑标准设计 04G101—4（现浇混凝土楼面板与屋面板）编制完成，经建设部批准向全国出版发行。

2006 年 9 月，平法国家建筑标准设计 06G101—6（独立基础，条形基础，桩基承台）编制完成，经建设部批准向全国出版发行。

2. 平法的实用效果

1）平法采用标准化的设计制图规则，结构施工图表达数字化、符号化，单张图纸的信息量高而且集中；构件分类明确，层次清晰，表达准确，设计速度快，效率成倍提高；平法使设计者易掌握全局，易进行平衡调整，易修改，易校审，改图可不牵连其他构件，易控制设计质量；平法能适应建设业主分阶段分层提图施工的要求，也可适应在主体结构开始施工后又进行大幅度调整的特殊情况。平法分结构层设计的图纸与水平逐层施工的顺序完全一致，对标准层可实现单张图纸施工，施工工程师对结构比较容易形成整体概念，有利于施工质量管理。

2）平法采用标准化的构造设计，形象、直观，施工易懂、易操作；标准构造详图可集国内较成熟、可靠的常规节点构造之大成，集中分类归纳后编制成国家建筑标准设计图集供设计选用，可避免构造做法反复抄袭以及由此伴生的设计失误，保证节点构造在设计与施工两个方面均达到高质量。此外，对节点构造的研究、设计和施工实现专业化提出了更高的要求，已初步形成结构设计与施工的部分技术规则。

3）平法大幅度降低设计成本，降低设计消耗，节约自然资源。平法施工图是有序化定量化的设计图纸，与其配套使用的标准 设计图集可以重复使用，与传统方法相比图纸量减少 70%以上，综合设计工日减少三分之二以上，每 10 万平方米设计面积可降低设计成本约 27 万元，在节约人力资源的同时又节约了自然资源，10 年累计可节约数千吨图纸，保护了宝贵的森林资源，为保护自然环境做出突出贡献。

4）平法大幅度提高设计效率可立竿见影，能快速解放生产力，迅速缓解基本建设高峰时期结构化设计人员紧缺的局面。在推广平法比较早的建筑设计院，设计团队中结构设计人员与建筑设计人员人数比例为（1∶2）～（1∶4），结构设计周期明显缩短，结构设计人员的工作强度已显著降低。

5）平法促动人才分布格局的改变，实质性地影响了全国建筑结构领域的人才分布状况。设计单位对工民建专业大学毕业生的需求量已经显著减少，为施工单位招聘结构人才腾出了空间，大量工民建专业毕业生到施工部门择业已成普遍现象。人才流向发生了明显的转变，人才分布趋向合理。随着时间的推移，高校培养的大批土建高级技术人才必将对施工建设领域的科技进步发挥积极作用。

6）平法促动设计院内的人才竞争，促进结构设计水平的提高。设计单位对年度毕业生的需求有限，自然形成了人才的就业竞争，竞争的结果是比较优秀的人才进入设计单位的机会较高，长此以往，可有效提高结构设计队伍的整体素质。

0.1.5 平法结构施工图的整体表达方式

我国幅员辽阔，开放型的市场经济已经打破了地区界限。为适应市场经济的需要，结构设计需要有统一的制图规则，以便消除地区差别，在全国范围使用各地都能够接受的结构工程师语言。规范使用平法设计制图规则的目的，是为了保证各地按平法绘制的施工图标准统一，确保设计质量和设计图纸在全国流通使用。

1. 平法结构施工图的组成及图纸顺序

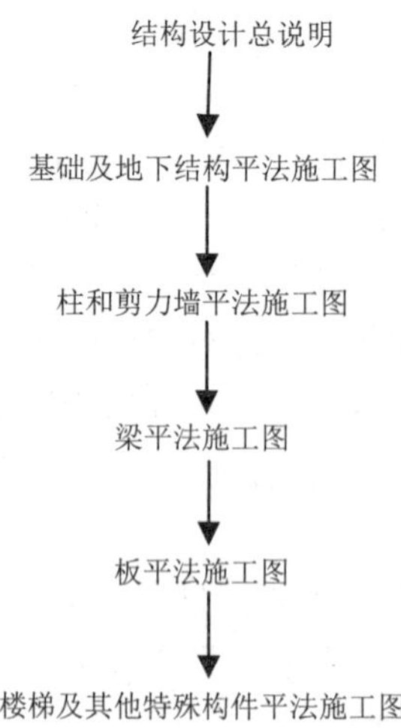

通过这个图纸顺序我们在研读结构施工图纸的时候同样可以遵照这个顺序读图，此顺序也与现场施工顺序完全一致，同学们要培养认真研读图纸的习惯，很多时候不同专业的图纸可能是需要互相研究推敲，图纸中的确存在个别数据不全的情况，这就需要我们理清思路，翻阅有关图纸甚至需要通过计算得到有效的正确数据，无论是施工还是预算工作，我们的数据必须要有来源和科学的依据，必须以严谨和认真的态度完成工作内容，保证工程的质量最终实现项目的目标。

2. 平法结构施工图的总体情况

平法结构施工图的表达方式，主要有平面注写方式、列表注写方式、截面注写方式三种。采用的一般原则是以平面注写方式为主，列表注写方式与截面注写方式为辅，可由设计者根据具体工程情况进行选择，各种表达方式表达的内容相同，一般以平面注写方式为主的依据是平面注写方式在原位表达，信息量高且集中，易平衡、易校审、易修改、易读图；列表注写方式的信息量亦大且集中，但非原位表达，对设计内容的平衡、校审、修改、读图欠直观，故而作为辅助方式；截面注写方式，则适用于构件形状比较复杂或为异形构件的情况。

平法的各种表达方式，有同一性的注写顺序，依次为：构件编号及整体特征；截面尺寸；截面配筋；必要的说明等。按平法设计绘制结构施工图时，必须对所有的构件进行编号。

平法结构施工图对构件的全面编号，不同于传统方法结构施工图对构件的编号，两者功能有区别。当用传统方法设计结构施工图时，构件编号的主要功能是用来索引该构件的施工图详图所在的图号；平法施工图对构件编号的主要功能，是指明与该构件配合使用的标准构造详图。平法施工图的构件编号中，含有构件的类型代号和序号等，其中，以类型代号为连接纽带，将平法施工图中的构件和与其配合的节点构造及构件构造，准确无误的关联在一起。这样明确了构件与标准构造详图的对应互补关系，使两者合并构成完整的结构设计。

3. 平法结构施工图结构竖向定位尺寸

平法结构设计图的结构空间形象要通过数字化、符号化的注写内容间接形成。实际上，建筑立面图和剖面图才能够逼真的反映建筑的整体形状。当按照平法设计绘制结构施工图时，应采用表格或其他方式注明结构竖向定位尺寸，其主要内容包括：基础底面基准标高，基础结构或地下结构层顶面标高和结构层高，地上结构各结构层的楼面标高和结构层高，各结构层号等。

对于主体结构而言，柱、剪力墙、梁各自的标准层在多数情况下并不一致，按照平法设计制图规则，可以方便的将平法施工图按柱结构、墙结构、梁结构、板结构自身的标准层绘制。在同一座建筑结构中，柱、剪力墙、梁各自的标准层可能并不统一，但是对标准层的标注非常清晰。采用将结构竖向定位尺寸表的部分细线做加粗处理，可以简明清晰的把层号及所在的位置直观的表示清楚。但是应该注意的是，柱、墙累竖向构件的高度范围，系从标准层起始层的结构楼面标高开始，至标准层的终止层顶部标高为止，即竖向构件贯通所在层的全部竖向空间；而梁类水平构件的位置，无论是标准层的起始层还是终止层，均为该层的结构层楼面标高。

0.2 钢筋概述

【知识目标】熟悉钢筋的分类方式及品种；了解热轧钢筋的力学性能及用途；掌握钢筋的连接方式。

【能力目标】可以通过识别钢筋牌号及钢筋符号确定钢筋的抗拉强度。

随着建筑结构形式的不断更新和发展，现浇钢筋混凝土框架、现浇钢筋混凝土框架—剪力墙及剪力墙结构形式已经成为当今建筑结构主流形式，而钢筋和混凝土是这些结构形式的主要材料，加之钢筋的价值量较大，就目前市场情况来看每吨钢筋要在三千元人民币左右，今后可能会出现更高的价格，可见仅钢筋一种材料的费用在整个建筑安装工程费中所占的比重是十分大的。

0.2.1 钢筋的分类

钢筋是一种钢制的条状物，是建筑材料的一种。

钢筋在混凝土中主要承受拉应力。变形钢筋由于肋的作用，和混凝土有较大的粘结能力，因而能更好地承受外力的作用。钢筋广泛用于多种建筑结构、特别是大型、重型、轻型薄壁和高层建筑结构。

常用的钢筋按化学成分，可分为低碳钢筋和普通低合金钢钢筋；按轧制外形可分为光面钢筋、变形钢筋（螺纹形、人字形、月牙形）及精轧螺纹钢筋；按加工方法主要可分为热轧钢筋、冷拉钢筋、冷拔钢丝和热处理钢筋。

（1）钢筋按照加工工艺分类

钢筋属于钢材的范畴之内，按照加工工艺主要分为以下几种：

1）热轧带肋钢筋。是指经热轧成型并自然冷却而表面通常带有两条纵肋和延长度方向均匀分布的横肋钢筋（横截面通常为圆形，是钢筋混凝土采用最广泛的钢筋）。

2）热轧光圆钢筋。是指经热轧成型并自然冷却的表面平整、截面为圆形的钢筋（广泛应用于钢筋混凝土）。

3）余热处理钢筋。是指热轧后立即穿水，进行表面控制冷却，然后利用芯部余热自身完成回火处理所得的钢筋（不适用于由成品钢材再次轧制成的再生钢筋，可用于钢筋混凝土）。

4）冷轧带肋钢筋。是指热轧圆盘条经冷轧减径后，在其表面带有沿长度方向均匀分布的三面或两面横肋的钢筋（适用于预应力混凝土和普通钢筋混凝土，也适用于焊接钢筋网）。

5）冷拉钢筋。是指热轧光圆钢筋或热轧带肋钢筋在常温下经拉伸强化以提高其屈服强度的钢筋（采用冷拉机生产，用于钢筋混凝土）。

6）钢筋焊接网。是指具有相同或不同直径的纵向钢筋和横向钢筋，分别以一定的间距垂直排列，全部交叉点均焊接在一起的钢筋网片（可用作钢筋混凝土结构配筋和预应力混凝土结构的普通钢筋）。

7）预应力混凝土用螺纹钢筋。是指热轧成带有不连续外螺纹的、在任意截面处均可用带有匹配形状内螺纹的连接器或锚具进行连接或锚固的成品直条钢筋（适用于预应力钢筋）。

8）环氧树脂涂层钢筋。是指以静电喷涂的方法将环氧树脂粉末喷涂在普通带肋钢筋或普通光圆钢筋表面而形成环氧树脂涂层钢筋（简称环氧涂层钢筋，可用于较严酷的钢筋腐蚀条件下的钢筋混凝土）。

（2）热轧钢筋的种类

常用的钢筋分为热轧钢筋和冷轧钢筋。热轧钢筋是在钢铁加工厂里钢炉中的钢模上直接加工好的，就是从炉子里出来就是炽热（故称“热轧”）的成品，冷却后就可以使用。冷轧钢筋是把热轧钢筋再进行冷加工而得到钢筋，比如在常温下对钢筋进行冷拉、拉拔。其特点：热轧钢筋屈服强度较低，塑性性能好。冷轧钢筋屈服强度较高，塑性性能差。两者的极限抗拉压强度相同。

钢筋混凝土结构用钢主要品种有热轧钢筋、预应力混凝土用热处理钢筋、预应力混凝土用钢丝和钢绞线等。热轧钢筋是建筑工程中用量最大的钢材品种之一，主要用于钢筋混凝土结构和预应力混凝土结构的配筋。目前我国常用的热轧钢筋品种、强度标准值见表 0.1。

表 0.1　常用热轧钢筋的品种及强度标准值

表面形状	牌　号	常用符号	屈服强度 σ_s /MPa	抗拉强度 σ_s /MPa
			不小于	不小于
光圆	HPB 300	ϕ	300	420
带肋	HRB 335	Φ	335	455
	HRBF 335	$Φ^F$		
	HRB 400	Φ	400	540
	HRBF 400	$Φ^F$		
	HRB 500	Φ	500	630
	HRBF 500	$Φ^F$		

注：HRB 属于普通热轧钢筋，HRBF 属于细晶粒热轧钢筋。

热轧光圆钢筋强度较低，与混凝土的粘结强度也较低，主要用作板的受力钢筋、箍筋以及构造钢筋。热轧带肋钢筋与混凝土直接的握裹力大，共同工作性能较好，其中的 HRB335 和 HRB400 级钢筋是钢筋混凝土用的主要受力钢筋。HRB400 又常称新三级钢，是我国规范提倡使用的钢筋品种。国家标准规定，有较高要求的抗震结构适用的钢筋牌号见上表，其中带肋钢筋牌号后加 E（例如：HRB400E、HRBF400E）的钢筋。该类钢筋除应满足以下的要求外，其他要求与相对应的已有牌号钢筋相同：

1）钢筋实测抗拉强度与实测屈服强度之比不小于 1.25；

2）钢筋实测屈服强度与规定的屈服强度标准值之比不大于 1.30；

3）钢筋的最大力总伸长率不小于 9%。

国家标准还规定，热轧带肋钢筋应在其表面轧上牌号标志，还可一次轧上经注册的厂名（或商标）和公称直径毫米数字。钢筋牌号以阿拉伯数字或阿拉伯数字加英文字母表示，HRB335、HRB400、HRB500 分别以 3、4、5 表示，HRBF335、HRBF400、HRBF500 分别以 C3、C4、C5 表示。厂名以汉语拼音字头表示。公称直径毫米数以阿拉伯数字表示。对公称直径不大于 10mm 的钢筋，可不轧制标志，而采用挂标牌方法。

（3）钢筋的按力学性能分类

建筑钢筋分两类，一类是有明显流幅的钢筋，另一类为没有明显流幅的钢筋。

有明显流幅的钢筋含碳量少，塑性好，延伸率大。无明显流幅的钢筋含碳量多，强度高，塑性差，延伸率小，没有屈服台阶，脆性破坏。

对于有明显流幅的钢筋，其性能的基本指标有屈服强度、延伸率、强屈比和冷弯性能四项。冷弯性能是反映钢筋塑性性能的另一个指标。

此外我们应该知道钢筋中铁是主要元素，还有少量的碳、锰、硅、钒、钛等；另外，还有少量有害元素，如硫、磷。

0.2.2 钢筋的规格、连接方式及弯折要求

钢筋使用对象包括房屋（含住宅、公共实施、办公、商业楼房、厂房等）、铁路、公路、矿山、桥梁、隧道、堤坝、电站、容器、装备、码头、机场和其他工程建筑。不同的工程结构对建筑用钢筋、线材的品种、规格、质量、强度等级等要求是不同的。

我国 2006 年 HRB400 钢筋的产量已达 1000 万吨以上，现正进一步扩大应用范围。一些企业也开始研制 HRB500 钢筋，还有一些企业长期批量按英标生产出口 460MPa 级钢筋以及加标、日标、美标、新加坡标准等钢筋。我国的冷加工钢筋技术发展和产品更新换代也很迅速，预应力钢筋正向高强度、粗直径、低松弛、大盘重方向发展。

1. 钢筋的规格

钢筋分为光圆钢筋和带肋钢筋。光圆钢筋一般使用盘条直径为 6.5mm、8mm、10mm，一盘大约为 2t 左右。带肋钢筋一般使用为 9m 或者 12m 定尺的，也可跟据施工需要与生产厂家商定定尺长度。钢筋不同规格截面面积及重量比重详见表 0.2。

表 0.2 钢筋的公称直径、公称截面面积及理论重量（GB 50010—2010）

公称直径/mm	不同根数钢筋的计算截面面积/mm^2									单根钢筋理论重量/（kg/m）
	1	2	3	4	5	6	7	8	9	
6	28.3	57	85	113	142	170	198	226	255	0.222
6.5	33.2	66	100	133	166	199	232	265	299	0.26
8	50.3	101	151	201	252	302	352	402	453	0.395
10	78.5	157	236	314	393	471	550	628	707	0.617
12	113.1	226	339	452	565	678	791	904	1017	0.888
14	153.9	308	461	615	769	923	1077	1231	1385	1.21
16	201.1	402	603	804	1005	1206	1407	1608	1809	1.58
18	254.5	509	763	1017	1272	1527	1781	2036	2290	2.00（2.11）
20	314.2	628	942	1256	1570	1884	2199	2513	2827	2.47
22	380.1	760	1140	1520	1900	2281	2661	3041	3421	2.98
25	490.9	982	1473	1964	2454	2945	3436	3927	4418	3.85 (4.10)
28	615.8	1232	1847	2463	3079	3695	4310	4926	5542	4.83
32	804.2	1609	2413	3217	4021	4826	5630	6434	7238	6.31 (6.65)
36	1017.9	2036	3054	4072	5089	6107	7125	8143	9161	7.99
40	1256.6	2513	3770	5027	6283	7540	8796	10053	11310	9.87 (10.34)
50	1964	3928	5892	7856	9820	11784	13748	15712	17676	15.42 (16.28)

注：括号内为预应力螺纹钢筋数值。
此表源自 GB 50010—2010。

2. 钢筋的连接方式

钢筋连接有三种常用的连接方法为绑扎连接、焊接连接、机械连接。机械连接接头及焊接接头的类型及质量应符合国家现行有关标准的规定。混凝土结构中受力钢筋的连接接头宜设置在受力较小处。在同一根受力钢筋上宜少设接头。在结构的重要构件和关键传力部位，纵向受力钢筋不宜设置连接接头。

（1）绑扎连接

在钢筋搭接处，应在中心及两端用 20～22 号铅丝绑扎牢固，纵向受力钢筋绑扎搭接接头的最小搭接长度应符合规范的规定。受拉区域内，HPB300 级钢筋绑扎接头的末端应做 180° 弯钩，HRB335、HRB400 级钢筋可不做弯钩。直径不大于 12mm 的受压 HPB300 级钢筋的末端，以及轴心受压构件中任意直径的受力钢筋的末端，可不做弯钩。轴心受拉及小偏心受拉杆件的纵向受力钢筋不得采用绑扎搭接；其他构件中的钢筋采用绑扎搭接时，受拉钢筋直径不宜大于 25mm，受压钢筋直径不宜大于 28mm。绑扎连接要求如图 0.1 和图 0.2 所示。

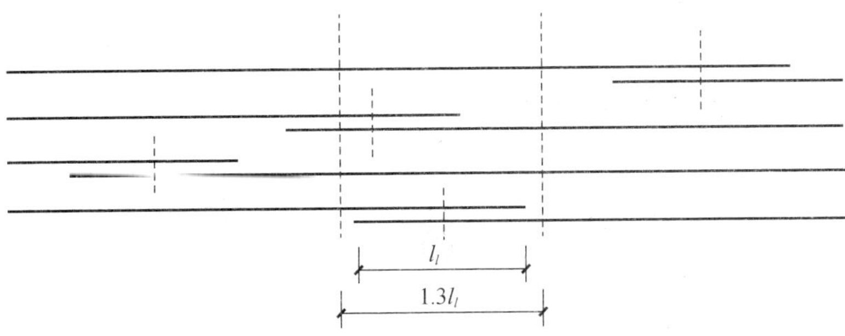

图 0.1 钢筋绑扎要求示意图

图 0.2 施工现场钢筋绑扎实例图

（2）焊接连接

常用的焊接方法有闪光对焊、电弧焊、电渣压力焊、电阻点焊、埋弧压力焊以及气压焊等。

1）闪光对焊。闪光对焊的原理是利用对焊机使两段钢筋接触，通过低压的强电流，待钢筋被加热到一定温度局部熔化变软，进行轴向加压顶锻，形成对焊接头（图 0.3）。

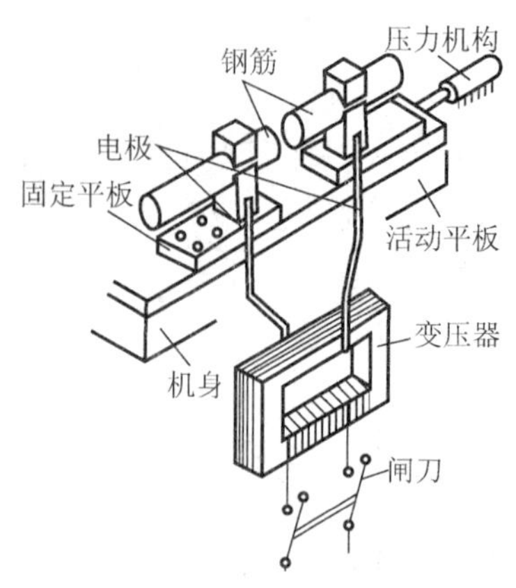

图 0.3　闪光对焊工作原理

2）电弧焊。电弧焊是利用弧焊机使焊条与焊件之间产生高温电弧，使焊条和电弧燃烧范围内的焊件熔化，待其凝固后便形成焊缝或接头（图 0.4）。电弧焊广泛用于钢筋接头、钢筋骨架焊接、装配式结构接头的焊接、钢筋与钢板的焊接及各种钢结构的焊接。

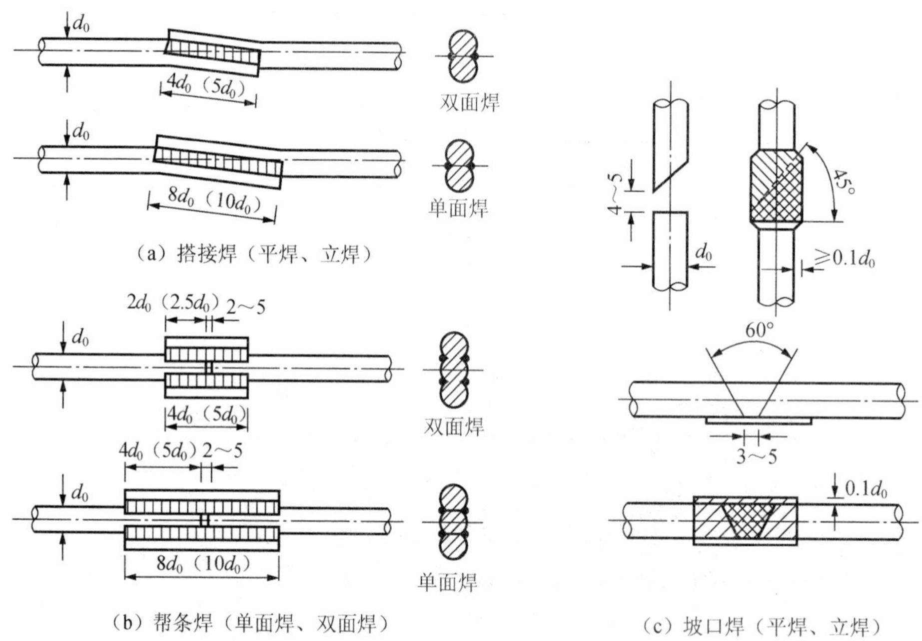

图 0.4　电弧焊接头形式

3）电渣压力焊。电渣压力焊是利用电流通过渣池产生的电阻热将钢筋端头熔化，达到一定程度时施以压力使竖向（或斜向）钢筋接头焊接在一起的一种焊接方法（图 0.5）。它所用的设备包括：焊接电源、控制箱、焊接夹具、焊剂盒等。

4）气压焊。钢筋气压焊的工艺过程是施焊前先磨平钢筋端部，并与钢筋轴线基本垂直，清除接头附近的铁锈、油污等杂物（图 0.6）。然后用卡具将两根被焊的钢筋接头处加热，在开始阶段，火焰应用还原火焰，以防钢筋端部氧化，待接头完全闭合后再改用中性火陷加热，以提高火焰温度，加快升温速度，此时，火焰在以裂缝为中心两倍钢筋直径范围内均匀摆动，当钢筋端部加热到1250～1300℃时，再次对钢筋轴向加压30～50N/mm^{2}压力，待钢筋加热部分火色退消后，取下卡具，气压焊接头完成。

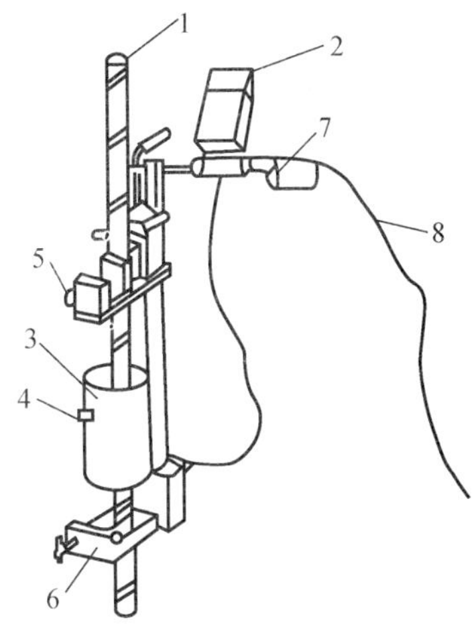

图0.5 钢筋电渣焊示意图

1—钢筋；2—临控仪表；3—焊剂盒；4—焊剂盒扣环；5—活动夹具；6—固定夹具；7—操作手柄；8—控制电缆

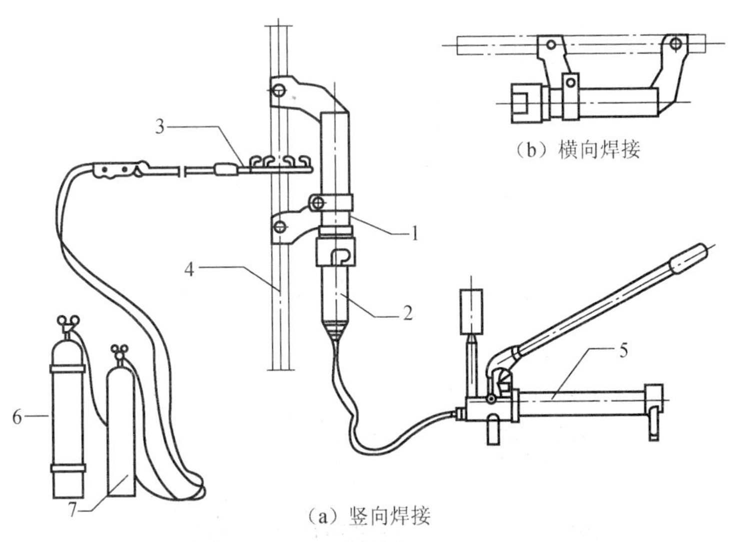

图0.6 气压焊设备

1—压接器；2—顶压液压缸；3—加热器；4—钢筋；5—加压器；6—氧功；7—乙炔

(3) 机械连接

机械连接主要有挤压套筒连接和锥螺纹套筒连接两种方法（图0.7～图0.10）。钢筋挤压套筒连接是将需要连接的变形钢筋插入特制的钢套筒内，利用液压驱动的挤压机进行径向或轴向挤压，使钢套筒产生塑性变形，使它紧紧咬住变形钢筋实现连接。锥螺纹连接就是把钢筋的连接端加工成锥形螺纹（简称丝头），通过锥螺纹连接套把两端带丝头的钢筋，按规定的力矩值连接成一体的钢筋接头。

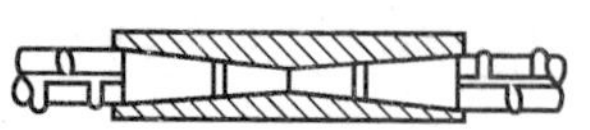

（a）两根直钢筋连接

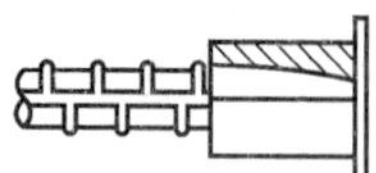

（b）金属结构上接装钢筋

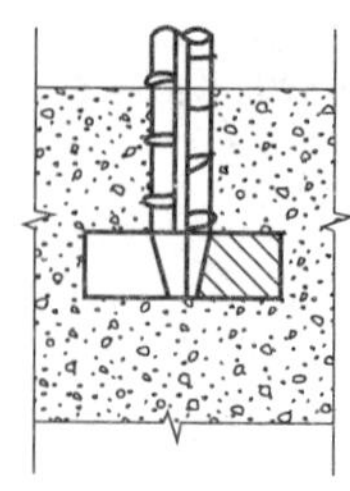

（c）在混凝土构件中插接钢筋

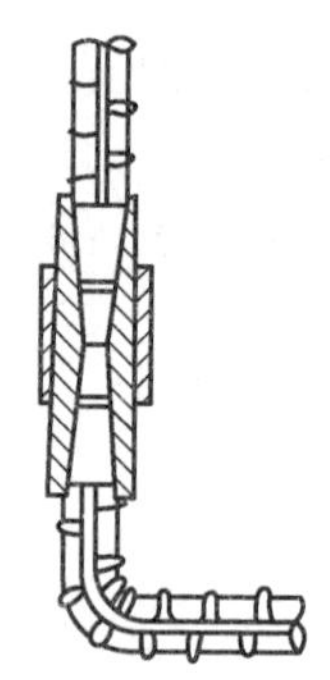

（d）一根直钢筋与一根弯钢筋的连接

图 0.7　钢筋锥螺纹套筒连接示意图

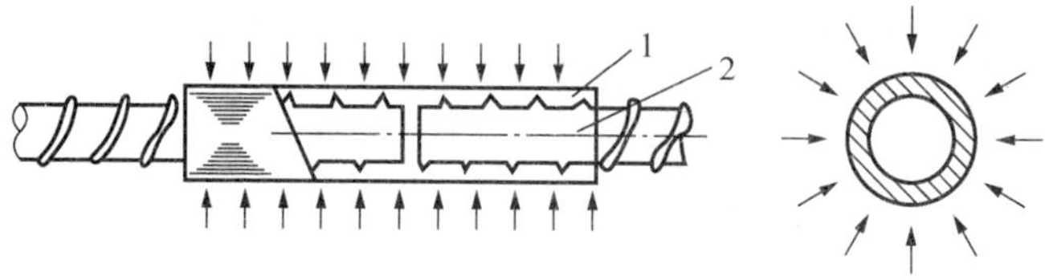

图 0.8　钢筋径向挤压连接原理图

1—钢套筒；2—被连接的钢筋

图 0.9　施工现场挤压钢筋连接图

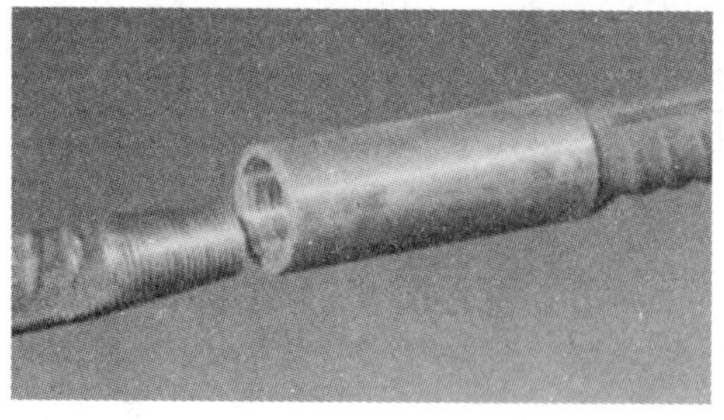

图 0.10　施工现场锥螺纹钢筋连接图

3. 钢筋的弯折要求

（1）受力钢筋

1）HPB300 级光圆钢筋末端应作 180° 弯钩，其弯弧内直径不应小于钢筋直径的 2.5

倍，弯钩的弯后平直部分长度不应小于钢筋直径的 3 倍。

2）当设计要求钢筋末端需作 135° 弯钩时，HRB335 级、HRB400 级钢筋的弯弧内直径 D 不应小于钢筋直径的 4 倍，弯钩的弯后平直部分长度应符合设计要求（图 0.11）。

3）钢筋作不大于 90° 的弯折时，弯折处的弯弧内直径不应小于钢筋直径的 5 倍（图 0.11）。

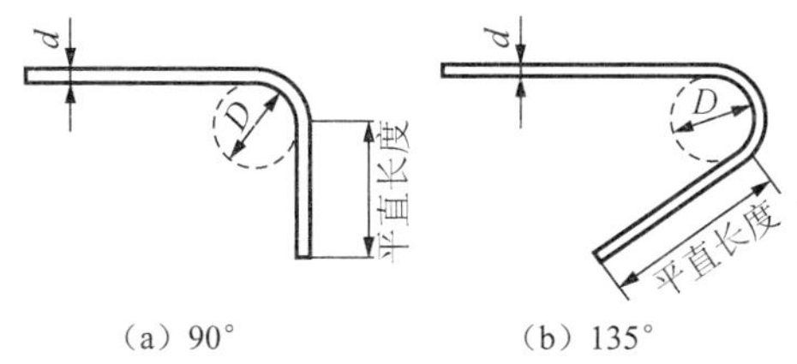

（a）90°　　（b）135°

图 0.11　受力钢筋弯折角度示意图

（2）箍筋

除焊接封闭环式箍筋外，箍筋的末端应作弯钩。弯钩形式应符合设计要求；当设计无具体要求时，应符合下列规定：

1）箍筋弯钩的弯弧内直径除应满足相关规定外，尚应不小于受力钢筋的直径。

2）箍筋弯钩的弯折角度：对一般结构，不应小于 90°；对有抗震等要求的结构应为 135°（图 0.12）。

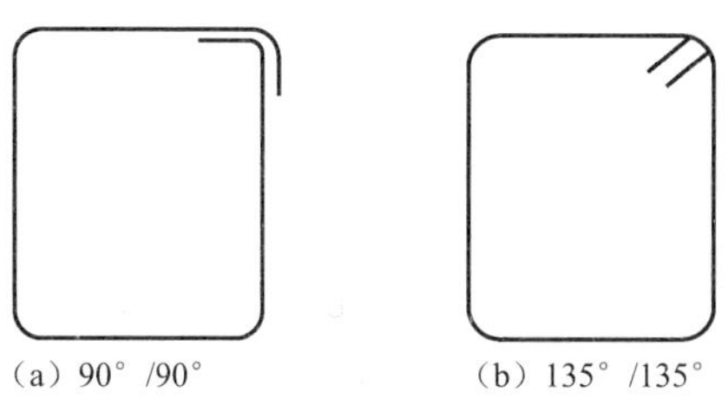
（a）90°/90°　　（b）135°/135°

图 0.12　箍筋弯折角度示意图

3）箍筋弯后的平直部分长度：对一般结构，不宜小于箍筋直径的 5 倍；对有抗震等要求的结构，不应小于箍筋直径的 10 倍。

0.3 钢筋平法计算基本原理

【知识目标】 掌握钢筋计算的基本思路；熟悉抗震等级、设防烈度、混凝土强度等级等对钢筋计算的影响；了解抗震等级的划分。

【能力目标】 可以根据工程项目概况等背景资料确定建筑物抗震等级；可以根据建筑物所处的环境条件确定出环境类别；可以根据混凝土强度等级、抗震等级和钢筋的类别确定钢筋基本锚固长度。

0.3.1 钢筋计算原理

我们在计算钢筋用量时首先要清楚最终所要的结果，我们国家的工程量清单计价规范和预算基价中的工程量计算规则均以 t 作为钢筋的计量单位，一般用字母“t”来表示。基本计算思路如下：

1）钢筋重量=钢筋长度×理论比重×钢筋根数

2）钢筋长度=净长＋锚固长度＋搭接长度＋弯钩长度（HPB300 光圆钢筋端部做 180°弯钩）

前面我们介绍到所要计算的钢筋的最终结果是重量，通过公式我们可以看出钢筋的重量是用每根钢筋的长度乘以其相应的理论比重（不同直径钢筋理论比重见表 0.2），之后再乘以与之相同钢筋的根数得到的。

钢筋长度计算中的节点锚固长度（锚固长度可查表 0.6 得到）和搭接长度（搭接长度可查表 0.5 得到）是由混凝土的强度、建筑设计抗震等级（具体抗震等级划分见表 0.5）、钢筋的级别和直径以及钢筋的连接方式决定的，而其中的建筑设计抗震等级又是由建筑的结构类型、设防烈度和檐高决定的。

表 0.3　混凝土结构的抗震等级（GB 50010—2010）

<table>
<tr><td colspan="4" rowspan="2">结构类型</td><td colspan="13">设防烈度</td></tr>
<tr><td colspan="2">6</td><td colspan="4">7</td><td colspan="4">8</td><td colspan="3">9</td></tr>
<tr><td rowspan="3">框架结构</td><td colspan="3">高度/m</td><td>≤24</td><td>>24</td><td colspan="2">≤24</td><td colspan="2">>24</td><td colspan="2">≤24</td><td colspan="2">>24</td><td colspan="3">≤24</td></tr>
<tr><td colspan="3">普通框架</td><td>四</td><td>三</td><td colspan="2">三</td><td colspan="2">二</td><td colspan="2">二</td><td colspan="2">一</td><td colspan="3">一</td></tr>
<tr><td colspan="3">大跨度框架</td><td colspan="2">三</td><td colspan="4">二</td><td colspan="4">一</td><td colspan="3">一</td></tr>
<tr><td rowspan="3">框架-剪力墙结构</td><td colspan="3">高度/m</td><td>≤60</td><td>>60</td><td>≤24</td><td colspan="2">>24 且≤60</td><td>>60</td><td>≤24</td><td colspan="2">>24 且≤60</td><td>>60</td><td>≤24</td><td colspan="2">>24 且≤50</td></tr>
<tr><td colspan="3">框架</td><td>四</td><td>三</td><td>四</td><td colspan="2">三</td><td>二</td><td>三</td><td colspan="2">二</td><td>一</td><td>二</td><td colspan="2">一</td></tr>
<tr><td colspan="3">剪力墙</td><td colspan="2">三</td><td>三</td><td colspan="3">二</td><td>二</td><td colspan="3">一</td><td colspan="3">一</td></tr>
<tr><td rowspan="2">剪力墙结构</td><td colspan="3">高度/m</td><td>≤80</td><td>>80</td><td>≤24</td><td colspan="2">>24 且≤80</td><td>>80</td><td>≤24</td><td colspan="2">>24 且≤80</td><td>>80</td><td colspan="2">≤24</td><td>24～60</td></tr>
<tr><td colspan="3">剪力墙</td><td>四</td><td>三</td><td>四</td><td colspan="2">三</td><td>二</td><td>三</td><td colspan="2">二</td><td>一</td><td colspan="2">二</td><td>一</td></tr>
<tr><td rowspan="4">部分框支剪力墙结构</td><td colspan="3">高度/m</td><td>≤80</td><td>>80</td><td>≤24</td><td colspan="2">>24 且≤80</td><td>>80</td><td>≤24</td><td colspan="2">>24 且≤80</td><td rowspan="4">无</td><td colspan="3" rowspan="4">无</td></tr>
<tr><td rowspan="2">剪力墙</td><td colspan="2">一般部位</td><td>四</td><td>三</td><td>四</td><td colspan="2">三</td><td>二</td><td>三</td><td colspan="2">二</td></tr>
<tr><td colspan="2">加强部位</td><td>三</td><td>二</td><td>三</td><td colspan="2">二</td><td>一</td><td>二</td><td colspan="2">一</td></tr>
<tr><td colspan="3">框支层框架</td><td colspan="2">二</td><td colspan="3">二</td><td>一</td><td colspan="3">一</td></tr>
<tr><td rowspan="4">筒体结构</td><td colspan="2" rowspan="2">框架-核心筒结构</td><td>框架</td><td colspan="2">三</td><td colspan="4">二</td><td colspan="4">一</td><td colspan="3">一</td></tr>
<tr><td>核心筒</td><td colspan="2">二</td><td colspan="4">二</td><td colspan="4">一</td><td colspan="3">一</td></tr>
<tr><td colspan="2" rowspan="2">筒中筒</td><td>内筒</td><td colspan="2">三</td><td colspan="4">二</td><td colspan="4">一</td><td colspan="3">一</td></tr>
<tr><td>外筒</td><td colspan="2">三</td><td colspan="4">二</td><td colspan="4">一</td><td colspan="3">一</td></tr>
</table>

续表

结构类型		设防烈度						
		6		7		8		9
板柱-剪力墙结构	高度/m	≤35	>35	≤35	>35	≤35	>35	无
	板柱及周边框架	三	二	二	二	一		
	剪力墙	二	二	二	一	二	一	
单层厂房结构	铰接排架	四		三		二		一

注：此表为丙类建筑的抗震等级划分。

1. 建筑场地为一类时，除 6 度设防烈度外应允许按表内降低一度所对应的抗震等级采取抗震构造措施，但相应的计算要求不应降低；
2. 接近或等于高度分界时，应允许结合房屋不规则程度及场地、地基条件确定抗震等级；
3. 大跨度框架指跨度不小于 18m 的框架；
4. 表中框架结构不包括异形柱框架；
5. 房屋高度不大于 60m 的框架-核心筒结构按框架-剪力墙结构的要求设计时，应按表中框架-剪力墙结构确定抗震等级。

混凝土结构的环境类别见表 0.4。

表 0.4 混凝土结构的环境类别（GB 50010—2010）

环境类别	条　　件
一	室内干燥环境；无侵蚀性静水浸没环境
二 a	室内潮湿环境；非严寒和非寒冷地区的露天环境；非严寒和非寒冷地区与无侵蚀性的水或土壤直接接触的环境；严寒和寒冷地区的冰冻线以下与无侵蚀性的水或土壤直接接触的环境
二 b	干湿交替环境；水位频繁变动环境；严寒和寒冷地区的露天环境；严寒和寒冷地区的冰冻线以上与无侵蚀性的水或土壤直接接触的环境
三 a	严寒和寒冷地区冬季水位变动区环境；受除冰盐影响环境；海风环境
三 b	盐渍土环境；受除冰盐作用环境；海岸环境
四	海水环境
五	受人为或自然的侵蚀性物质影响的环境

注：1. 室内潮湿环境是指构件表面经常处于结露或湿润状态的环境；

2. 严寒和寒冷地区的划分应符合现行国家标准《民用建筑热工设计规范》GB50176 的有关规定；
3. 海岸环境和海风环境宜根据当地情况，考虑主导风向及结构所处迎风、背风部位等因素的影响，由调查研究和工程经验确定；
4. 受除冰盐影响环境是指受到除冰盐盐雾影响的环境；受除冰盐作用环境是指被除冰盐溶液溅射的环境以及使用除冰盐地区的洗车房、停车楼等建筑。
5. 暴露的环境是指混凝土结构表面所处的环境。

混凝土保护层的最小厚度见表 0.5。

表 0.5 混凝土保护层的最小厚度 c（mm）（GB 50010—2010）

环境类别	板、墙、壳	梁、柱、杆
一	15	20
二 a	20	25
二 b	25	35
三 a	30	40
三 b	40	50

注：1. 本表为设计使用年限为 50 年的混凝土结构最外层钢筋保护层厚度，若设计使用年限为 100 年的混凝土结构其最外层钢筋的保护层厚度不应小于本表中数值的 1.4 倍；

2. 混凝土强度等级不大于 C25 时，表中保护层厚度数值应增加 5mm；
3. 钢筋混凝土基础宜设置混凝土垫层，基础中钢筋的混凝土保护层厚度应从垫层顶面算起，且不应小于 40mm。

混凝土结构受拉钢筋基本锚固长度见表 0.6。

表 0.6 受拉钢筋基本锚固长度（11G101—1）

钢筋种类	抗震等级	混凝土强度等级								
		C20	C25	C30	C35	C40	C45	C50	C55	≥C60
HPB300	一、二级（l_{abE}）	45d	39d	35d	32d	29d	28d	26d	25d	24d
	三级（l_{abE}）	41d	36d	32d	29d	26d	25d	24d	23d	22d
	四级（l_{abE}） 非抗震（l_{ab}）	39d	34d	30d	28d	25d	24d	23d	22d	21d
HRB335 HRBF335	一、二级（l_{abE}）	44d	38d	33d	31d	29d	26d	25d	24d	24d
	三级（l_{abE}）	40d	35d	31d	28d	26d	24d	23d	22d	22d
	四级（l_{abE}） 非抗震（l_{ab}）	38d	33d	29d	27d	25d	23d	22d	21d	21d
HRB400 HRBF400 RRB400	一、二级（l_{abE}）	无	46d	40d	37d	33d	32d	31d	30d	29d
	三级（l_{abE}）		42d	37d	34d	30d	29d	28d	27d	26d
	四级（l_{abE}） 非抗震（l_{ab}）		40d	35d	32d	29d	28d	27d	26d	25d
HRB500 HRBF500	一、二级（l_{abE}）	无	55d	49d	45d	41d	39d	37d	36d	35d
	三级（l_{abE}）		50d	45d	41d	38d	36d	34d	33d	32d
	四级（l_{abE}） 非抗震（l_{ab}）		48d	43d	39d	36d	34d	32d	31d	30d

混凝土结构的绑扎搭接长度见表 0.7。

表 0.7 纵向受拉钢筋绑扎搭接长度（11G101—1）

纵向受拉钢筋绑扎搭接长度 l_l、l_{lE}				注：
抗震	非抗震			1. 当直径不同的钢筋搭接时，l_l、l_{lE} 按直径较小的钢筋计算。
$l_{lE}=\zeta l_{aE}$	$l_l=\zeta l_a$			2. 任何情况下不应小于 300mm。
纵向受拉钢筋搭接长度修正系数 ζ_l				3. 式中 ζ_l 为纵向受拉钢筋搭接长度修正系数。当纵向钢筋搭接接头百分率为表的中间值时，可按内插取值。
纵向钢筋搭接接头面积百分率/%	≤25	50	100	
ζ_l	1.2	1.4	1.6	

0.3.2 结构抗震相关知识

通过学习结构抗震的相关知识，同学们应进一步了解钢筋在建筑结构中的作用，为今后更好的学习钢筋平法知识奠定扎实的理论基础。

1. 地震的震级及烈度

地震是由于某种原因引起的强烈地动，是一种自然现象。地震的成因有三种：火山地震、塌陷地震和构造地震。火山地震是火山爆发，地下岩浆迅猛冲出地面时而引起的地动；塌陷地震是石灰岩层地下溶洞或古旧矿坑的大规模崩塌而引起的地动，数量少，震源浅。以上两种地震释放能量较小，影响范围和造成的破坏程度也较小。构造地震是地壳运动推挤岩层，造成地下岩层的薄弱部位突然发生错动、断裂而引起的地动。此种地震破坏性大，影响面广，而且发生频繁，约占破坏性地震总量的 95%以上。房屋结构抗震主要是研究构造地震。

地壳处发生岩层断裂、错动的部位称震源。震源正上方的地方位置叫震中。震中附近地面震动最厉害，也是破坏最严重的地区，称为震中区。地面某处至震中的水平距离称为震中距。震中至震源的垂直距离称为震源深度。我国发生的绝大多数地震属于浅源地震，一般深度为5～40km，浅源地震造成的危害最大。如唐山大地震断裂岩层约11km，属于浅源地震。

震级是按照地震本身强度而定的等级标度，用以衡量某次地震的大小，用符号M表示。震级的大小是释放能量多少的尺度，也是地震规模的指标，其数值是根据地震带记录到的地震波图来确定的。一次地震只有一个震级。目前，国际上比较通用的是里氏震级。

地震发生后，各地区的影响程度不同，通常用地震烈度来描述。如人的感觉、器物反应、地表现象、建筑物的破坏程度。世界上多数国家采用的是12个等级划分的烈度表。一般来说，$M<2$的地震，人是感觉不到的，称为无感地震或微震，$M=2\sim5$的地震称为有感地震；$M>5$的地震，会对建筑物引起不同程度的破坏，统称为破坏性地震；$M>7$的地震为强烈地震或大震；$M>8$的地震称为特大地震。

地震烈度是指某一地区的地面及建筑物遭受一次地震影响的强弱程度。一般来说，距震中愈远，地震影响愈小，烈度就愈小；反之，距震中愈近，烈度就愈高。此外，地震烈度还与地震大小、震源深浅、地震传播介质、表土性质、建筑物的动力特性、施工质量等许多因素有关。

一个地区基本烈度是指该地区今后一定时间内，在一般场地条件下可能遭遇的最大地震烈度。基本烈度大体在设计基准期超越概率为10%的地震烈度。为了进行建筑结构的抗震设计，按国家规定的权限批准作为一个地区抗震设防的地震烈度成为抗震设防烈度。一般情况下，抗震设防烈度可采用中国地震参数区划图的地震基本烈度。

2. 抗震设防

抗震设防是指房屋进行抗震设计和采用抗震措施，来达到抗震效果。抗震设防的依据是抗震设防烈度。

（1）抗震设防的基本思想

现行抗震设计规范适用于抗震设防烈度为6、7、8、9度地区建筑工程的抗震设计、隔震、消能减震设计。混凝土结构的抗震等级见表0.3 抗震设防是以现有的科技水平和经济条件为前提的。以北京地区为例，抗震设防烈度为8度，超越8度的概率为10%左右。

我国规范抗震设防的基本思想和原则是“三个水准”：小震不坏、中震可修、大震不倒。“三个水准”的抗震设防目标是：当遭受低于本地区抗震设防烈度的多遇地震影响时，建筑物一般不受损坏或不需要修理仍可继续使用；当遭受相当于本地区抗震设防烈度的地震影响时，可能损坏，经一般修理或不需要修理仍可继续使用；当遭受高于本地区抗震设防烈度预估的罕遇地震影响时，不会倒塌或发生危及生命的严重破坏。

（2）建筑抗震设防分类

建筑物的抗震设计根据其使用功能的重要性分为甲、乙、丙、丁四个抗震设防类别。大量的建筑物属于丙类，这类建筑物的地震作用和抗震措施均应符合本地区抗震设防烈度的要求。

知识链接

钢筋混凝土结构相关术语

混凝土结构　以混凝土为主制成的结构，包括素混凝土结构、钢筋混凝土结构和预应力混凝土结构等。

普通钢筋　用于混凝土结构构件中的各种非预应力筋的总称。

预应力筋　用于混凝土结构构件中施加预应力的钢丝、钢绞线和预应力螺纹钢筋的总称。

钢筋混凝土结构　配置受力普通钢筋的混凝土结构。

现浇混凝土结构　在现场原位支模并整体浇筑而成的混凝土结构。

装配式混凝土结构　由预制混凝土构件或部件装配、连接而成的混凝土结构。

混凝土保护层　结构构件中钢筋外边缘至构件表面范围用于保护刚加的混凝土，简称保护层。

钢筋锚固长度　受力钢筋依靠其表面与混凝土的粘结作用或端部构造的挤压作用而达到设计承受应力所需的长度。

配筋率　混凝土构件中配置的钢筋面积（或体积）与规定的混凝土截面面积（或体积）的比值。

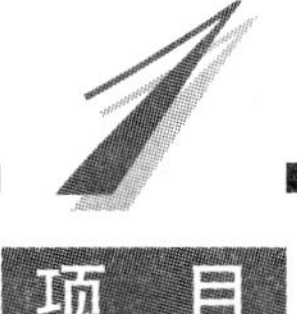

项　目

现浇钢筋混凝土柱构件平法识图与钢筋计算

学习提示　钢筋混凝土框架结构是我国工业与民用建筑较常用的结构形式。震害调查表明，框架结构震害的严重部位多发生在框架节点和填充墙处；一般是柱的震害重于梁，柱顶的震害重于柱底，角柱的震害重于内柱，短柱的震害重于一般柱。为此需采取一系列措施，把框架设计成延性框架，遵守强柱、强节点、强锚固，避免短柱、加强角柱，框架沿高度不宜突变，避免出现薄弱层，控制最小配筋率，限制配筋最小直径等原则。

知识目标　掌握柱构件平法制图规则；熟悉混凝土柱构件的钢筋分类；熟悉基础插筋构造要求；熟悉顶层柱的锚固构造要求；掌握柱构件钢筋计算方法。

能力目标　具备识读柱配筋图的信息标注的能力；具备计算柱纵向钢筋的长度的能力；具备计算柱箍筋长度的能力。

1.1 熟悉柱的分类

【知识目标】 熟悉柱的类型；了解不同结构类型中柱的种类。
【能力目标】 具备快速识读柱构件布置图的能力，从而判断不同柱的类型。

在现浇混凝土框架结构中柱构件是梁构件的支座，需要说明的是在本章内我们不涉及剪力墙构件中的名义构件暗柱和端柱等，待介绍剪力墙构件平法识图与钢筋计算时加以具体说明。

1. 框架柱（KZ）

框架柱就是在框架结构中承受梁和板传来的荷载,并将荷载传给基础,是主要的竖向受力构件，需要计算配筋，如图 1.1 所示。

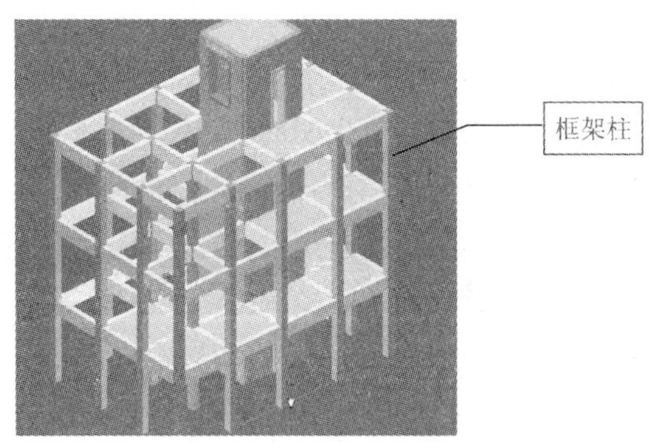

图 1.1 框架柱示意图

2. 框支柱（KZZ）

支撑框支梁的就是框支柱。一般来讲，当上部结构中有些墙（柱）不能落地时，需要用一定的结构构件来支承上部的墙（柱），如果这个构件用的是梁，那么这根梁就是框支梁。

3. 芯柱（XZ）

芯柱就是在框架柱截面中三分之一左右的核心部位配置附加纵向钢筋及箍筋而形成的内部加强区域。在周期反复水平荷载作用下，这种柱具有良好的延性和耗能能力，如图 1.2 所示。

4. 梁上柱（LZ）

由于某些原因，建筑物的底部没有柱子，到了某一层后又需要设置柱子，那么柱子只能从下一层的梁上生根了，这就是梁上柱，如图 1.3 所示。

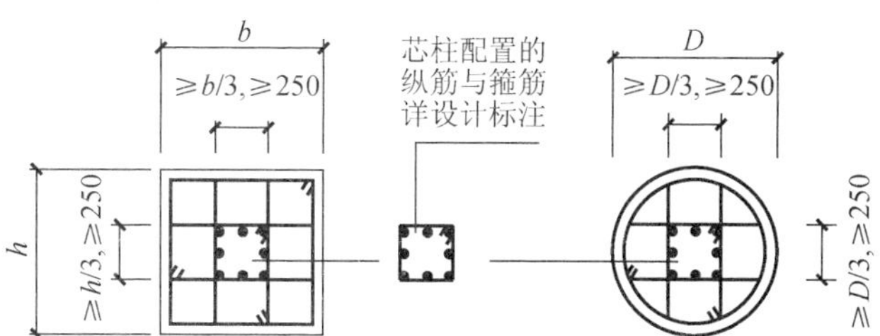

芯柱XZ配筋构造

图 1.2　芯柱示意图

注：纵筋的连接及根部锚固同框架柱，往上直通至芯柱柱顶标高。

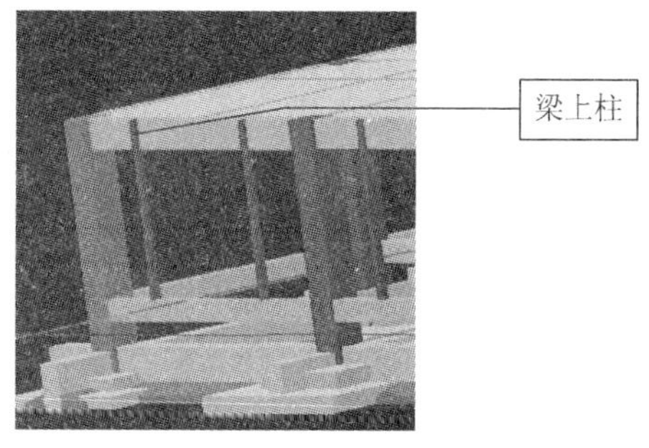

图 1.3　梁上柱示意图

5. 剪力墙上柱（QZ）

由于某些原因，建筑物的底部没有柱子，到了某一层后又需要设置柱子，在剪力墙上生根的柱子，就是剪力墙上柱。上部结构的荷载通过柱子传到下面它所在的剪力墙上，然后剪力墙再把荷载分散给下层的承重墙或柱，最后传递给建筑物的基础。剪力墙上柱的根部标高为墙顶面标高，如图 1.4 所示。

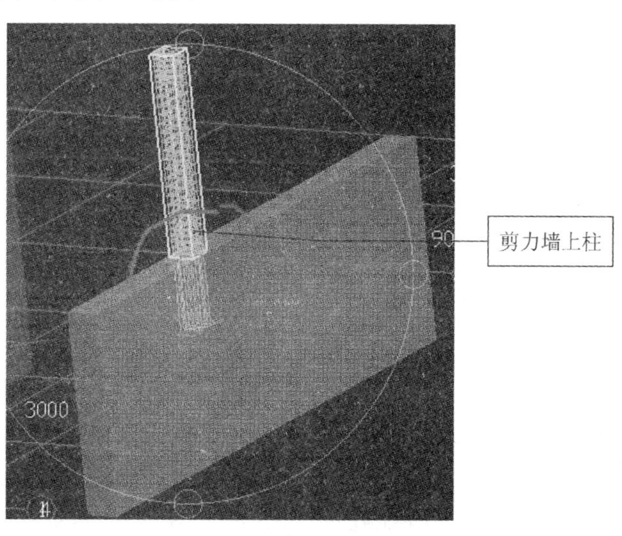

图 1.4　剪力墙上柱示意图

知识链接

框架柱结构设计相关要求

框架柱截面尺寸要求　矩形截面柱，抗震等级为四级或层数不超过 2 层时，其最小截面尺寸不宜小于 300mm，一、二、三级抗震等级且层数超过 2 层时不宜小于 400mm；圆柱的截面直径，抗震等级为四级或层数不超过 2 层时不宜小于 350mm，一、二、三级抗震等级且层数超过 2 层时不宜小于 450mm；柱截面长边与短边的边长比不宜大于 3。

柱箍筋加密区内的箍筋肢距要求　一级抗震等级不宜大于 200mm；二、三级抗震等级不宜大于 250mm 和 20 倍箍筋直径中的较大值；四级抗震等级不宜大于 300mm。每隔一根纵向钢筋宜在两个方向有箍筋或拉筋约束；当采用拉筋且箍筋与纵向钢筋有绑扎时，拉筋宜紧靠纵向钢筋并勾住箍筋。

1.2 识读柱平法施工图

【知识目标】 掌握柱构件平法制图规则；熟悉柱构件不同表示方法的特点；熟悉柱构件中钢筋的布置情况。

【能力目标】 具备识读柱平法配筋图的能力；具备根据制图规则和标准构件详图分析柱构件配筋情况的能力。

1.2.1 柱平法施工图的表示方法

柱平法施工图系在柱平面布置图上采用列表注写方式或截面注写方式表达。

柱平面布置图，可采用适当比例单独绘制，也可与剪力墙平面布置图合并绘制。

在柱平法施工图中，应按规定注明各结构层的楼面标高、结构层高及相应的结构层号，还应注明上部结构嵌固部位的位置。

1.2.2 列表注写方式

1. 列表注写方式

系在柱平面布置图上（一般只需采用适当比例绘制一张柱平面布置图，包括框架柱、框支柱、梁上柱和剪力墙上柱），分别在同一编号的柱中选择一个（有时需要选择几个）截面标注几何参数代号；在柱表中注写柱编号、柱段起止标高、几何尺寸（含柱截面对轴线的偏心情况）与配筋的具体数值，并配以各种柱截面形状及其箍筋类型图的方式来表达柱平法施工图，如图 1.5 所示。

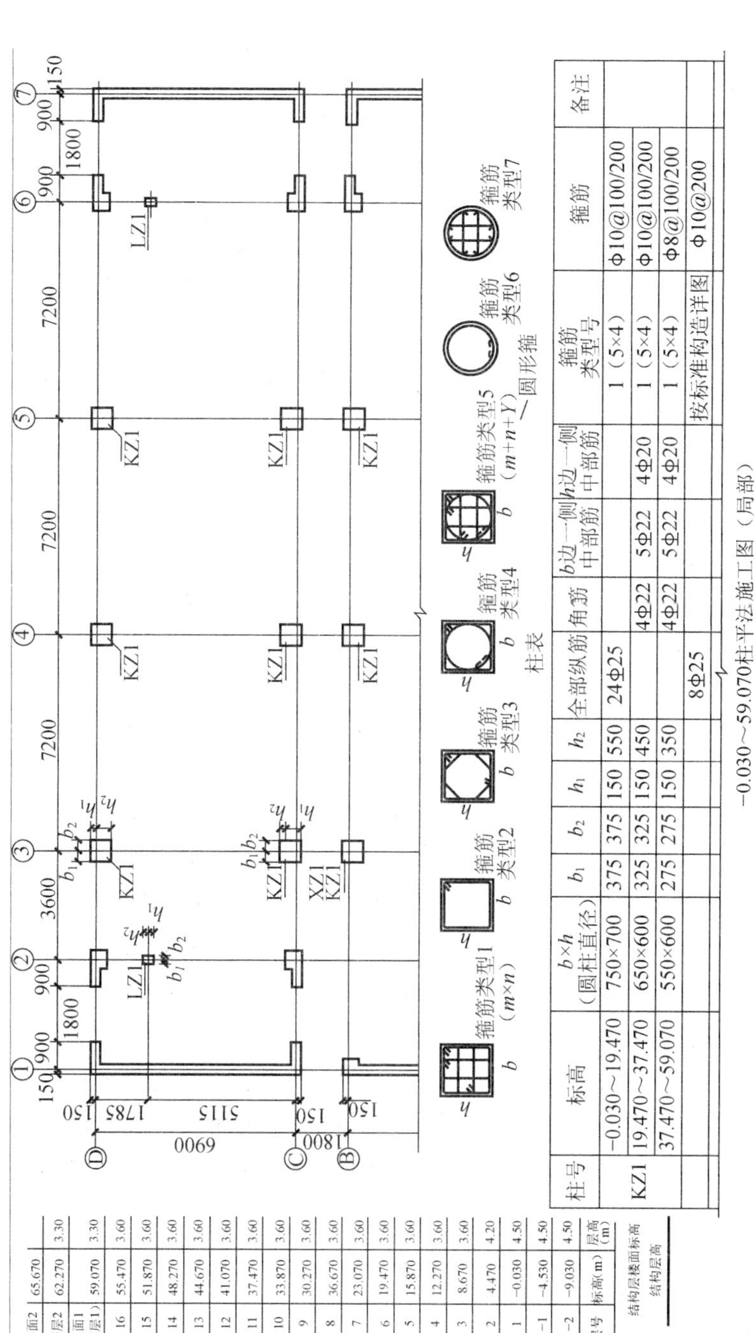

层号	标高(m)	层高（m）
层面2	65.670	
塔层2	62.270	3.30
屋面1（塔层1）	59.070	3.30
16	55.470	3.60
15	51.870	3.60
14	48.270	3.60
13	44.670	3.60
12	41.070	3.60
11	37.470	3.60
10	33.870	3.60
9	30.270	3.60
8	36.670	3.60
7	23.070	3.60
6	19.470	3.60
5	15.870	3.60
4	12.270	3.60
3	8.670	3.60
2	4.470	4.20
1	−0.030	4.50
−1	−4.530	4.50
−2	−9.030	4.50

柱表

柱号	标高	$b\times h$（圆柱直径）	b_1	b_2	h_1	h_2	全部纵筋	角筋	b边一侧中部筋	h边一侧中部筋	箍筋类型号	箍筋	备注
KZ1	−0.030～19.470	750×700	375	375	150	550	24Φ25				1（5×4）	Φ10@100/200	
	19.470～37.470	650×600	325	325	150	450		4Φ22	5Φ22	4Φ20	1（5×4）	Φ10@100/200	
	37.470～59.070	550×600	275	275	150	350		4Φ22	5Φ22	4Φ20	1（5×4）	Φ8@100/200	
							8Φ25				按标准构造详图	Φ10@200	

−0.030～59.070柱平法施工图（局部）

图1.5　柱平法施工图—列表注写方式

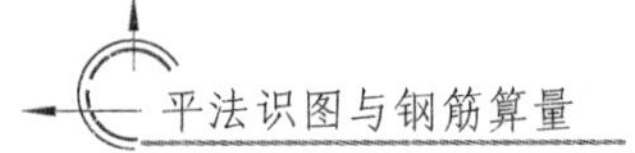

2. 列表注写内容规定

1）注写柱编号，柱编号由类型代号和序号组成，如表 1.1 所示。

表 1.1　柱编号表

柱类型	代号	序号
框架柱	KZ	XX
框支柱	KZZ	XX
芯柱	XZ	XX
梁上柱	LZ	XX
剪力墙上柱	QZ	XX

注：编号时，当柱的总高、分段截面尺寸均对应相同，仅截面与轴线的关系不同时，仍可将其编为同一柱号，但应在图中注明截面与轴线的关系。

2）注写各段柱的起止标高，自柱根部往上以变截面位置或截面未变但配筋改变处为界分段注写。框架柱和框支柱的根部标高系指基础顶面标高；芯柱的根部标高系指根据结构实际需要而定的起始位置标高；梁上柱的根部标高系指梁顶面标高；剪力墙上柱的根部标高为墙顶面标高。

注：剪力墙上柱 QZ 有两种构造做法，一种是柱纵筋锚固在墙顶部，另一种是柱与剪力墙重叠一层，设计人员应注明选用哪种做法，当选用柱纵筋锚固在墙顶部做法时，剪力墙平面外方向应设梁。

3）对于矩形柱，注写柱截面尺寸 $b\times h$ 及与轴线关系的几何参数代号 b_1、b_2 和 h_1、h_2 的具体数值，需对应于各段柱分别注写。其中 $b=b_1+b_2$，$h=h_1+h_2$。当截面的某一边收缩变化至与轴线重合或偏到轴线的另一侧时，b_1、b_2、h_1、h_2 中的某项为零或为负值。

对于圆柱，表中 $b\times h$ 一栏改用在圆柱直径数字前加 d 表示。为表达简单，圆柱截面与轴线的关系也用 b_1、b_2 和 h_1、h_2 表示，并使 $d=b_1+b_2$；$h=h_1+h_2$。

对于芯柱，根据结构需要，可以在某些框架柱的一定高度范围内，在其内部的中心位置设置（分别引注其柱编号）。芯柱截面尺寸按构造确定，并按标准构造详图施工，设计不需注写；当设计者采用与本构造详图不同的做法时，应另行注明。芯柱定位随框架柱，不需要注写其与轴线的几何关系。

4）注写柱纵筋。当柱纵筋直径相同，各边根数也相同时（包括矩形柱、圆柱和芯柱），将纵筋注写在“全部纵筋”一栏中；除此之外，柱纵筋分角筋、截面 b 边中部筋和 h 边中部筋三项分别注写（对于采用对称配筋的矩形截面柱，可仅注写一侧中部筋，对称边省略不注）。

5）注写箍筋类型号及箍筋肢数，在箍筋类型栏内注写规则规定的箍筋类型号与肢数。

6）注写柱箍筋，包括钢筋级别、直径与间距。

当为抗震设计时，用斜线“/”区分柱端箍筋加密区与柱身非加密区长度范围内箍筋的不同间距。施工人员需根据标准构造详图的规定，在规定的几种长度值中取其最大者作为加密区长度。当框架节点核芯区内箍筋与柱端箍筋设置不同时，应在括号中注明核芯区箍筋直径及间距。

【例 1.1】 Φ10@100/250，表示箍筋为Ⅰ级 HPB300 钢筋，直径为Φ10mm，加密区间距为 100mm，非加密区间距为 250mm。

【例 1.2】 Φ10@100/250（Φ12@100），表示箍筋为Ⅰ级 HPB300 钢筋，直径为Φ10mm，加密区间距为 100mm，非加密区间距为 250mm。框架节点核心区箍筋为Ⅰ级 HPB300 钢筋，直径φ12mm，间距为 100mm。

当箍筋沿柱全高为一种间距时，则不使用“/”线。

【例 1.3】 Φ10@100，表示沿柱全高范围内箍筋均为Ⅰ级 HPB300 钢筋，直径Φ10mm，间距为 100mm。

当圆柱采用螺旋箍筋时，需在箍筋前加“L”。

【例 1.4】 LΦ10@100/200，表示采用螺旋箍筋，Ⅰ级 HPB300 钢筋，直径Φ10mm，加密区间距为 100mm，非加密区间距为 200mm。

具体工程所设计的各种箍筋类型图以及箍筋复合的具体方式，需画在表的上部或图中的适当位置，并在其上标注与表中相对应的 b、h 和类型号。

注： 当为抗震设计时，确定箍筋肢数时要满足对柱纵筋“隔一拉一”以及箍筋肢距的要求。

1.2.3 截面注写方式

1. 截面注写方式

截面注写方式，系在柱平面布置图的柱截面上，分别在同一编号的柱中选择一个截面，以直接注写截面尺寸和配筋具体数值的方式来表达柱平法施工图，如图 1.6 所示。

2. 截面注写方式的内容规定

1）对除芯柱之外的所有柱截面按前述 1.2.2 中表 1.1 的规定进行编号，从相同编号的柱中选择一个截面，按另一种比例原位放大绘制柱截面配筋图，并在各配筋图上继其编号后再注写截面尺寸 $b \times h$、角筋或全部纵筋（当纵筋采用一种直径且能够图示清楚时）、箍筋的具体数值，以及在柱截面配筋图上标注柱截面与轴线关系 b_1、b_2、h_1、h_2 的具体数值。

当纵筋采用两种直径时，需再注写截面各边中部筋的具体数值（对于采用对称配筋的矩形截面柱，可仅在一侧注写中部筋，对称边省略不注）。

在某些框架柱的一定高度范围内，其内部的中心位置设置芯柱时，首先按照前述规定进行编号，继其编号之后注写芯柱的起止标高、全部纵筋及箍筋的具体数值（箍筋的注写方式及对柱纵筋搭接长度范围的箍筋间距要求同前述），芯柱截面尺寸按构造确定，并按标准构造详图施工，当设计者采用与本构造详图不同的做法时，另行注明。芯柱定位随框架柱，不需要注写其与轴线的几何关系。

2）在截面注写方式中，如柱的分段截面尺寸和配筋均相同，仅截面与轴线的关系不同时，可将其编为同一柱号。但此时应在未画配筋的柱截面上注写该柱截面与轴线关系的具体尺寸。

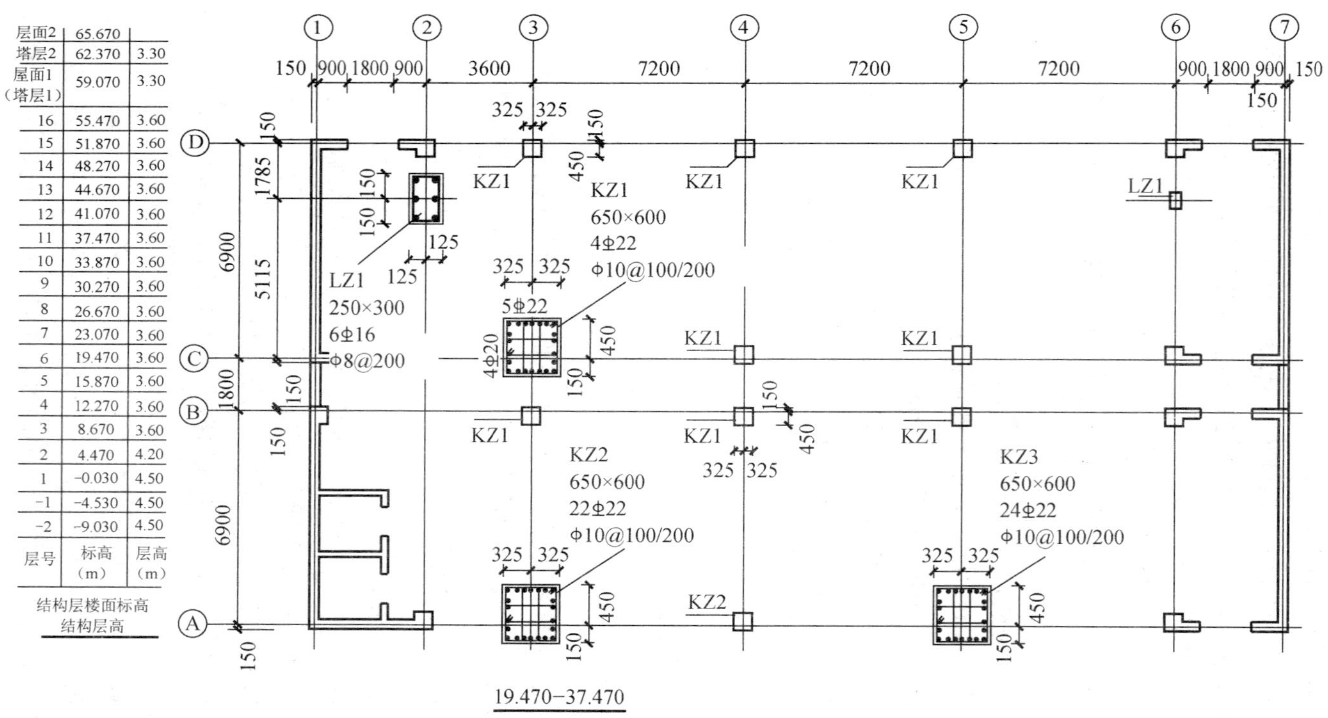

层号	标高（m）	层高（m）
屋面2	65.670	
塔层2	62.370	3.30
屋面1（塔层1）	59.070	3.30
16	55.470	3.60
15	51.870	3.60
14	48.270	3.60
13	44.670	3.60
12	41.070	3.60
11	37.470	3.60
10	33.870	3.60
9	30.270	3.60
8	26.670	3.60
7	23.070	3.60
6	19.470	3.60
5	15.870	3.60
4	12.270	3.60
3	8.670	3.60
2	4.470	4.20
1	-0.030	4.50
-1	-4.530	4.50
-2	-9.030	4.50

结构层楼面标高
结构层高

图 1.6 柱平法施工图—截面注写方式

1.3 柱构件的钢筋计算

【知识目标】 熟悉柱构件钢筋计算的整体思路和方法；掌握柱基础插筋、中间层及顶层等纵筋的计算方法；熟悉柱箍筋的复合形式；掌握柱箍筋的计算方法。

【能力目标】 具备完整计算柱基础插筋、中间层及顶层纵筋的能力；具备计算柱不同形式复合箍筋的能力。

柱构件与梁构件、板构件不同，由于它是竖向构件，在识读图纸时不能仅看一层的标注信息，而是要把一根柱从基础到柱顶跨楼层识读完整。表 1.2 为框架柱构件钢筋骨架分析表。

表 1.2　框架柱构件钢筋骨架分析表

<table>
<tr><td rowspan="4">竖向纵筋</td><td colspan="3">基础插筋</td></tr>
<tr><td colspan="3">中间层纵筋</td></tr>
<tr><td rowspan="2">顶层纵筋</td><td>外侧钢筋</td><td>伸入梁内钢筋
不伸入梁内钢筋</td></tr>
<tr><td colspan="2">内侧钢筋</td></tr>
<tr><td rowspan="2">箍筋</td><td colspan="3">外箍筋</td></tr>
<tr><td colspan="3">内箍筋</td></tr>
</table>

1.3.1　柱纵筋计算

1. 基础插筋计算

在进行柱的基础插筋计算之前要理清计算思路及需要考虑的影响因素，见表 1.3。

表 1.3　基础插筋计算主要因素分析表

<table>
<tr><td rowspan="5">基础插筋计算需要考虑的主要因素</td><td>柱所在基础的类型及混凝土强度等级</td></tr>
<tr><td>基础的深度</td></tr>
<tr><td>基础的保护层厚度</td></tr>
<tr><td>基础底部钢筋级别及直径</td></tr>
<tr><td>基础顶面至一层梁底（无地下室的情况）之间的净高</td></tr>
</table>

根据平法图集柱插筋在基础中的锚固要求（见图 1.7～图 1.11），进行角筋与中部钢筋计算。

以附图集中的结施—3、结施—4、结施—5 中的 KZ1 为例，KZ1 的柱基为 J—4，根据柱表中 KZ1 可以看到在－1.35 至＋3.55 标高范围的钢筋信息为角筋为 4⏀25，B 边一侧中部筋为 3⏀22，H 边一侧中部筋为 3⏀22。

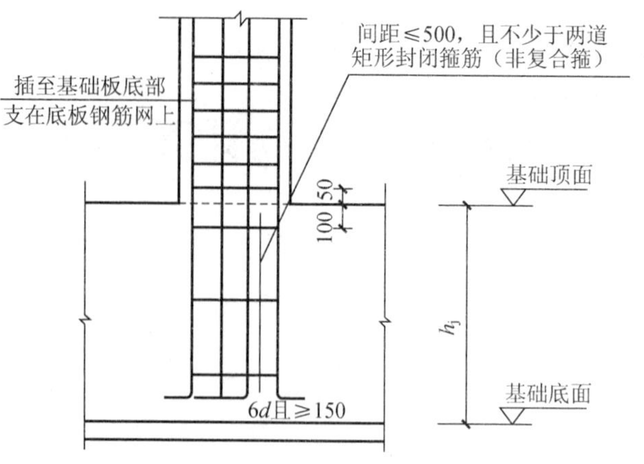

插筋保护层厚度>5d;h_j>l_{aE}（l_a）

图 1.7　柱插筋在基础中锚固构造（一）

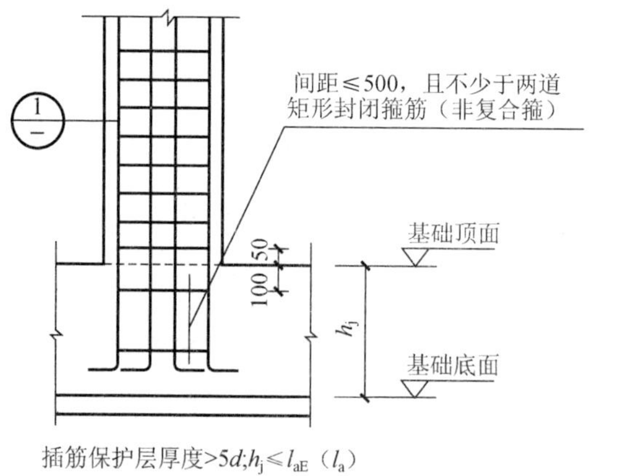

插筋保护层厚度>5d;h_j≤l_{aE}（l_a）

图 1.8　柱插筋在基础中锚固构造（二）

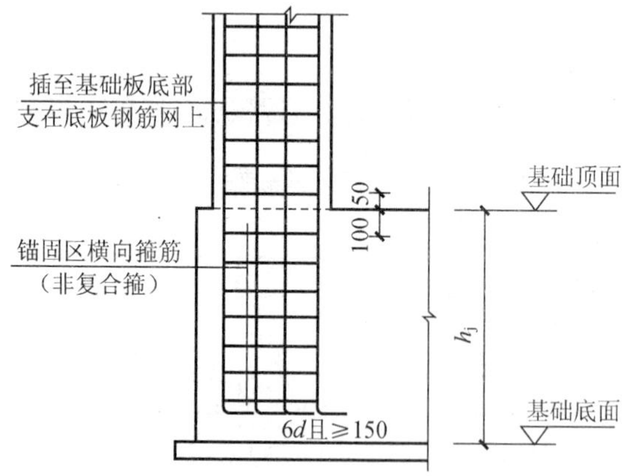

柱外侧插筋保护层厚度≤5d;h_j>l_{aE}（l_a）

图 1.9　柱插筋在基础中锚固构造（三）

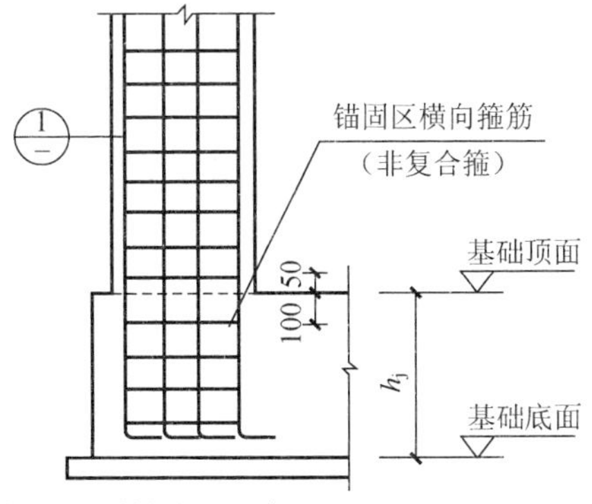

图 1.10　柱插筋在基础中锚固构造（四）

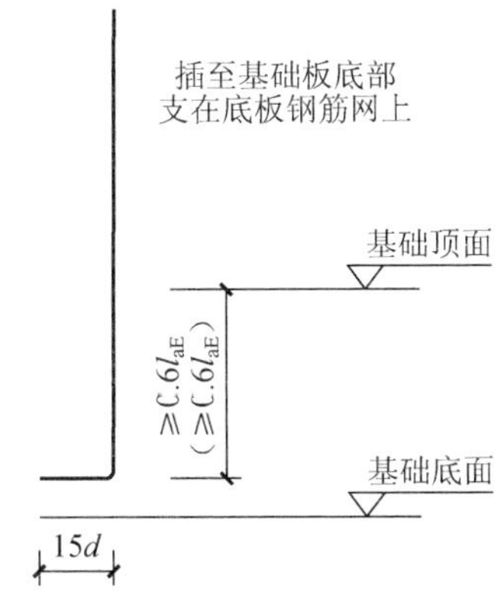

图 1.11　柱插筋在基础中锚固构造（二）、（四）钢筋构造要求

根据图纸中的钢筋构造要求，计算过程如下：

（1）角筋计算

KZ1 中的角筋长度＝插入基础长度＋非连接区长度

插入基础长度＝基础深度－基础保护层－基础底筋直径＋弯折长度

＝750－40－120－150＋100＝540mm

非连接区长度＝H_n/3＝（3550＋1350－650）/3＝4250/3＝1416.67mm

KZ1 中的每根角筋基础插筋长度＝540＋1416.67＝1956.67mm

KZ1 中有 4 根 C25 的角筋，KZ1 中的角筋基础插筋长度＝1956.67×4 根＝7826.68mm

此处基础插筋的计算是按照结构图纸构造要求计算的，由于图纸中明确注明了角筋的基础插筋弯折 100mm，若无注明弯折长度则按照平法图集的基础插筋构造详图要求计算。

（2）中部钢筋计算

KZ1 中的中部钢筋长度＝插入基础长度＋非连接区长度

插入基础长度＝基础深度－基础保护层－基础底筋直径

＝750－40－120－150＝440mm

非连接区长度＝H_n/3＝（3550＋1350－650）/3＝4250/3＝1416.67mm

KZ1 中的每根中部钢筋基础插筋长度＝440＋1416.67＝1856.67mm

KZ1 中共有 12 根 C22 的中部钢筋，KZ1 中的中部钢筋基础插筋长度＝1856.67×12 根＝22280.04mm

知识链接

柱基础插筋构造要求

思考柱纵向钢筋在不同基础内的锚固有何要求呢？

柱纵向钢筋在基础内按基础形式的不同要求锚固。现浇柱在基础中插筋的数量、直径以及钢筋种类与基础以上柱纵向受力钢筋相同。

1. 独立基础、柱下条形基础

1）当基础高度满足直锚要求时，柱插筋的锚固长度应满足≥l_{aE}（≥l_a），插筋的下端宜做 6*d* 且≥150mm 直钩放在基础底部钢筋网片上，如图 1.12（a）、图 1.13（a）所示。

2）当基础高度不能满足直锚要求时，柱插筋伸入基础内直段长度应满足≥0.6l_{aE}（≥0.6l_a），插筋下端弯折 15*d* 放在基础底部钢筋网片上，如图 1.12（b）、图 1.13（b）所示。

3）当基础高度较高 h_j≥1400mm（或经设计判定柱为轴心受压或小偏心受压构件，h_j≥1200mm）时，可仅将四角的插筋伸至基础底部，其余插筋锚固在基础顶面下≥l_{aE}（≥l_a），如图 1.12（c）、图 1.13（c）所示。

2. 桩基

1）当设有承台时，柱插筋在承台内的锚固长度应≥l_{aE}（≥l_a），插筋的下端宜做 6*d* 且≥150mm 直钩放在承台底部钢筋网上，见图 1.12（a）。当承台高度不能满足直锚要求时，柱括筋伸入承台内直段长度应满足≥0.6l_{aE}（≥0.6l_a），插筋下端弯折 15*d* 放在承台底部钢筋网上，如图 1.12（b）所示。

2）对于一柱一桩，柱与桩直接连接时，柱纵向主筋锚入桩身≥35*d*，且≥l_{aE}（≥l_a）。

3. 筏形基础

各种情况下基础高度要求如图 1.14 所示，柱插筋在基础内的锚固长度应≥l_{aE}（≥l_a），插筋的下端宜做 6*d* 且≥150mm 直钩放在基础底部钢筋网上。当基础高度不能满足直锚要求时，柱插筋伸入基础内的直段长度应满足≥0.6 l_{aE}（≥0.6l_a），插筋下端弯折 15*d* 放在基础底部。

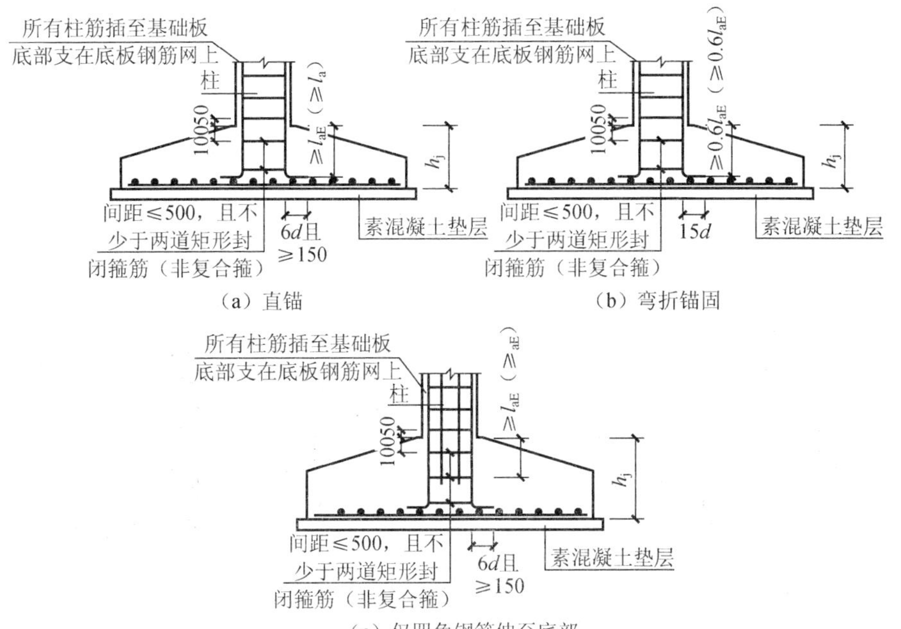

（a）直锚　　（b）弯折锚固

（c）仅四角钢筋伸至底部

图 1.12　独立基础

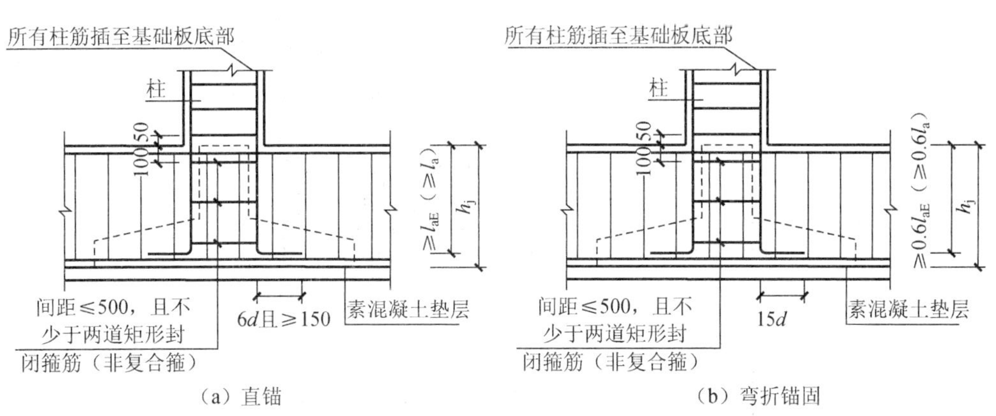

（a）直锚　　（b）弯折锚固

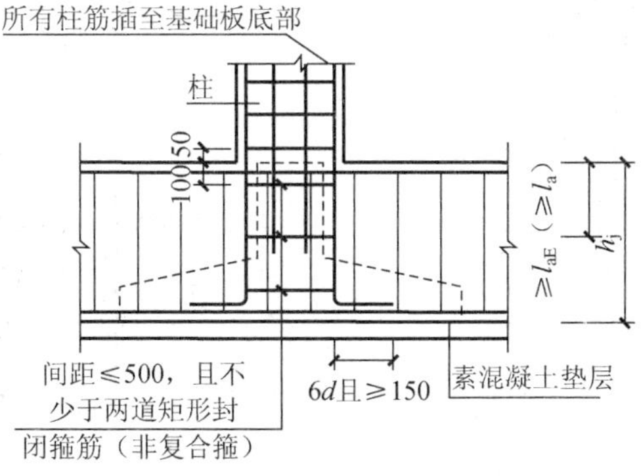

（c）仅四角钢筋伸至底部

图 1.13　柱下条形基础

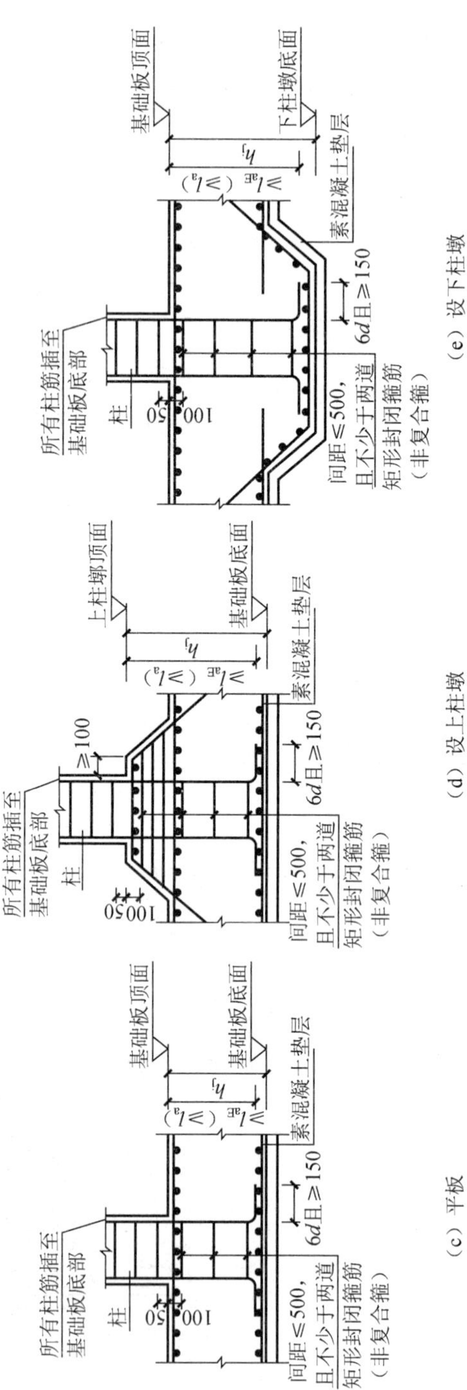

（a）梁底与板底平

（b）梁顶与板顶平

（c）平板

（d）设上柱墩

（e）设下柱墩

图 1.14 筏形基础

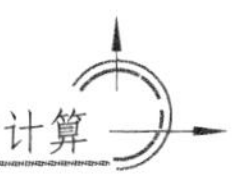

2. 中间层钢筋计算

沿袭基础插筋计算前考虑的问题，在计算柱纵筋的中间层部分时，我们需要考虑以下因素，见表 1.4。

表 1.4　中间层纵筋计算主要因素分析表

纵筋中间层计算需要考虑的主要因素	柱是否有变截面的情况
	柱全高范围内竖向纵筋的配筋情况是否变化
	柱跨越了几个楼层
	柱竖向纵筋的连接方式
	柱所跨越的每层结构层的净高

中间层钢筋计算应熟悉不同钢筋连接方式的抗震 KZ 钢筋连接构造要求，如图 1.15 所示，但是要贯彻能通则通的原则。

KZ1 在－1.4～3.55m 标高范围和 3.55～10.5m 标高范围内的配筋是不同的，因此要分范围计算。中间层钢筋的角筋和中部钢筋构造没有区别，只需按不同直径分开即可，同时须考虑相邻两根钢筋的连接位置有差异，至少错开 max（500,35*d*）的距离。中间层钢筋可以从基础插筋之后算至顶层屋面框架梁底。

（1）－1.4～＋3.55 标高范围

KZ1 的角筋－1.4～3.55 标高范围内是 4⌀25，在中部钢筋在－1.4～3.55 *d* 标高范围内是 12⌀22。

1）每根角筋长度＝3.55－（－1.35）－非连接区长度（基础插筋已计算长度）

＝4900－1416.67＝3483.33mm

角筋长度＝3483.33×4 根＝13933.32mm

2）每根中部筋长度＝3.55－（－1.35）－非连接区长度（基础插筋已计算长度）

＝4900－1416.67＝3483.33mm

中部筋长度＝3483.33×12 根＝41799.96mm

（2）＋3.55～10.5 标高范围

KZ1 的角筋＋3.55～10.5 标高范围内是 4⌀22，在中部钢筋在＋3.55～10.5m 标高范围内是 8⌀20。

1）每根角筋长度＝10.5－3.55－屋面框架梁梁高＝6950－600＝6350mm

角筋长度＝6350×4 根＝25400mm

2）每根中部筋长度＝10.5－3.55－屋面框架梁梁高＝6950－600＝6350mm

中部筋长度＝6350×8 根＝50800mm

3. 顶层钢筋计算

顶层钢筋的计算相对复杂，根据震害资料表明，角柱破坏程度严重于边柱，边柱破坏程度严重于中柱，柱顶破坏程度严重于柱底，此处需要针对柱所处的不同位置分别处理，钢筋量绝不可以将柱根数简单累加计算。顶层钢筋计算需要考虑以下因素，见表 1.5。

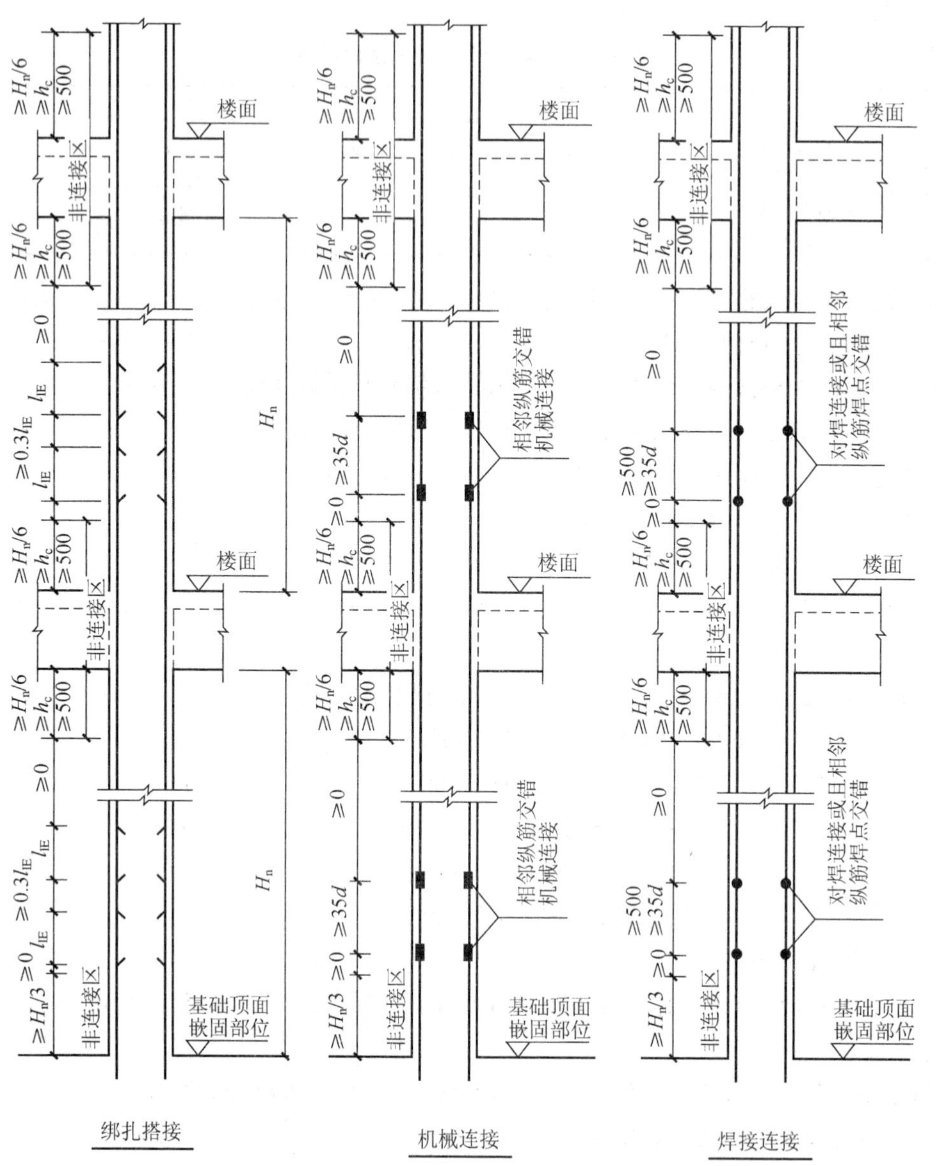

图 1.15　抗震 KZ 纵向钢筋连接构造

表 1.5　顶层纵筋计算主要因素分析表

纵筋顶层计算需要考虑的主要因素	柱所处位置（角柱、边柱、中柱）
	柱顶与梁钢筋搭接形式（梁包柱、柱包梁）
	中柱所锚入的屋面板的厚度
	柱顶节点处的屋面框架梁的截面尺寸及配筋情况
	屋面板的坡度大小（平屋面、坡屋面）

根据所附图集结施—5 所示，四个角上的 KZ1 为角柱，1 轴和 17 轴上的 KZ2 及 A 轴和 D 轴上的 KZ3、KZ4 均为边柱，B 轴和 C 轴上的 KZ4、KZ5 和 KZ6 为中柱。

（1）角柱钢筋计算

首先熟悉角（边）柱外侧钢筋构造要求，如图 1.16 所示。

根据所附图集结施—4 边柱和角柱柱头构造的要求及 11G101—1 图集第 64 页注解中，伸入梁内的柱外侧纵筋不宜少于柱外侧全部纵筋面积的 65%相关规定来计算角柱的顶层钢筋。

1）KZ1 的外侧钢筋共 7 根，需要伸入梁内的外侧钢筋不宜少于 5 根，其余 2 根外侧钢筋不伸入梁内，内侧钢筋共 5 根。

2）KZ1 伸入梁内的外侧钢筋可以根据布置钢筋的实际情况选择，在 7 根外侧钢筋中我们选择 3 根Φ22 的角筋和 2 根Φ20 的中部筋伸入梁内，剩下 2 根Φ20 的中部筋不伸入梁内。

3）KZ1 伸入梁内的外侧钢筋计算，共 5 根。

① 3 根Φ22 的钢筋＝$1.6l_{aE}$×3 根，根据查表得 l_{aE}＝$37d$

＝1.6×37×22×3 根＝3907.2mm

② 2 根Φ20 的钢筋＝$1.6l_{aE}$×2 根＝1.6×37×20×2 根＝2368mm

4）KZ1 未伸入梁内的外侧钢筋计算，共 2 根。

2 根Φ20 的钢筋＝（屋面框架梁高－柱保护层厚度＋$12d$）×2 根

＝（600－30＋12×20）×2 根＝（570＋240）×2 根＝1620mm

5）KZ1 内侧钢筋计算，共 5 根

① 1 根Φ22 的钢筋＝l_{aE}＝37d＝37×22＝814mm

② 4 根Φ20 的钢筋＝l_{aE}×4 根＝37d＝37×20×4 根＝2960mm

（2）边柱钢筋计算

根据所附图集结施—5 中 1 轴上的 KZ2 为边柱，此处计算边柱钢筋以 KZ2 为例。

1）KZ2 的外侧钢筋共 4 根，需要伸入梁内的外侧钢筋不宜少于 3 根，其余 1 根外侧钢筋不伸入梁内，内侧钢筋共 8 根。

2）KZ2 伸入梁内的外侧钢筋可以根据布置钢筋的实际情况选择，在 4 根外侧钢筋中我们选择 2 根Φ22 的角筋和 1 根Φ20 的中部筋伸入梁内，剩下 1 根Φ20 的中部筋不伸入梁内。

3）KZ2 伸入梁内的外侧钢筋计算，共 3 根

① 2 根Φ22 的钢筋＝$1.6l_{aE}$×2 根，根据查表得 l_{aE}＝37d

＝1.6×37×22×2 根＝2604.8mm

② 1 根Φ20 的钢筋＝$1.6l_{aE}$×1 根＝1.6×37×20×1 根＝1184mm

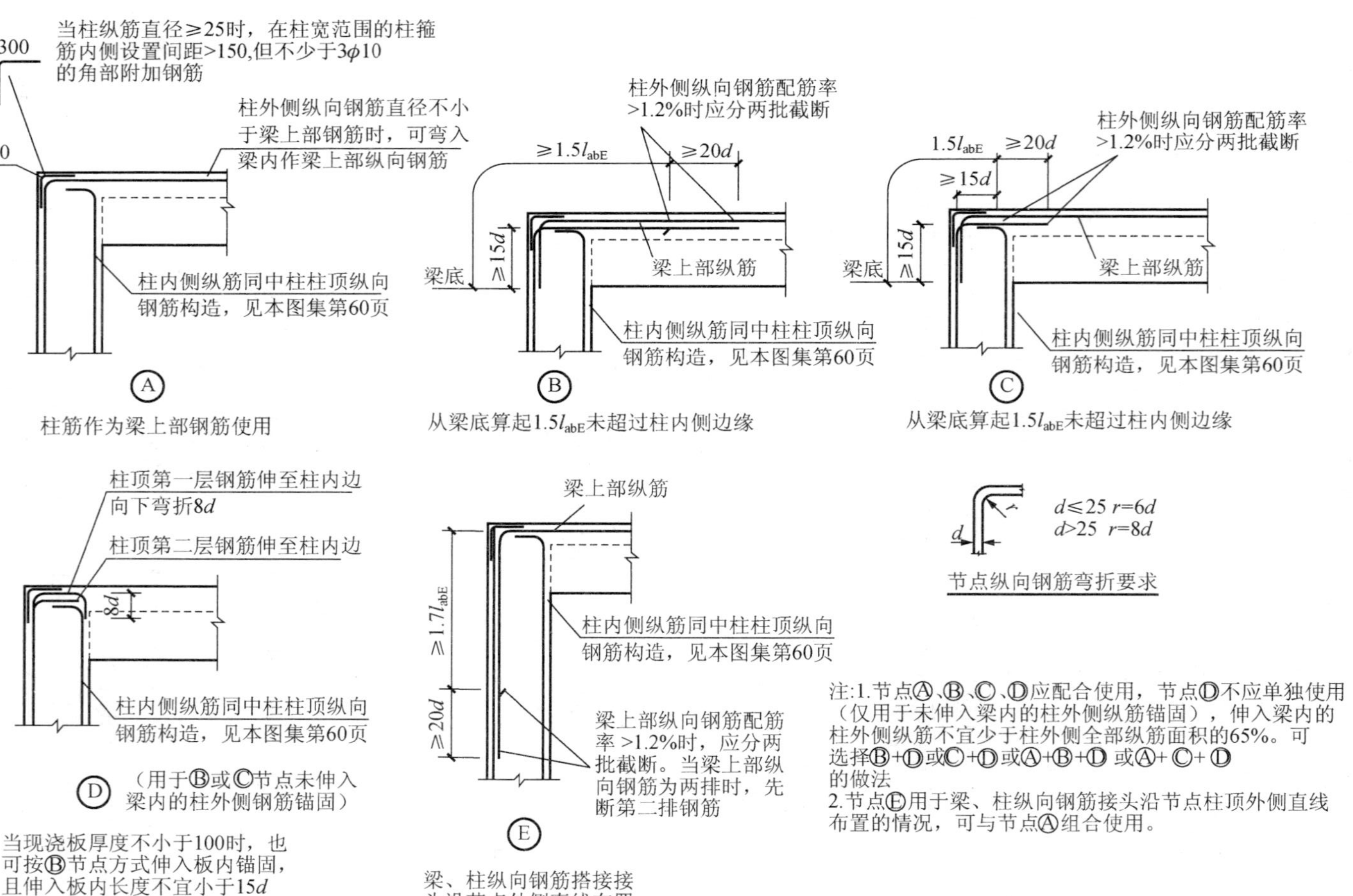

图 1.16　抗震 KZ 边柱和角柱柱顶纵向钢筋构造

4）KZ2 未伸入梁内的外侧钢筋计算，共 1 根

1 根Φ20 的钢筋＝（屋面框架梁高－柱保护层厚度＋12d）×1 根

＝（600－30＋12×20）×1 根＝（570＋240）×1 根＝810mm

5）KZ2 内侧钢筋计算，共 8 根

① 2 根Φ22 的钢筋＝l_{aE}＝37d＝37×22×2 根＝1628mm

② 6 根Φ20 的钢筋＝l_{aE}×6 根＝37d＝37×20×6 根＝4440mm

（3）中柱钢筋计算

根据所附图集结施—5 中 B 轴上的 KZ5 为中柱，此处计算中柱钢筋以 KZ5 为例。计算根据结施—4 屋面框架梁中间支座构造要求，如图 1.17 所示。

1）KZ5 在柱顶部位共有 4 根Φ22 的角筋和 8 根Φ20 的中部钢筋。

2）4 根Φ22 的钢筋＝（屋面框架梁高－柱保护层厚度＋12d）×4 根

＝（650－30＋12×22）×4 根＝884×4 根＝3536mm

3）8 根 C20 的钢筋＝（屋面框架梁高－柱保护层厚度＋12d）×8 根

＝（650－30＋12×20）×8 根＝860×8 根＝6880mm

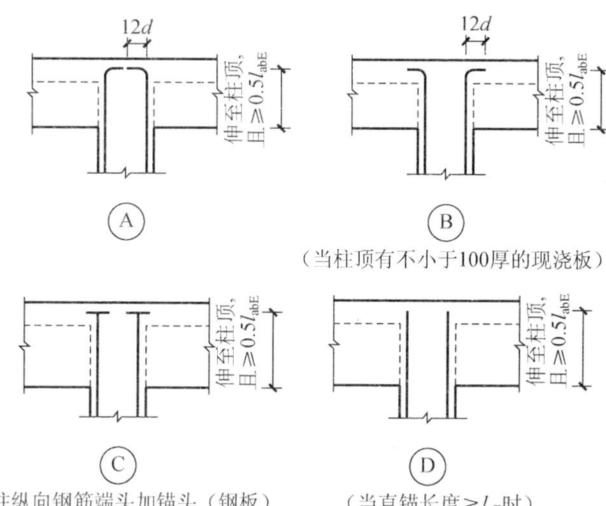

图 1.17　抗震 KZ 中柱柱顶纵向钢筋构造

知识链接

框架结构梁柱节点搭接

1）框架顶层端节点的梁、柱端均主要承受负弯矩作用，相当于 90° 折梁，节点外侧钢筋不是锚固受力，而属于搭接传力问题，故不允许将柱外侧纵钢筋伸至框架梁内锚固，将梁上部钢筋伸入节点。因此梁上部纵向钢筋与外侧纵向钢筋应搭接，采用的搭接方法主要有两种：节点外侧和梁端顶面 90° 弯折搭接、柱顶部外侧直线搭接。

① 采用节点外侧和梁端顶面 90° 弯折搭接方法时，搭接长度不应于 1.5l_{abE}（1.5l_{ab}），构造要点如下：

a. 梁上部纵向钢筋伸至柱外侧，纵筋内侧弯折，弯折段伸至梁底；

b. 部分柱外侧纵向钢筋（假定称为“钢筋①”）伸入梁内与梁上部向钢筋搭接，总的搭接长度不小于 $1.5l_{abE}$（$1.5l_{ab}$），如图 1.18 所示；该部分钢筋截面积不应小于柱外侧纵向钢筋全部面积的 65%。

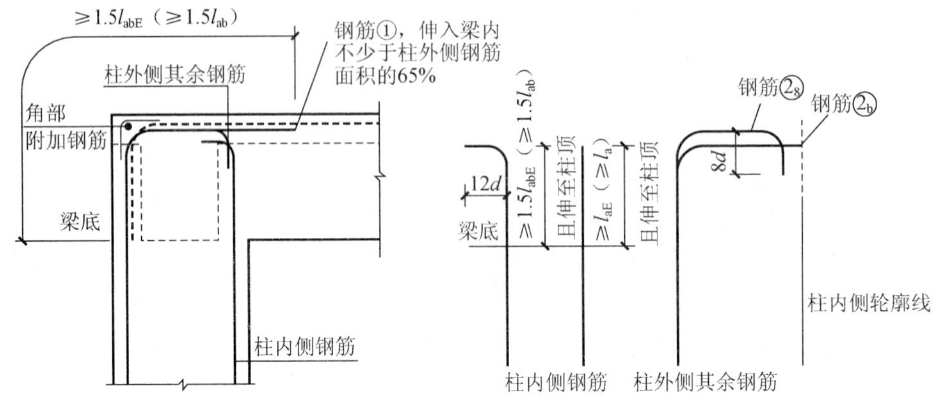

图 1.18 节点外侧和梁端顶面 90° 搭接（一）

注：当柱外侧钢筋配筋率≤1.2%时，钢筋一次截断。

c. 其余部分柱外侧钢筋（假定称为“钢筋②”）：

位于柱顶第一层时，伸至柱内边后向下弯折 8d；如图 1.18 所示钢筋②a。

位于柱顶第二层时，伸至柱内边截断；如图 1.18 所示中钢筋②b。

当有≥100mm 的现浇板时，可伸入现浇板内，如图 1.19 所示。

d. 当柱外侧纵向钢筋配筋率大于 1.2%时，钢筋①分两批截断，截断之间距离不宜小于 20d，如图 1.20 所示。配筋率按公式 $p = A_s/A_c$ 计算，式中 A_s 为柱外侧纵向钢筋面积，A_c 为柱截面面积。

e. 当柱截面比较宽，钢筋①未伸至柱内边已经满足 $1.5l_{abE}$（$1.5l_{ab}$）的要求时，其弯折后包括弯弧在内的水平段长度不应小于 15d，如图 1.21 所示。

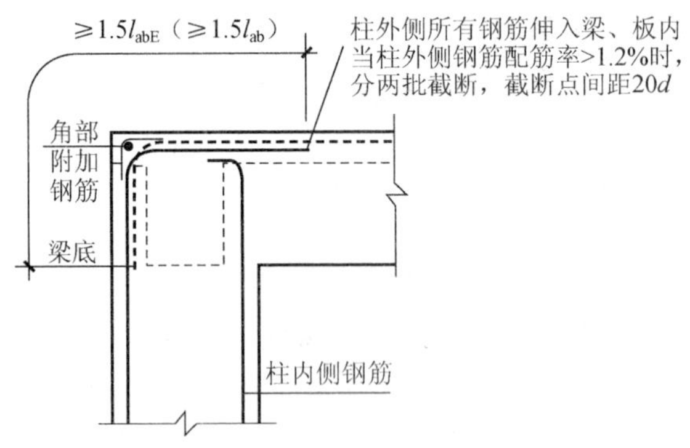

图 1.19 节点外侧和梁端面顶面 90° 搭接（二）

注：现浇板厚度不小于 100mm

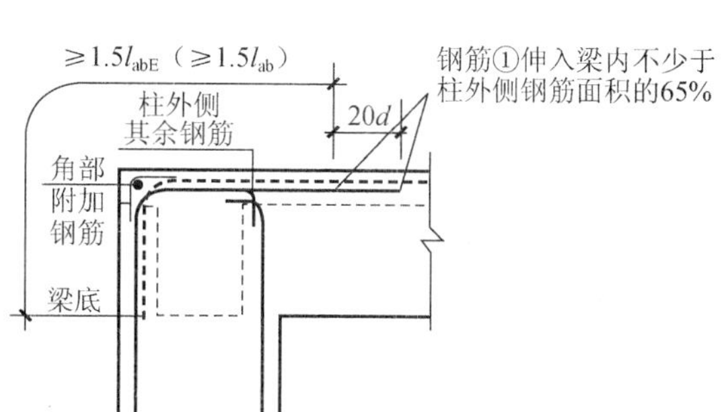

图 1.20 节点外侧和梁端顶面 90° 搭接（三）

注：当柱外侧钢筋配筋率>1.2%时，钢筋①分两批截断。

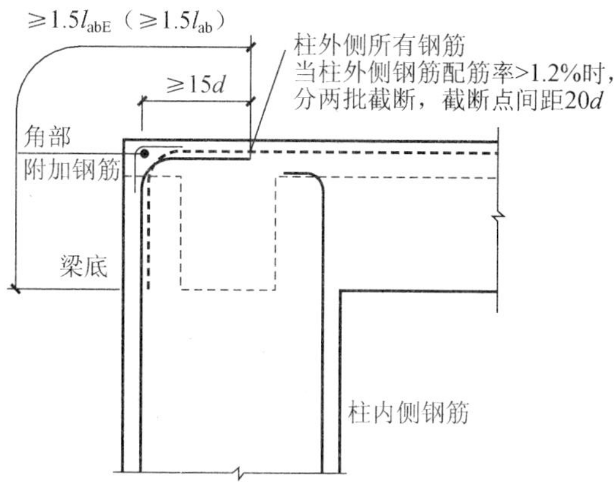

图 1.21 节点外侧和梁端顶面 90° 搭接（四）

注：柱比较宽时

② 采用“柱顶部外侧直线搭接”时，如图 1.22 所示，构造要点如下：

a. 柱外侧纵向钢筋伸至柱顶截断；

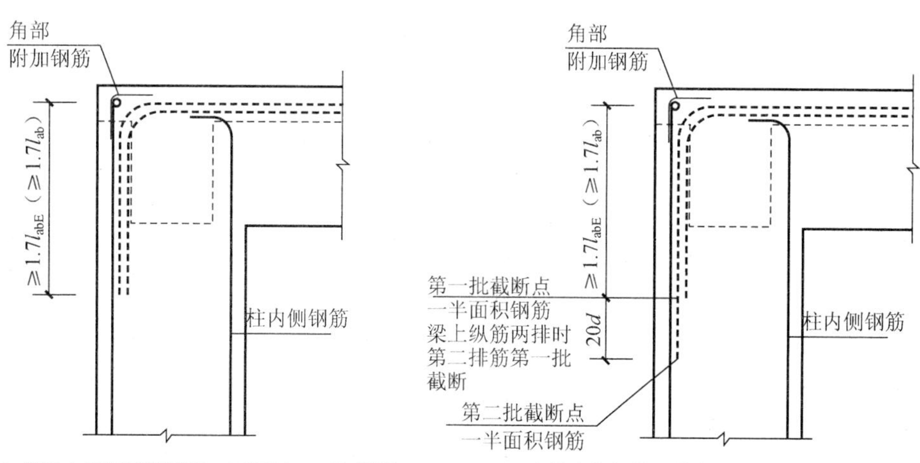

（a）当梁上部钢筋配筋率≤1.2%时，一次截断

（b）当梁上部钢筋配筋率>1.2%时，分两批截断

图 1.22 柱顶部外侧直线搭接

b. 梁上部纵向钢筋伸至柱外侧纵向钢筋内侧弯折，与柱外侧纵向钢筋搭接长度不应小于 $1.7l_{abE}$（$1.7l_{ab}$），且应伸过梁底。当梁上部纵向钢筋配筋率大于 1.2%时，宜分两批截断，截断点之间距离不宜小于 20d。当梁上部纵筋为两排时，第二排纵筋宜在第一批截断。配筋率按公式 $p=A_s/A_b$ 计算，式中 A_s 为梁上部纵向钢筋面积，$A_b=b\times h$ 为梁截面面积。

③ 除上述两种做法外，柱外侧纵向钢筋也可弯入梁内作梁上部纵向钢筋，与梁上部纵向钢筋进行连接，如图 1.23 所示。这种做法可代替以上两种做法中的搭接钢筋，当与节点外侧和梁端顶面 90° 搭接方法同时使用时，该部分柱纵筋可计入钢筋①范围内。

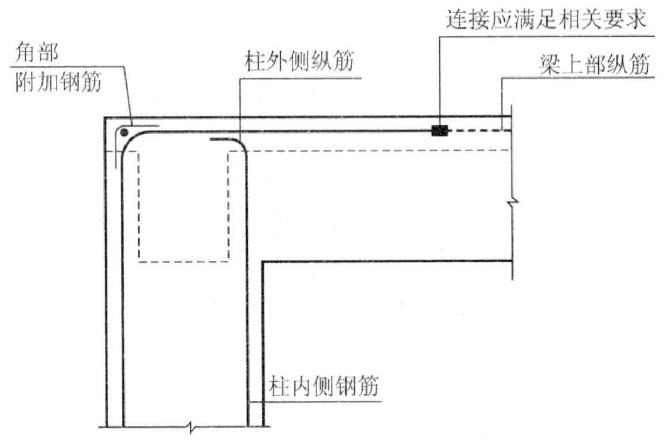

图 1.23 柱外侧纵筋弯入梁内作梁筋

④ 柱内侧纵向钢筋构造同中柱柱顶，梁下部纵向钢筋构造同中间层梁。

2）节点外侧和梁端顶面 90° 搭接方法的优点是梁上部钢筋不伸入柱内，有利于在梁底标高处设置柱内混凝土的施工缝；适用于梁上部钢筋和柱外侧钢筋数量不是过多的情况。

柱顶部外侧直线搭接方法的优点是柱外侧钢筋不伸入梁内，避免了节点部位钢筋拥挤的情况，有利于混凝土的浇筑。

1.3.2 柱箍筋计算

柱箍筋全高范围均会布置，计算思路从两个方面考虑，一方面，计算出每道箍筋的长度；另一方面，计算出箍筋的道数。此处需考虑的因素见表 1.6。

表 1.6 柱箍筋计算主要因素分析表

柱箍筋计算需要考虑的主要因素	箍筋所处位置（基础内为矩形封闭箍筋）
	箍筋的复合形式
	柱的截面尺寸、保护层厚度及纵筋间距
	柱箍筋加密区范围（是否存在全柱加密的情况）
	基础的高度及基础插筋的深度

首先熟悉框架柱箍筋的形式，柱的箍筋大部分为复合箍筋，箍筋肢数也是用 $m\times n$ 的形式来表达，如图 1.24 所示。

柱箍筋长度计算思路＝每道箍筋长度×箍筋道数

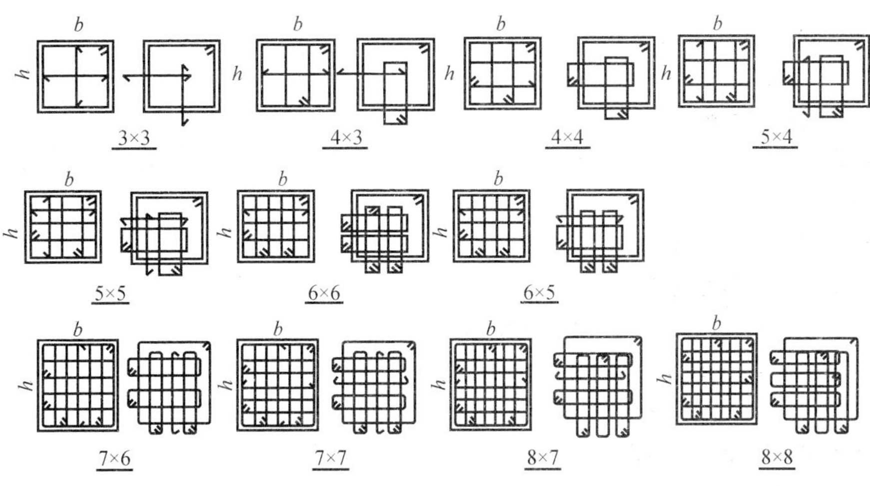

图 1.24　柱矩形箍筋复合方式

1. 每道箍筋长度计算

根据所附图集结施—3、结施—4 中 KZ1 为例计算箍筋长度，具体构造要求参考 11G101—1 相关规定。根据柱表中 KZ1 可以看到在－1.35m 至＋3.55m 标高范围的箍筋构造和＋3.55m 至＋10.55m 标高范围的箍筋构造是不同的，需要分开计算。

（1）基础插筋内的箍筋

根据柱插筋在基础中的锚固构造得到基础内的箍筋为间距小于等于 500mm，且不少于两道的矩形封闭箍筋，如图 1.25 所示。

KZ1 基础插筋内的每道箍筋长度＝（柱的 b 边长－2×柱保护层厚度＋柱的 h 边长－2×柱保护层厚度）×2＋2×max（75mm，10d）＋2×1.9d＝（500－2×30＋500－2×30）×2＋2×max（75mm，10×8）＋2×1.9×8＝880×2＋2×80＋2×15.2＝1760＋160＋30.4＝1950.4mm

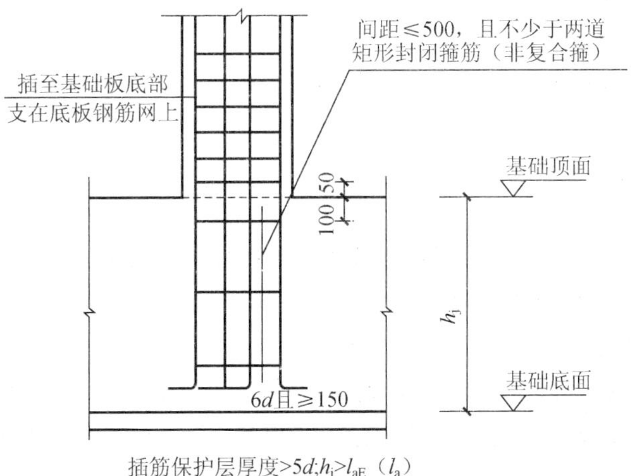

图 1.25　柱插筋箍筋构造

（2）－1.35m 至＋3.55m 标高范围内的箍筋

KZ1 －1.35m 至＋3.55m 标高范围内的每道箍筋长度＝外箍筋长度＋内横向一字形箍筋长度＋内纵向一字形箍筋长度

1）外箍筋长度＝（柱的 b 边长－2×柱保护层厚度＋柱的 h 边长－2×柱保护层厚度）×2＋2×max（75mm，10d）＋2×1.9d＝（500－2×30＋500－2×30）×2＋2×max（75mm，10×8）＋2×1.9×8＝880×2＋2×80＋2×15.2＝1760＋160＋30.4＝1950.4mm

2）内横向一字形箍筋长度＝[柱的 b 边长－2×柱保护层厚度＋2×max（75mm，10d）＋2×1.9d]×3 道＝[500－2×30＋2×80＋2×15.2]×3 道＝[500－60＋160＋30.4]×3 道＝630.4×3 道＝1891.2mm

3）内纵向一字形箍筋长度＝[柱的 h 边长－2×柱保护层厚度＋2×max（75mm，10d）＋2×1.9d]×3 道＝[500－2×30＋2×80＋2×15.2]×3 道＝[500－60＋160＋30.4]×3 道＝630.4×3 道＝1891.2mm

4）KZ1 －1.35m 至＋3.55m 标高范围内的每道箍筋长度＝1950.4＋1891.2＋1891.2＝5732.8mm

（3）＋3.55m 至＋10.55m 标高范围内的箍筋

KZ1 ＋3.55m 至＋10.55m 标高范围内的每道箍筋长度＝外箍筋长度＋内横向一字形箍筋长度＋内纵向一字形箍筋长度

1）外箍筋长度＝（柱的 b 边长－2×柱保护层厚度＋柱的 h 边长－2×柱保护层厚度）×2＋2×max（75mm，10d）＋2×1.9d＝（500－2×30＋500－2×30）×2＋2×max（75mm，10×8）＋2×1.9×8＝880×2＋2×80＋2×15.2＝1760＋160＋30.4＝1950.4mm

2）内横向一字形箍筋长度＝[柱的 b 边长－2×柱保护层厚度＋2×max（75mm，10d）＋2×1.9d]×2 道＝[500－2×30＋2×80＋2×15.2]×2 道＝[500－60＋160＋30.4]×2 道＝630.4×2 道＝1260.8mm

3）内纵向一字形箍筋长度＝[柱的 h 边长－2×柱保护层厚度＋2×max（75mm，10d）＋2×1.9d]×2 道＝[500－2×30＋2×80＋2×15.2]×2 道＝[500－60＋160＋30.4]×2 道＝630.4×2 道＝1260.8mm

4）KZ1 在＋3.55m 至＋10.55m 标高范围内的每道箍筋长度＝1950.4＋1260.8＋1260.8＝4472mm

2. 箍筋道数计算

此处根据所附图集结施—3、结施—4 中 KZ1 为例计算箍筋道数，具体构造要求如图 1.26 所示。我们将加密区和非加密区分阶段来进行箍筋道数的计算，箍筋信息为ϕ8@100/200。

（1）基础内箍筋道数

根据所附图集结施—2、结施—3 看到 KZ1 的基础为 J—4，该基础的高度为 750mm，根据柱插筋在基础中的锚固构造得到基础内的箍筋为间距小于等于 500mm，且不少于两道的构造要求我们不难得到 KZ1 在 J—4 内箍筋的道数为 2 道。

（2）底层柱根箍筋的加密道数

根据构造详图要求加密区范围大于等于 $H_n/3$，首先计算出此部位 H_n 的尺寸，H_n＝一层

顶标高－基础顶标高－一层梁高＝3.55－（－1.35）－0.65＝4.25m，$H_n/3$＝4250/3＝1416.67mm

底层柱根箍筋加密区道数＝加密区范围/加密区间距＝1416.67/100＝15 道

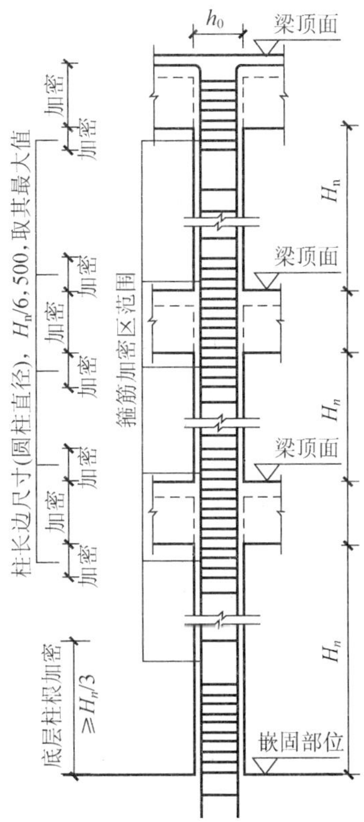

（QZ嵌固部位为墙顶面，LZ嵌固部位为架顶面）

图 1.26　抗震 KZ、QZ、LZ 箍筋加密区范围

（3）一层楼板上下范围箍筋的加密道数

根据构造详图要求加密区范围＝一层梁下部加密区＋一层梁高加密区＋一层梁顶上部加密区＝max（柱长边尺寸，H_{n1}/6,500）＋650＋max（柱长边尺寸，H_{n2}/6,500）

其中，H_{n1} 为基础顶标高至一层梁底标高的距离

H_{n2} 为一层梁顶面至二层梁底标高的距离

$$H_{n1}=3.55-(-1.35)-0.65=4.25\text{m}$$

$$H_{n2}=6.85-3.55-0.65=2.65\text{m}$$

一层楼板上下范围箍筋的加密道数＝[max（500，4250/6，500）＋650＋ max（500，2650/6，500）]/100＝[708.33＋650＋500]/100＝20 道（其中 15 道是 A 剖面箍筋道数，5 道是 B 剖面箍筋道数）

（4）二层楼板上下范围箍筋的加密道数

根据构造详图要求加密区范围＝二层梁下部加密区＋二层梁高加密区＋二层梁顶上部加密区＝max（柱长边尺寸，H_{n2}/6,500）＋650＋max（柱长边尺寸，H_{n3}/6,500）

其中，H_{n2} 为一层梁顶面至二层梁底标高的距离

H_{n3}为二层梁顶面至三层梁底标高的距离

$$H_{n2}=6.85-3.55-0.65=2.65\text{m}$$

$$H_{n3}=10.5-6.85-0.6=3.05\text{m}$$

二层楼板上下范围箍筋的加密道数=[max（500，2650/6，500）+600+max（500，3050/6，500）]/100=[500+650+508]/100=18 道

（5）三层板顶范围箍筋的加密道数

根据构造详图要求加密区范围=三层梁下部加密区+三层梁高加密区=max（柱长边尺寸，H_{n3}/6，500）+三层梁高－保护层厚度

其中，H_{n3}=10.5－6.85－0.6=3.05m

三层楼板顶范围箍筋的加密道数=[max（500，3050/6，500）+600－30]/100=12 道

（6）基础顶面至一层梁顶范围箍筋的非加密区道数

非加密区范围=H_{n1}－H_{n1}/3－max（柱长边尺寸，H_{n1}/6,500）=4250－4250/3－4250/6=4250－1416.67－708.33=2125mm

非加密区道数=2125/200=10 道

（7）一层梁顶至二层梁顶范围箍筋的非加密区道数

非加密区范围=H_{n2}－max（柱长边尺寸，H_{n2}/6，500）－max（柱长边尺寸，H_{n2}/6，500）=2650－500－500=1650mm

非加密区道数=1650/200=8 道

（8）二层梁顶至三层梁顶范围箍筋的非加密区道数

非加密区范围=H_{n3}－max（柱长边尺寸，H_{n3}/6，500）－max（柱长边尺寸，H_{n3}/6，500）=3050－508－508=2034mm

非加密区道数=2034/200=10 道

3. KZ1 箍筋长度计算

KZ1 全柱箍筋长度=基础内每道箍筋长度×基础内箍筋道数+自－1.35m 至 3.55m 标高范围内每道箍筋长度×（自－1.35m 至 3.55m 标高范围内箍筋道数）+自 3.55m 至 10.5m 标高范围内每道箍筋长度×自 3.55m 至 10.5m 标高范围内箍筋道数=1950.4mm×2 道+5732.8mm×（15+15+10）道+4472mm×（5+8+18+10+12）道=1950.4mm×2 道+5732.8mm×40 道+4472mm×53 道=3900.8mm+229312mm+237016mm=470228.8mm。

项　目

现浇钢筋混凝土梁平法识图与钢筋计算

学习提示　本项目主要介绍框架梁的识读与钢筋计算，其他种类的梁与框架梁的钢筋布置情况较为类似且简单，同学在学习过程中要注重学习的方法和思路，达到融会贯通的学习效果。

知识目标
1. 掌握梁构件平法制图规则；
2. 熟悉混凝土框架梁构件的钢筋分类；
3. 熟悉柱梁节点的构造要求；
4. 熟悉梁箍筋布置的构造要求；
5. 掌握梁构件中钢筋的计算方法。

能力目标
1. 具备识读梁配筋图信息标注的能力；
2. 具备计算梁横向纵筋长度的能力；
3. 具备计算梁箍筋长度的能力。

2.1 熟悉梁的分类

【知识目标】 1. 熟悉梁的分类；
2. 了解不同结构形式中梁的设置位置与作用。

【能力目标】 具备快速识读梁布置图的能力，能够判断不同类型的梁。

1. 楼层框架梁（KL）

框架梁是指两端与框架柱相连的梁，或者两端与剪力墙相连但跨高比不小于 5 的梁，如图 2.1 所示。

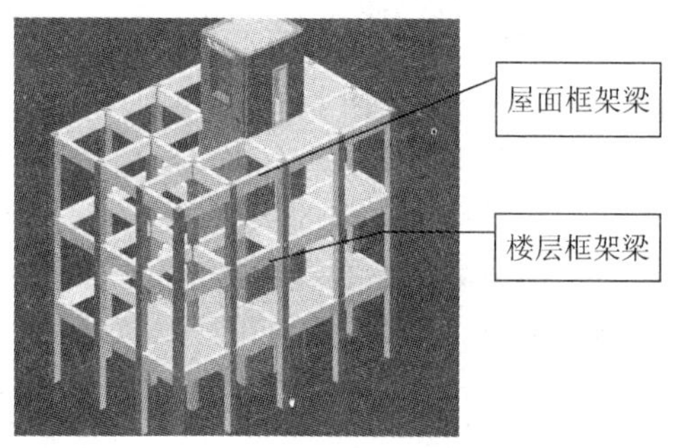

图 2.1 楼层框架梁、屋面框架梁示意图

2. 屋面框架梁（WKL）

屋面框架梁与楼层框架梁所处的位置不同，一般屋面框架梁所在位置为屋面层且在建筑物的外边缘位置，如图 2.1 所示。

3. 框支梁（KZL）

框支梁是在框支结构中的构件。当结构中具有较多的竖向抗侧力构件（如混凝土墙、柱等）时，因为建筑方面的要求不能落地，或者竖向不连续，需要通过转换构件把竖向力转换为水平力并向下传递。转换构件采用较多的是转换梁，上部的柱、墙直接落于转换梁上，在底部形成较大空间，把这种结构称为框支结构，这种转换梁即框支梁。框支梁的本质不是真正的梁而是架空剪力墙的加强构造，如图 2.2 所示。

4. 悬挑梁（XL）

悬挑梁是一端没有支座的梁，其一端埋在或者浇筑在支座上，另一端伸出挑出支座，如图 2.3 所示。

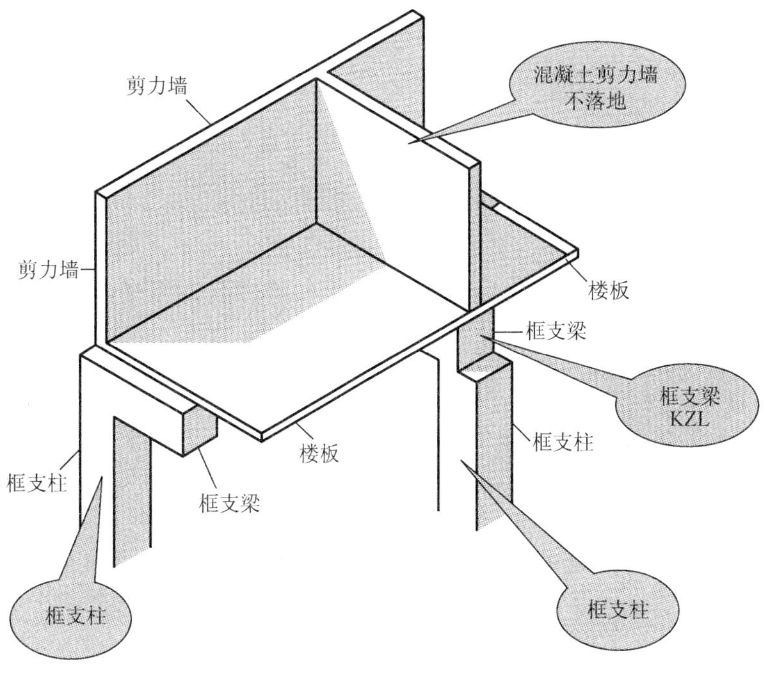

图 2.2　框支梁示意图

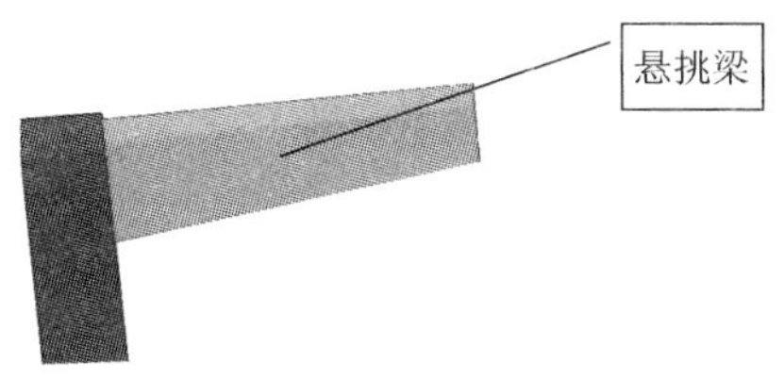

图 2.3　悬挑梁示意图

5. 非框架梁（L）

在框架结构中，框架梁之间将楼板的重量先传给框架梁的其他梁即非框架梁。也可以说，框架结构中的次梁就是非框架梁，如图 2.4 所示。

6. 基础主梁

以独立基础或承台为支座的梁为基础主梁。

7. 基础次梁

以基础主梁为支座的基础梁是基础次梁。

8. 基础连梁

基础连梁是主要承台、条形基础或独立基础之间的梁，它可以减少基础间沉降差异，防止地基的不均匀沉降，还可作为砖墙的承重基础。基础连梁不是主要受力构件，而是次要受力构件，如图 2.4 所示。

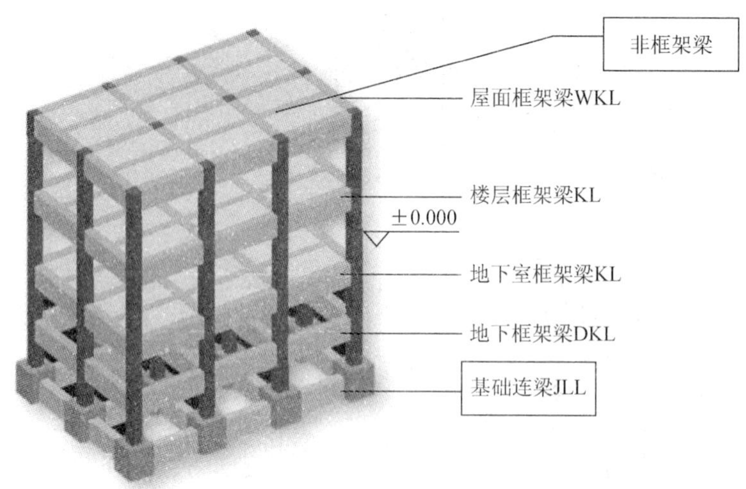

图 2.4　非框架梁、基础主梁地下框架梁示意图

9. 基础圈梁

基础圈梁多用于砖混结构中的承重墙基础上部，起到抗震和增加结构整体性的作用，如图 2.5 所示。

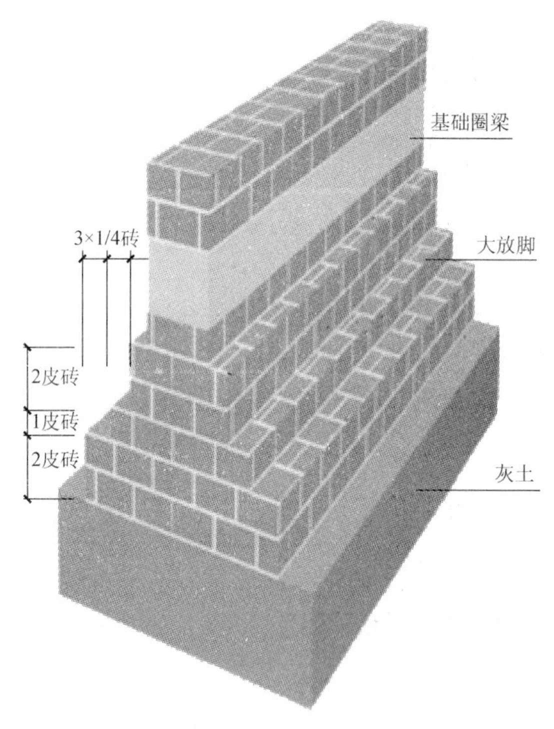

图 2.5　基础圈梁示意图

10. 承台梁

承台梁是连接承台的梁，其主要的作用为防止地基的不均匀沉降。

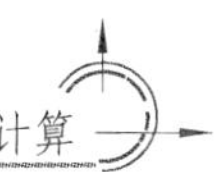

11. 地下框架梁

地下框架梁即框架梁在底层地面标高以下，不受地基反力作用，或者地基反力仅仅由地下梁及其覆土的自重产生，不是由上部荷载的作用所产生，这样的地下梁称为地下框架梁，如图 2.4 所示。

12. 井字梁

井字梁是由同一平面内相互正交或斜交的梁所组成的结构构件，又称交叉梁或格形梁。它不分主次、高度相当、同位相交、呈井字型。这种梁一般用于楼板呈正方形或者长宽比小于 1.5 的矩形楼板，大厅比较多见，梁间距为 3m 左右，如图 2.6 和图 2.7 所示。

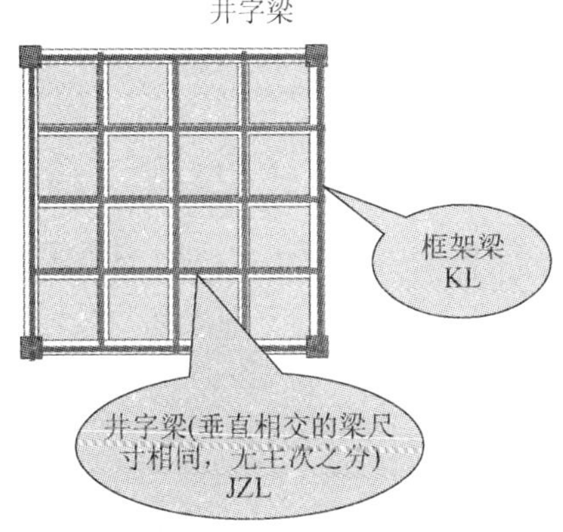

图 2.6　井字梁平面示意图

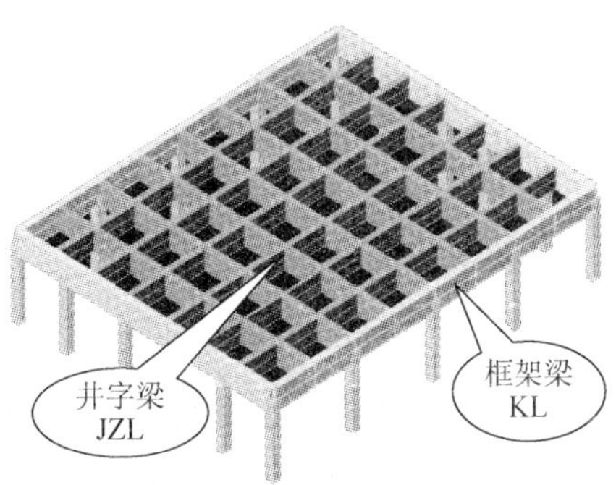

图 2.7　井字梁空间示意图

知识链接

框架梁结构设计截面尺寸要求

1）框架梁截面宽度不宜小于 200mm。
2）框架梁截面高等与宽度的比值不宜大于 4。
3）框架梁净跨与截面高度的比值不宜小于 4。

2.2 梁的平法施工图识读

【知识目标】 1. 掌握梁构件平法制图规则；
2. 熟悉梁构件不同表示方法的特点；
3. 熟悉梁构件中钢筋的布置情况。

【能力目标】 1. 具备识读梁平法配筋图的能力；
2. 具备根据制图规则和标准构件详图分析梁构件配筋情况的能力。

2.2.1 梁平法施工图的表示方法

梁平法施工图系在梁平面布置图上采用平面注写方式或截面注写方式表达。梁平面布置图应分别按梁的不同结构层（标准层），将全部梁和与其相关联的柱、墙、板一起采用适当比例绘制。在梁平法施工图中，应按平法图集的规定注明各结构层的顶面标高及相应的结构层号。对于轴线未居中的梁，应标注其偏心定位尺寸（贴柱边的梁可不注）。

2.2.2 平面注写方式

1. 平面注写方式

平面注写方式即在梁平面布置图上，分别在不同编号的梁中各选一根梁，在其上注写截面尺寸和配筋具体数值来表达梁平法施工图，如图 2.8 所示。

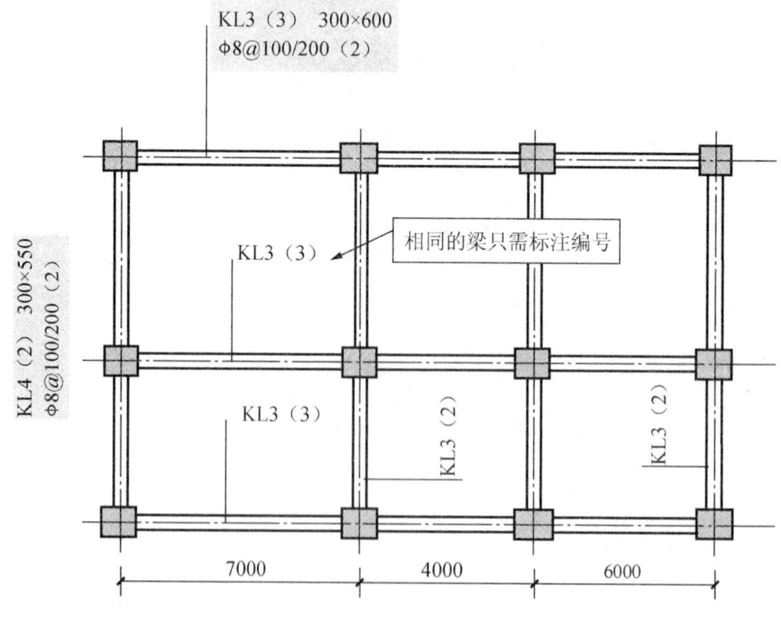

图 2.8 梁平法施工图——平面注写方式

平面注写包括集中标注与原位标注。集中标注表达梁的通用数值，原位标注表达梁的特殊数值。当集中标注中的某项数值不适用于梁的某部位时，则将该项数值原位标注，施工时，原位标注取值优先，如图 2.9 所示。

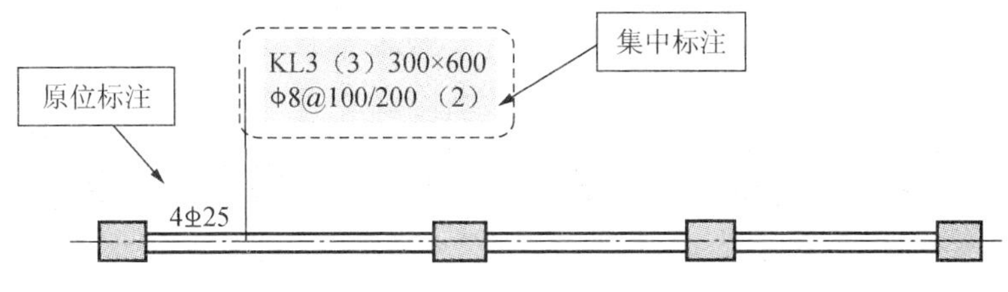

图 2.9　梁集中标注、原位标注示意

2. 梁编号

梁编号由梁类型代号、序号、跨数及有无悬挑代号几项组成，应符合表 2.1 的规定。

表 2.1　梁编号表

梁类型	代号	序号	跨数及是否带有悬挑
楼层框架梁	KL	XX	（xx）、（xxA）或（xxB）
屋面框架梁	WKL	XX	（xx）、（xxA）或（xxB）
框支梁	KZL	XX	（xx）、（xxA）或（xxB）
非框架梁	L	XX	（xx）、（xxA）或（xxB）
悬挑梁	XL	XX	
井字梁	JZL	XX	（xx）、（xxA）或（xxB）

注：（xxA）为一端有悬挑，（xxB）为两端有悬挑，悬挑不计入跨数。

【例 2.1】 KL7（5A）表示第号楼层框架梁，5 跨，一端有悬挑。

【例 2.2】 L9（7B）表示第 9 号非框架梁，7 跨，两端均有悬挑。两端悬挑示意如图 2.10 所示。

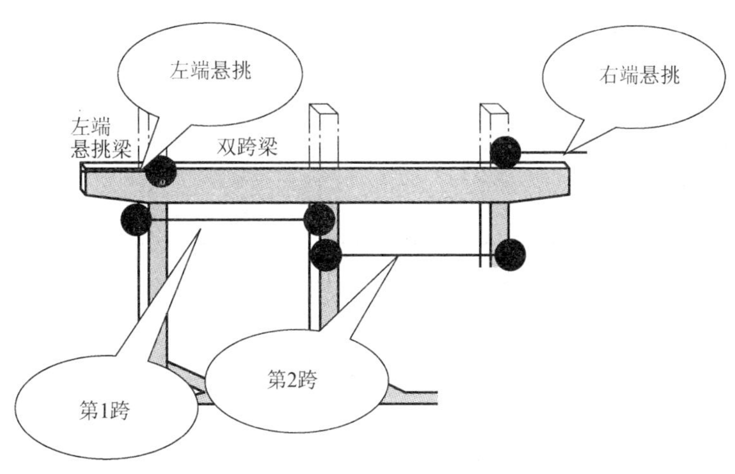

图 2.10　梁悬挑端示意图

梁的跨数问题一直困扰着初学者。由于对跨数的概念理解不清，无法准确找到每根梁的起止位置，即无法正确确定梁的端支座或中间支座，从而导致无法准确计算梁的钢筋用量。其实，梁的跨数可以根据梁集中标注信息中梁编号的跨数来确定，如图 2.11 所示。

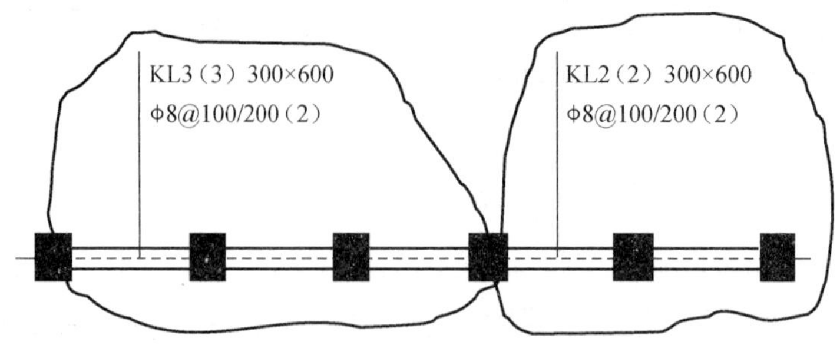

图 2.11　梁跨确定示意图

3. 梁集中标注内容

梁集中标注的内容有 5 项必注值及 1 项选注值（集中标注可以从梁的任意一跨引出），如图 2.12 所示。

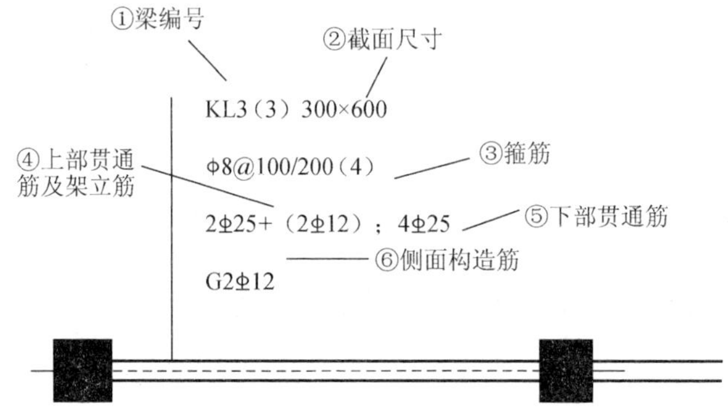

图 2.12　梁集中标注示意图

集中标注内容规定如下：

1）梁编号，见表 2.1，该项为必注值。其中，井字梁编号中关于跨数的规定见 2.2.2 平面注写方式中第 5 条款中。

2）梁截面尺寸，该项为必注值。

① 当为等截面梁时，用 $b\times h$ 表示，如图 2.13 所示；

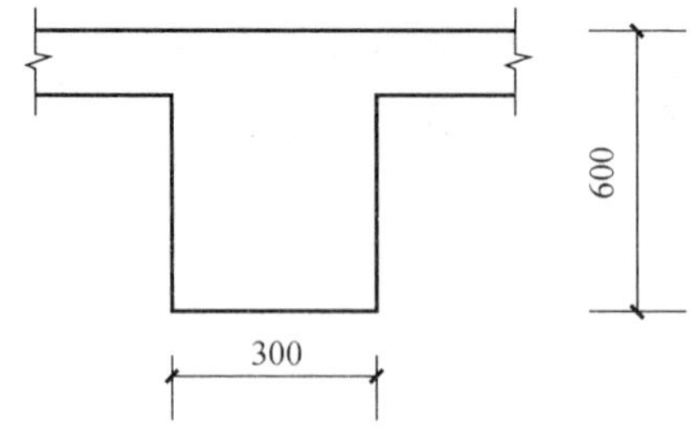

图 2.13　梁截面示意图

注：此处为有梁板，注意梁高的范围，梁高包括了板厚范围在内。

② 当为竖向加腋梁时，用 $b \times h$　GY$c_1 \times c_2$ 表示，其中 c_1 为腋长，c_2 为腋高，如图 2.14 所示；

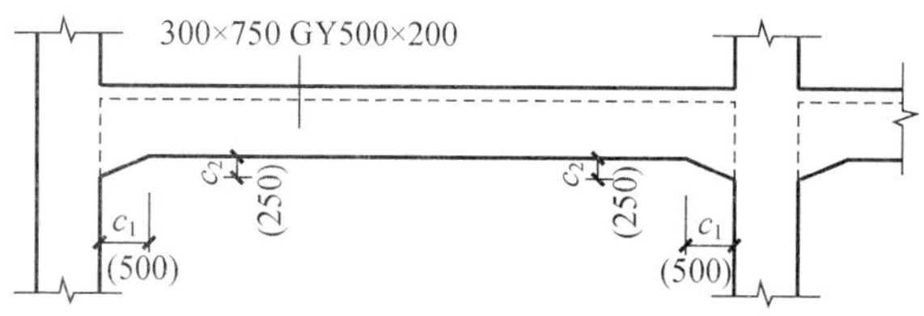

图 2.14　竖向加腋截面注写示意图

③ 当为水平加腋梁时，一侧加腋时用 $b \times h$　PY$c_1 \times c_2$ 表示，其中 c_1 为腋长，c_2 为腋宽，加腋部位应在平面图中绘制，如图 2.15 所示；

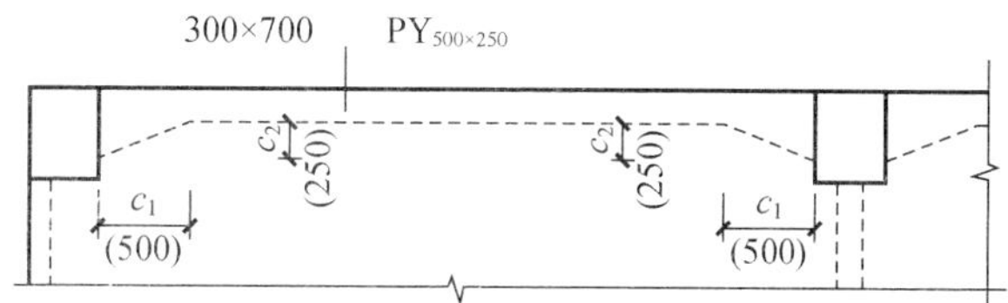

图 2.15　水平加腋截面注写示意图

④ 当有悬挑梁且根部和端部的高度不同时，用斜线分隔根部与端部的高度值，即为 $b \times h_1/h_2$，如图 2.16 所示。

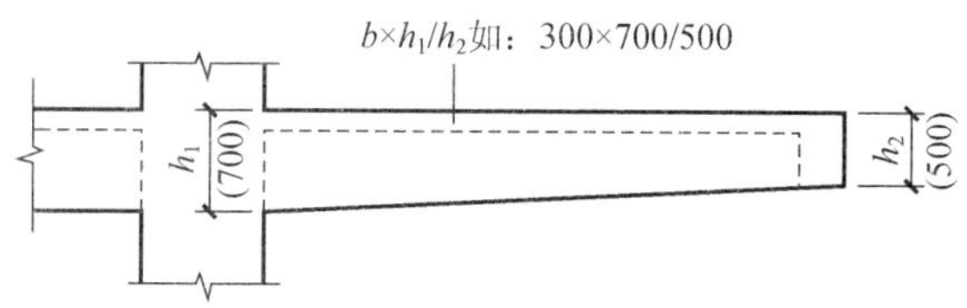

图 2.16　悬挑梁不等高截面注写示意图

3）梁箍筋包括钢筋级别、直径、加密区与非加密区间距及肢数，该项为必注值。箍筋加密区与非加密区的不同间距及肢数需用斜线“/”分隔。当梁箍筋为同一种间距及肢数时，不需用斜线；当加密区与非加密区的箍筋肢数相同时，则将肢数注写一次，箍筋肢数应写在括号内。加密区范围见相应抗震等级的 11G101—1 抗震框架梁 KL、WKL 箍筋加密区范围标准构造详图。梁箍筋示意如图 2.17 所示，箍筋肢数如图 2.18 所示。

【例 2.3】 Φ10@100/200（4），表示箍筋为 Ⅰ 级 HPB300 钢筋，直径Φ10，加密区间距为 100mm，非加密区间距为 200mm，均为四肢箍。

【例 2.4】 Φ8@100（4）/150（2），表示箍筋为 Ⅰ 级 HPB300 钢筋，直径Φ8，加密区间距为 100mm，四肢箍；非加密区间距为 150mm，两肢箍。

当抗震结构中的非框架梁、悬挑梁、井字梁，及非抗震设计中的各类梁采用不同的箍筋间距及肢数时，也采用斜线“ / ”将其分隔开来。注写时，先注写梁支座端部的箍筋（包括箍筋的箍数、钢筋级别、直径、间距与肢数），在斜线后注写梁跨中部分的箍筋间距及肢数。

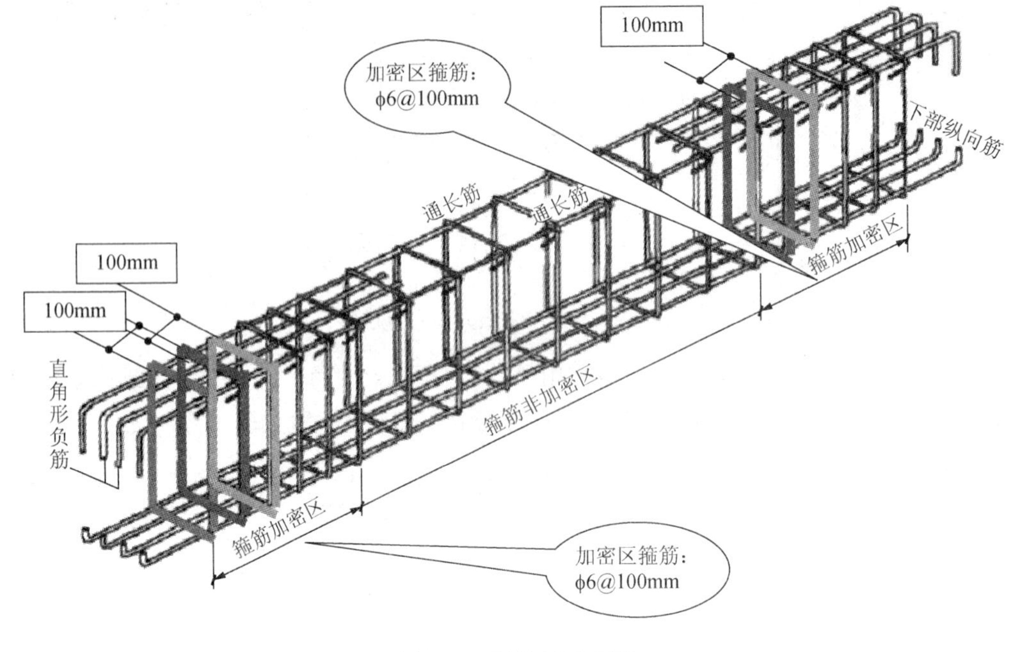

图 2.17 梁箍筋示意图

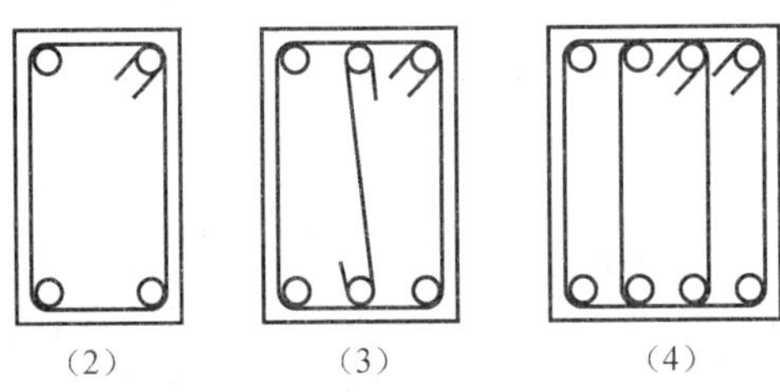

图 2.18 梁箍筋肢数示意图

【例 2.5】 12ф8@100/200（4），表示箍筋为 I 级 HPB300 钢筋，直径ф8；梁的两端各有 12 个四肢箍，间距为 100mm；梁跨中部分间距为 200mm，四肢箍，如图 2.19 所示。

【例 2.6】 18ф12@150（4）/200（2），表示箍筋为 I 级 HPB300 钢筋，直径ф12；梁的两端各有 18 个四肢箍，间距为 150mm；梁跨中部分，间距为 200mm，双肢箍。

4）梁上部通长筋或架立筋配置（通长筋可为相同或不同直径采用搭接连接、机械连接或对焊接连接的钢筋），该项为必注值。所注规格与根数应根据结构受力要求及箍筋肢数等构造要求而定。当同排纵筋中既有通长筋又有架立筋时，应用加号“＋”将通长筋和架立筋相连。注写时需将角部纵筋写在加号的前面，架立筋写在加号后面的括号内，以示不同直径及与通长筋的区别。当全部采用架立筋时，则将其写入括号内。

【例 2.7】 2ⅱ22，表示梁的上部有 2 根直径 22mm 的通长钢筋。上部通长筋示意如图 2.20 所示。

【例 2.8】 2ⅱ22＋(4ф12)，表示其中 2ⅱ22 为通长筋，4ф12 为架立筋。架立筋示意如图 2.21 所示。

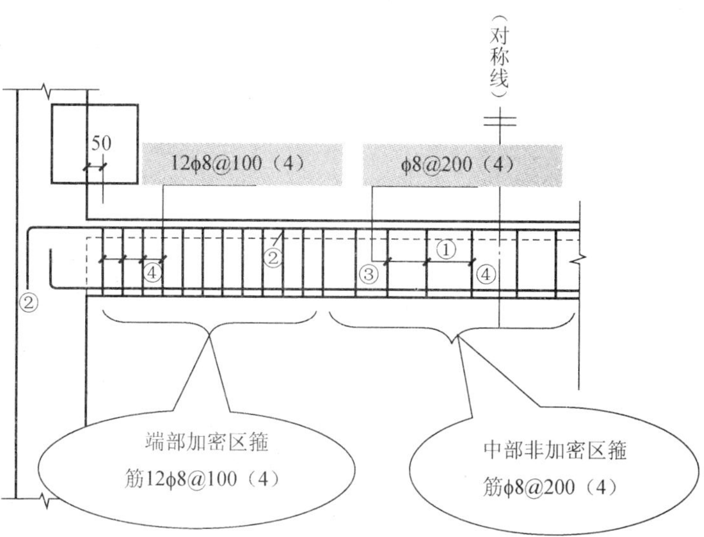

图 2.19　梁箍筋加密区/非加密区示意图

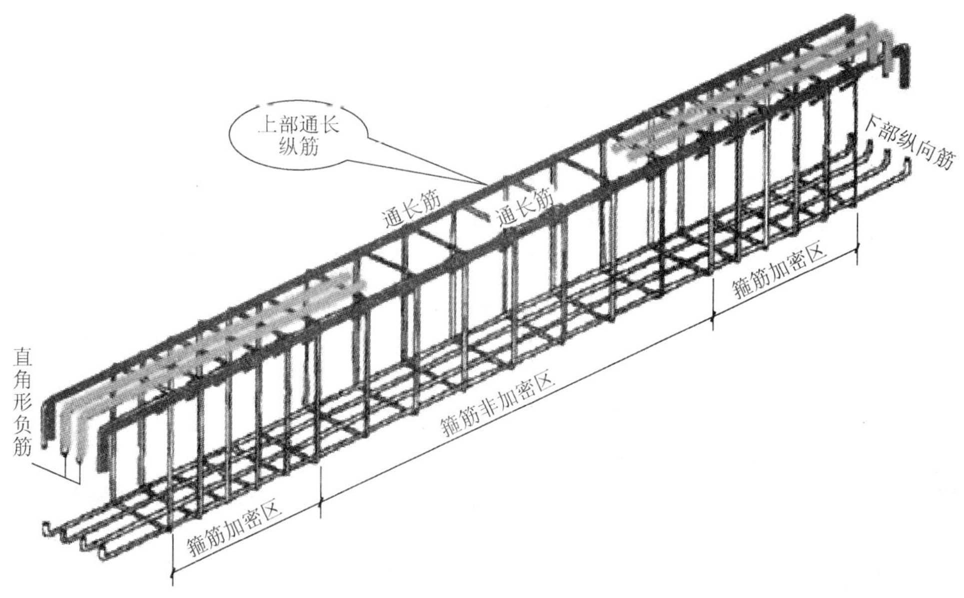

图 2.20　梁上部通长筋示意图

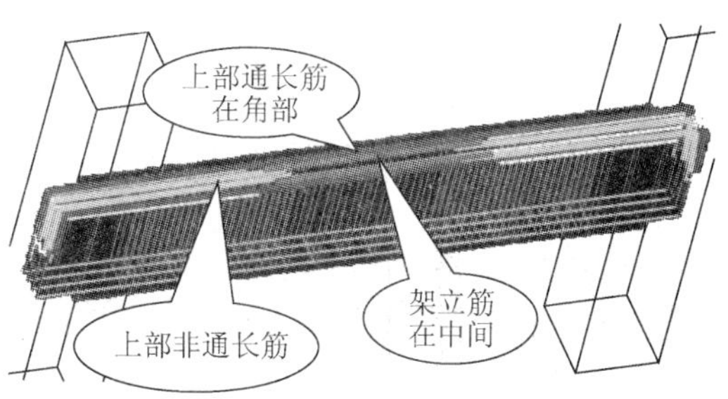

图 2.21　梁上部通长筋及架立筋同时存在示意图

当梁的上部纵筋和下部纵筋为全跨相同，且多数跨配筋相同时，此项可加注下部纵筋的配筋值，用分号“;”将上部与下部纵筋的配筋值分隔开来。少数跨不同者，不同数值原位标注。

【例 2.9】 3Φ22; 3Φ20 表示梁的上部配置 3Φ22 的通长筋，梁的下部配置 3Φ20 的通长筋。下部通长筋示意如图 2.22 所示。

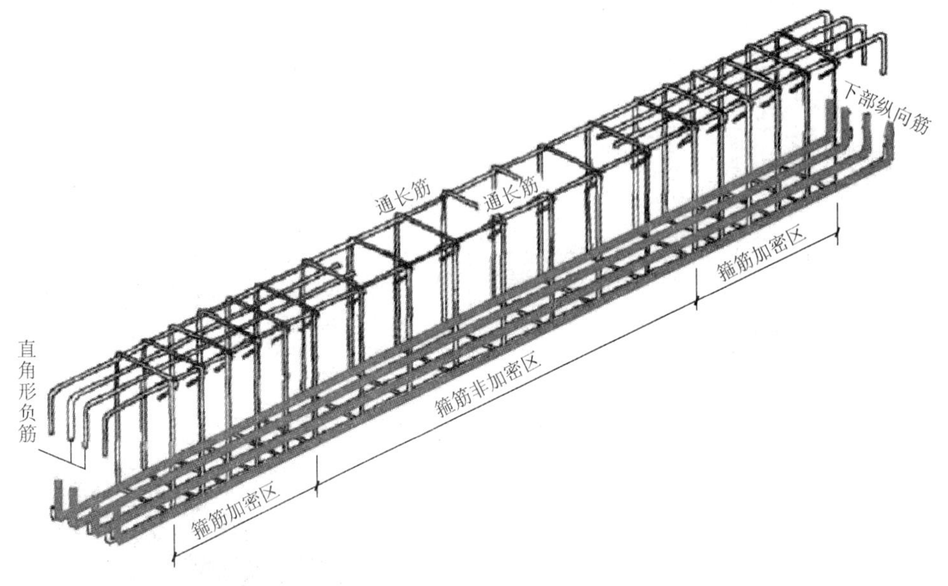

图 2.22 梁下部通长筋示意图

5）梁侧面纵向构造钢筋或受扭钢筋配置，该项为必注值。当梁腹板高度 h_w≥450mm 时，需配置纵向构造钢筋，此项注写值以大写字母 G 打头，接续注写应设置在梁两个侧面的总配筋值，且对称配置。侧部钢筋示意如图 2.23 所示。

【例 2.10】 G4Φ12，表示梁的两个侧面共配置 4Φ12 的纵向构造钢筋，每侧各配置 2Φ12。

当梁侧面需配置受扭纵向钢筋时，此项注写值以大写字母 N 打头，接续注写配置在梁两个侧面的总配筋值，且对称配置。

受扭纵向钢筋应满足梁侧面纵向构造钢筋的间距要求，且不再重复配置纵向构造钢筋。

【例 2.11】N6Φ22，表示梁的两个侧面共配置 6Φ22 的受扭纵向钢筋，每侧各配置 3Φ22。

注：

① 当为梁侧面构造钢筋时，其搭接与锚固长度可取为 15d。

② 当为梁侧面受扭纵向钢筋时，其搭接长度为 l_l 或 l_{lE}（抗震）；其锚固长度与方式同框架梁下部钢筋。

6）梁顶面标高高差，该项为选注值。梁顶面标高高差是指相对于结构层楼面标高的高差值。对于结构夹层的梁，则指相对于结构夹层楼面标高的高差。有高差时，需将其写入括号内，无高差时不进行标注。当某梁的顶面高于所在结构层的楼面标高时，其标高高差为正值，反之为负值。

【例 2.12】 某结构标准层的楼面标高为 44.950m，当某梁的梁顶面标高高差注写为（－0.050）时，即表明该梁顶面标高相对于 44.950m 低了 0.05m。

4. 梁原位标注内容

梁原位标注截面位置示意如图 2.24 所示。

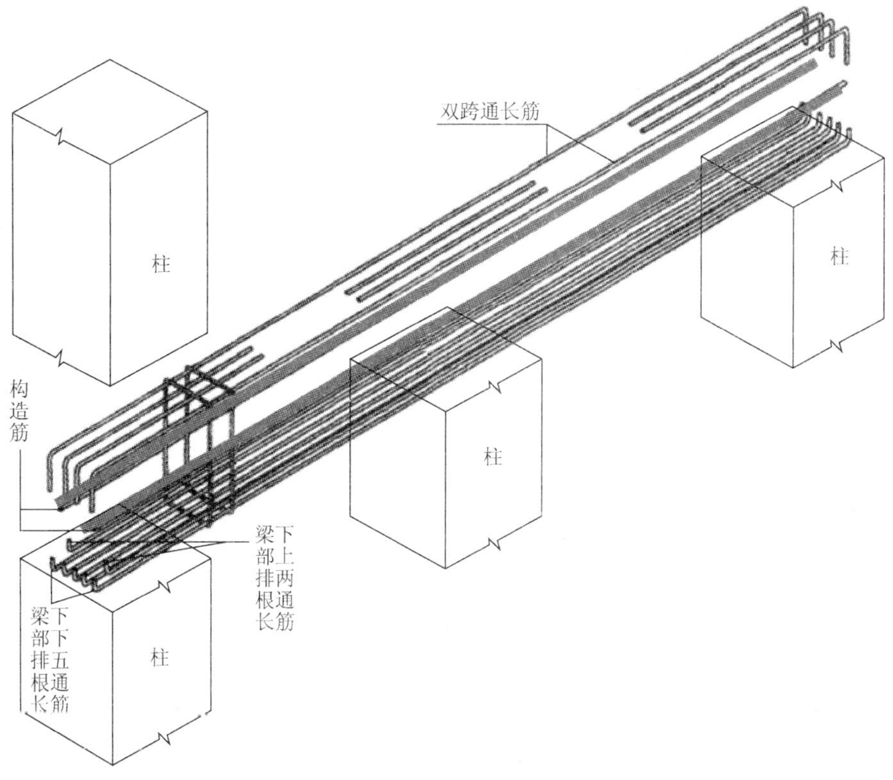

图 2.23　梁侧部构造钢筋示意图

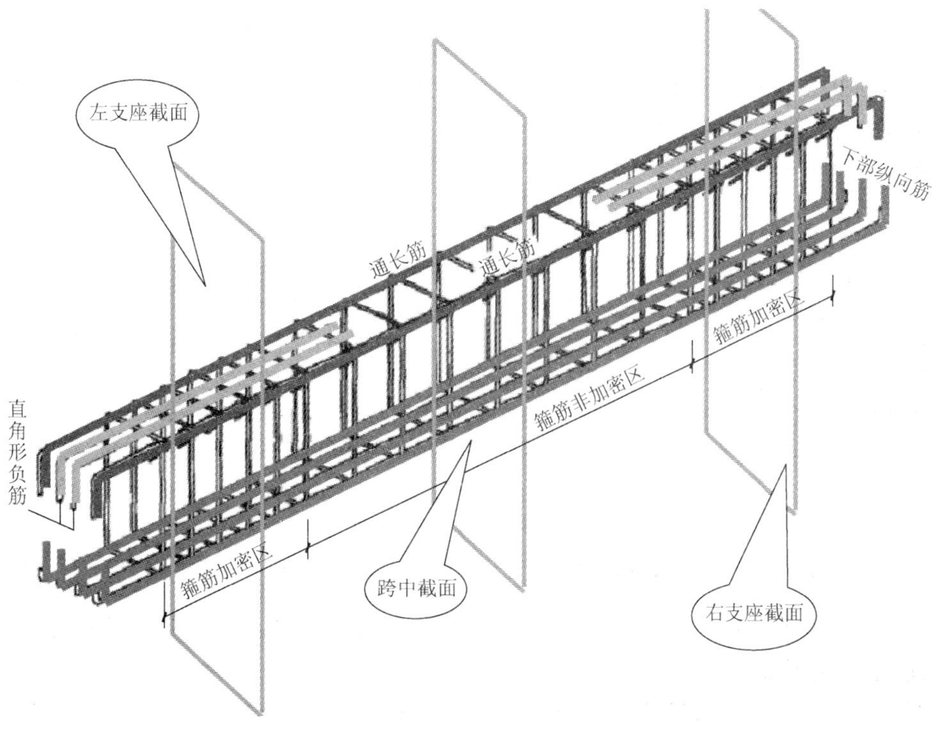

图 2.24　梁原位标注截面位置示意图

（1）梁上部纵筋

梁支座上部纵筋含通长筋在内的所有纵筋，除上部通长筋之外的上部非通长筋即为梁上部支座负筋，支座负筋示意如图 2.25 所示，梁支座上部纵筋如图 2.26 所示。

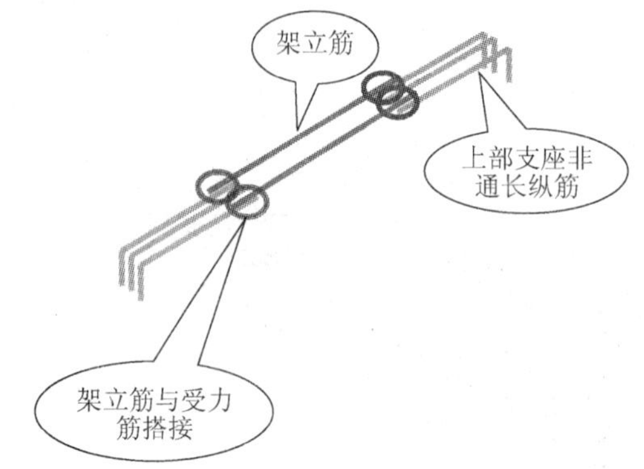

图 2.25　支座负筋示意图

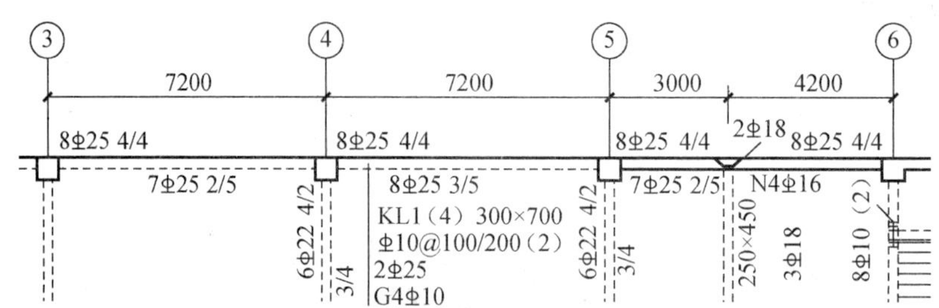

图 2.26　梁支座上部纵筋示意图

① 当上部纵筋多于一排时，用斜线“/”将各排纵筋自上而下分开，如图 2.27 所示。

【例 2.13】 梁支座上部纵筋注写为 6Φ25 4/2，则表示上一排纵筋为 4Φ25，下一排纵筋为 2Φ25，如图 2.28 所示。

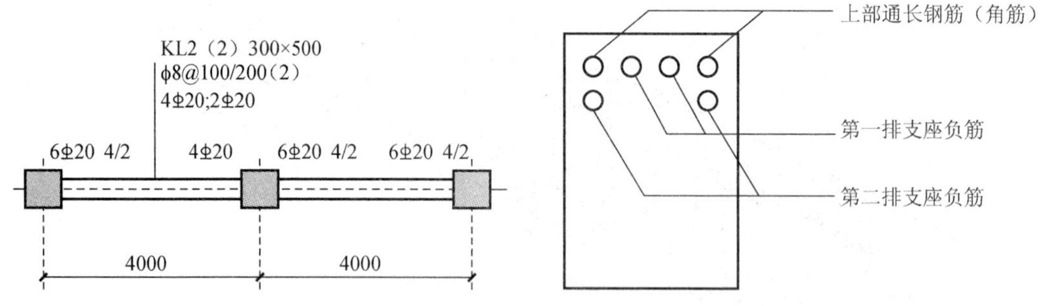

图 2.27　上部纵筋多于一排示意图

图 2.28　梁上部通长筋支座负筋位置示意图

② 当同排纵筋有两种直径时，用加号“＋”将两种直径的纵筋相联，注写时将角部纵筋写在前面，如图 2.29 所示。

【例 2.14】 梁支座上部有四根纵筋，2Φ25 放在角部，2Φ22 放在中部，在梁支座上部应注写为 2Φ25＋2Φ22。

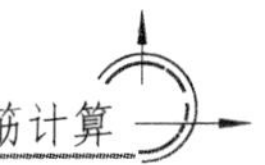

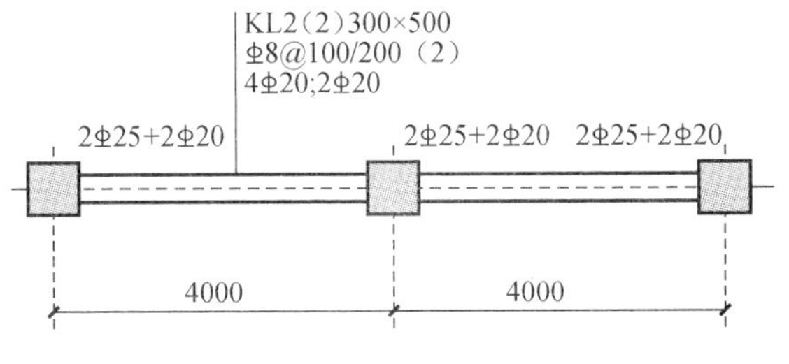

图 2.29　同排纵筋不同直径示意图

③ 当梁中间支座两边的上部纵筋不同时，应在支座两边分别标注，如图 2.30 所示；当梁中间支座两侧的上部纵筋相同时，仅在支座的一边标注配筋值，另一边可省去不注，如图 2.31 所示；设计为大小跨时，如图 2.32（a）所示，短跨梁负筋贯通构造示意如图 2.32（b）所示。

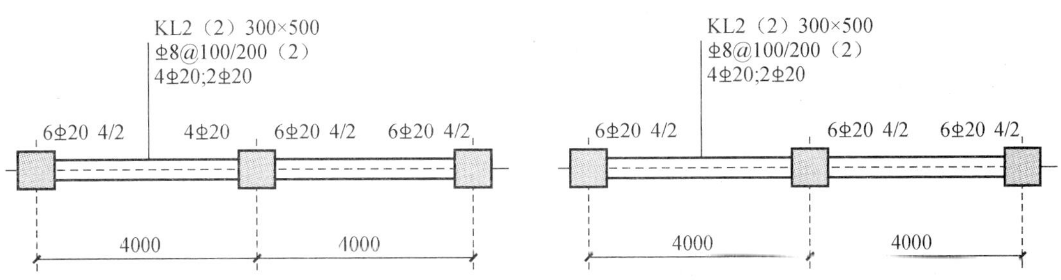

图 2.30　梁中间支座两边上部纵筋不同示意图　　图 2.31　梁中间支座两边上部纵筋相同示意图

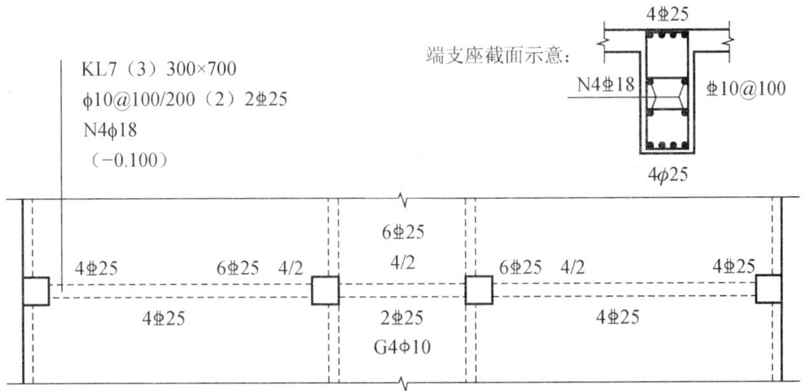

（a）大小跨梁示意图（注：上部纵筋标注在中间表示钢筋贯通小跨）

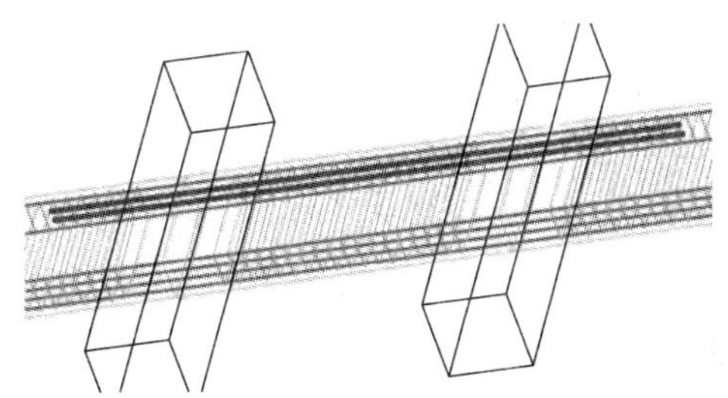

（b）短跨梁负筋贯通构造示意图

图 2.32　跨梁纵筋构造示意图

（2）梁下部纵筋

标注在梁的下部位置的钢筋信息为梁的下部纵筋，一般标注在每跨的跨中位置，如图 2.33 所示。

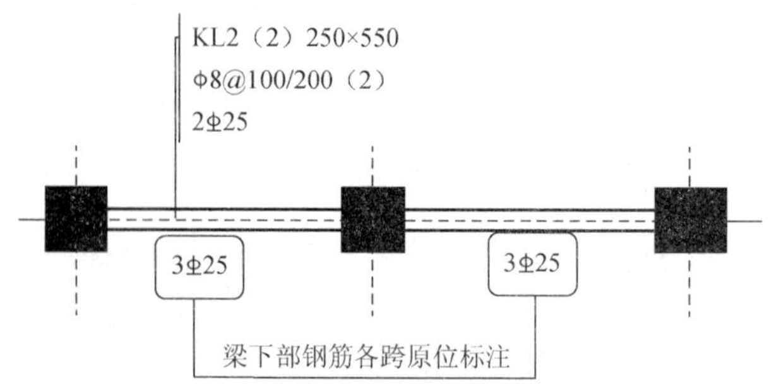

图 2.33　梁下部纵筋原位标注示意图

1）当下部纵筋多于一排时，用斜线“/”将各排纵筋自上而下分开。

【例 2.15】 梁下部纵筋注写为 6Φ25 2/4，则表示上一排纵筋为 2Φ25，下一排纵筋为 4Φ25，全部伸入支座。

2）当同排纵筋有两种直径时，用加号“＋”将两种直径的纵筋相连，注写时角筋写在前面。

3）当梁下部纵筋不全部伸入支座时，将梁支座下部纵筋减少的数量写在括号内，如图 2.34 所示。

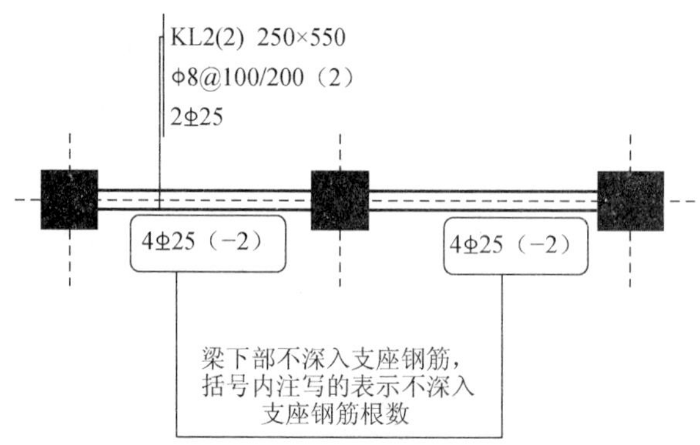

图 2.34　梁下部纵筋不全伸入支座原位标注示意图

【例 2.16】 梁下部纵筋注写为 6Φ25 2（−2）/4，则表示上排纵筋为 2Φ25，且不伸入支座：下一接纵筋为 4Φ25，伸入支座。

【例 2.17】 梁下部纵筋注写为 2Φ25＋3Φ22（−3）/5Φ25，则表示上排纵筋为 2Φ25 和 3Φ22，其中 3Φ22 不伸入支座；下一排纵筋为 5Φ25，全部伸入支座。

4）当梁的集中标注中已按照规定分别注写了梁上部和下部均为通长的纵筋值时，则无需在梁下部重复做原位标注。

5）当梁设置竖向加腋时，加腋部位下部斜纵筋应在支座下部以 Y 打头注写在括号内，如图 2.35 所示。

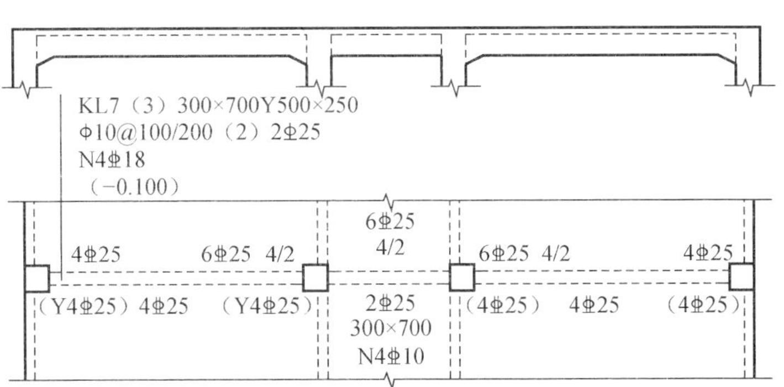

图 2.35　梁加腋平面注写方式表达示意图

当梁设置水平加腋时，水平加腋内上、下部斜纵筋应在加腋支座上部以 Y 打头注写在括号内，上、下部斜纵筋之间用“/”分隔，如图 2.36 所示。

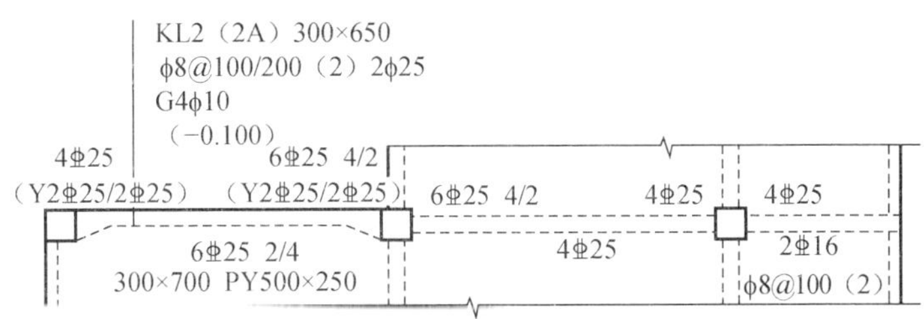

图 2.36　梁水平加腋平面注写方式表达示意图

（3）当某数值不适用某跨式悬挑部分时

当在梁上集中标注的内容（即截面尺寸、箍筋、上部通长筋或架立筋，梁侧面纵向构造钢筋或受扭纵向钢筋，以及梁顶面标高高差中的某一项或几项数值）不适用于某跨或某悬挑部分时，应将其不同数值原位标注在该跨或该悬挑部位，施工时应按原位标注数值取用。

当在多跨梁的集中标注中已注明加腋，而该梁某跨的根部却不需要加腋时，则应在该跨原位标注等截面的 $b \times h$，以修正集中标注中的加腋信息，如图 2.35 所示。

（4）附加箍筋或吊筋

附加箍筋或吊筋，将其直接画在平面图中的主梁上，用线引注总配筋值（附加箍筋的肢数注在括号内）。当多数附加箍筋或吊筋相同时，可在梁平法施工图上统一注明，少数与统一注明值不同时，再原位引注。吊筋示意如图 2.37 所示，附加箍筋及吊筋平面示意如图 2.38 所示。

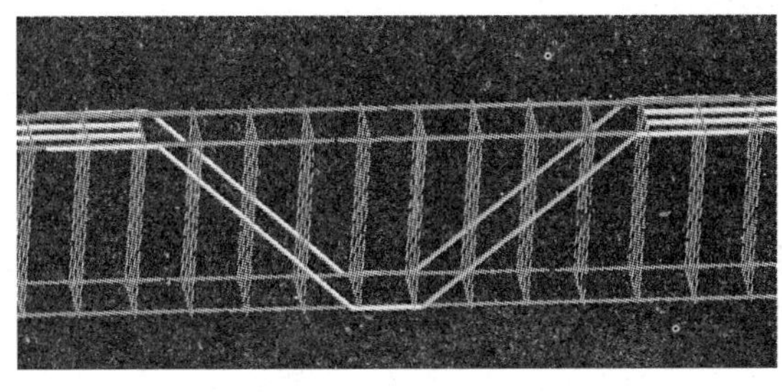

图 2.37　梁吊筋示意图

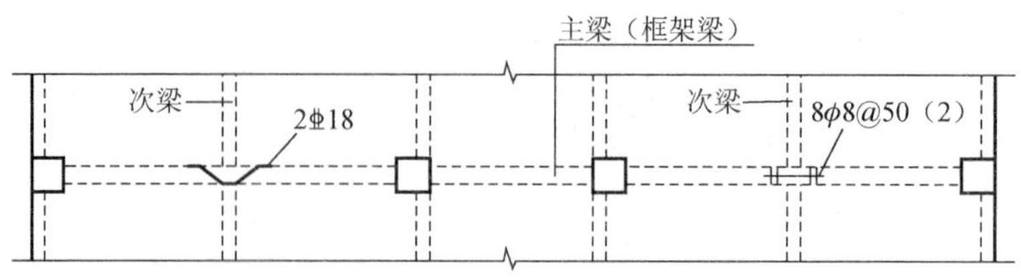

图 2.38　附加箍筋及吊筋示意图

施工时应注意：附加箍筋或吊筋的几何尺寸应按照标准构造详图，结合其所在位置的主梁和次梁的截面尺寸而定。

5. 井字梁相关规定

井字梁通常由非框架梁构成，并以框架梁为支座（特殊情况下以专门设置的非框架大梁为支座）。在此情况下，为明确区分井字梁与框架梁或作为井字梁支座的其他类型梁，井字梁用单粗虚线表示（当井字梁顶面高出板面时可用单粗实线表示），框架梁或作为井字梁支座的其他梁用双细虚线表示（当梁顶面高出板面时可用双实细线表示）　。

井字梁系指在同一矩形平面内相互正交所组成的结构构件，井字梁所分布范围称为“矩形平面网格区域”（简称“网格区域”）。当在结构平面布置中仅有由 4 根框架梁框起的一片网格区域时，所有在该区域相互正交的井字梁均为单跨；当有多片网格区域相连时，贯通多片网格区域的间支座。对某根井字梁编号时，其跨度为其总支座数减 1；在该梁的任意两个支座之间，无论有几根同类梁与其相交，均不作为支座，如图 2.39 所示。

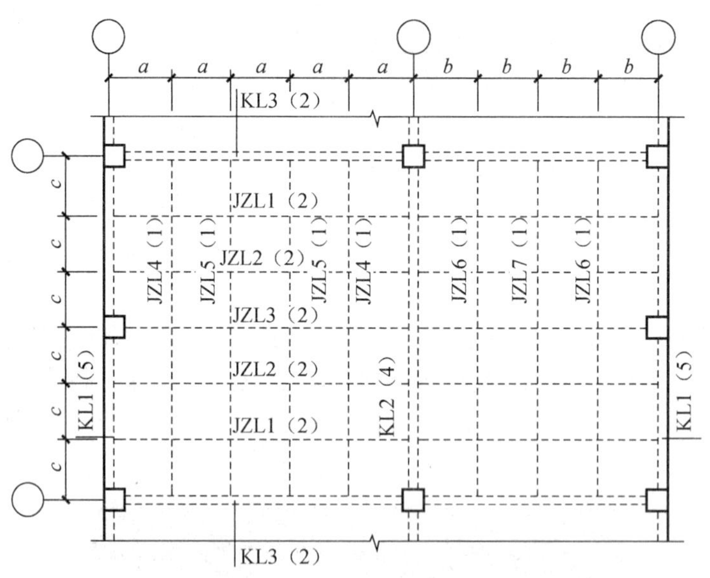

图 2.39　井字梁矩形平面网格区域示意图

除此之外，设计者应注明纵横两个方向梁相交处同一层面的钢筋上下交错关系（指梁上部或下部的同层面交错钢筋何梁在上何梁在下），以及在该相交处两方向梁箍筋的布置要求。

6. 其他要求

在梁平法施工图中，当局部梁的布置过密时，可将过密区用虚线框出，适当放大比例后再用平面注写方式表示。

2.2.3　截面注写方式

1）截面注写方式，是在分标准层绘制的梁平面布置图上，分别在不同编号的梁中各选择一根梁用剖面号引出配筋图，并在其上注写截面尺寸和配筋具体数值的方式来表达梁平法施工图，如图 2.40 所示。

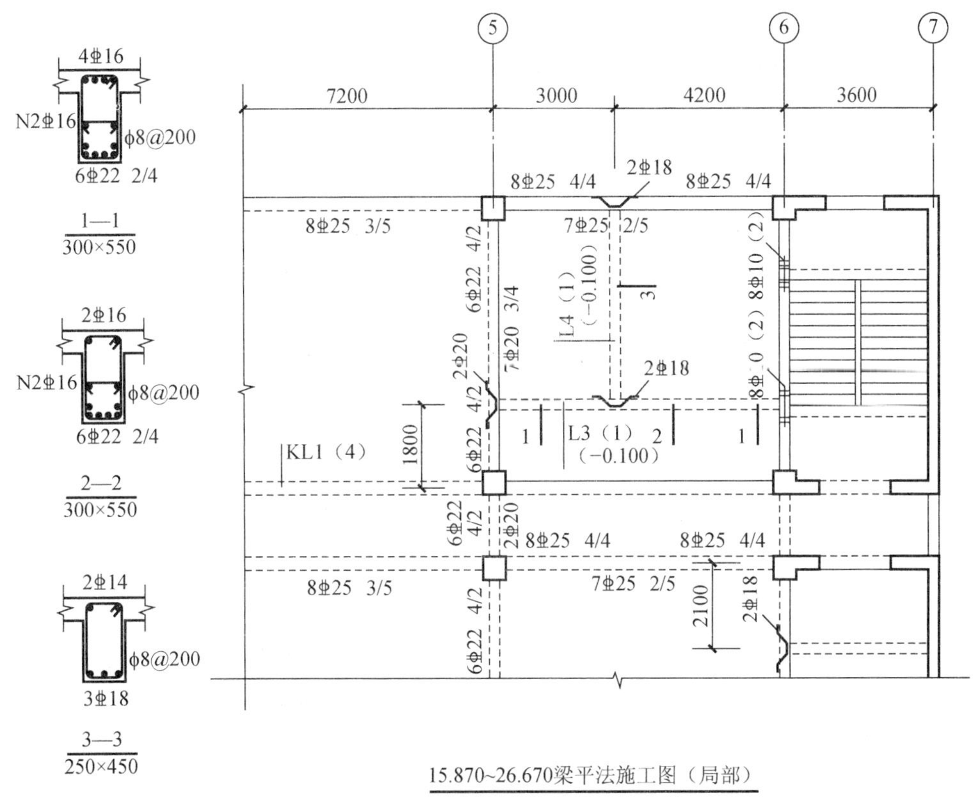

图 2.40　梁截面注写方式示意图

2）对所有梁按表 2.1 的规定进行编号，从相同编号的梁中选择一根梁，先将“单边截面号”画在该梁上，再将截面配筋详图画在本图或其他图上。当某梁的顶面标高与结构层的楼面标高不同时，应在其梁编号后注写梁顶面标高高差(注写规定与平面注写方式相同)。

3）在截面配筋详图上注写截面尺寸 $b \times h$、上部筋、下部筋、侧面构造筋或受扭筋以及箍筋的具体数值时，其表达形式与平面注写方式相同。

4）截面注写方式既可以单独使用，也可与平面注写方式结合使用。

注：在梁平法施工图的平面图中，当局部区域的梁布置过密时，除了采用截面注写方式表达外，也可采用规定中的措施来表达。当表达异形截面梁的尺寸与配筋时，用截面注写方式比较方便。

2.2.4 梁支座上部纵筋的长度规定

1）为方便施工，框架梁的所有支座和非框架梁（不包括井字梁）的中间支座上部纵筋的延伸长度值在标准构造详图中统一取值为：第一排非通长筋及与跨中直径不同的同长筋从柱（梁）边起延伸至$l_n/3$位置；第二排非通长筋延伸至$l_n/4$位置。l_n的取值规定为：对于端支座，l_n为本跨的净跨值；对于中间支座，l_n为支座两边较大一跨的净跨值。

2）悬挑梁（包括其他类型梁的悬挑部分）上部第一排纵筋延伸至梁端头并下弯，第二排延伸至$3L/4$位置，L为自柱（梁）边算起的悬挑净长。当具体工程需将悬挑梁中的部分上部筋从悬挑梁根部开始斜向弯下时，应由设计者另加注明。

2.2.5 不伸入支座的梁下部纵筋长度规定

当梁（不包括框支梁）下部纵筋不全部伸入支座时，不伸入支座的梁下部纵筋截断点距支座边的距离，在11G101—1中不伸入支座的梁下部纵向钢筋断点位置标准构造详图中统一取为$0.1l_{ni}$（l_{ni}为本跨梁的净跨值）。

2.2.6 其他

1）非框架梁、井字梁的上部纵向钢筋在端支座的锚固要求，11G101—1中非框架梁、井字梁配筋构造的构造详图规定：当设计按铰接时，平直段伸至端支座对边后弯折，且平直段长度≥$0.35l_{ab}$，弯折段长度$15d$（d为纵向钢筋直径）；当充分利用钢筋的抗拉强度时，直段伸至端支座对边后弯折，且平直段长度≥$0.6l_{ab}$，弯折段长度$15d$。

2）非抗震设计时，框架梁下部纵向钢筋在中间支座的锚固长度

2.2.7 梁平法识读信息案例详解

以书中所附的图集中结施—6的KL-1为例，首先对梁构件的钢筋信息进行详细讲解。

计算钢筋之前，首先应清楚了解结构施工图上的钢筋信息，即通常所说的读图。读图是专业工程量计算的图，不但要做而且更要重视。

【KL-1结构钢筋信息详解】

集中标注信息为

KL-1（3） 250×650

ϕ8@100/200（2）

2ϕ22

G2ϕ14

1）集中标注信息识读解释如下：

①1号楼层框架梁共三跨；②梁的截面尺寸是250×650，其中梁宽250mm，梁高650mm；③梁的箍筋是直径8mm的一级钢筋，箍筋间距在非加密区为200mm，在加密区间距为100mm，箍筋肢数为2肢；④梁的上部通长筋是两根直径为22mm的三级钢筋；⑤梁的两侧各有1根直径是14mm的二级钢筋。

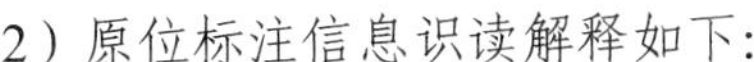

2）原位标注信息识读解释如下：

上部钢筋信息（标注在梁的上端的信息就是上部钢筋信息）。

① 第一跨。在梁的第一跨（从左至右）的上部左支座（此支座为端支座）标注信息6ф22 4/2，表示该支座处的上部共有 6 根直径 22mm 的三级钢筋。三级钢筋共有两排，第一排（从上至下）有四根，第二排有两根，此处特别要强调的是第一排的四根钢筋里包括两根通常钢筋在内，且这两根通长筋是第一排的角筋（处在角部的位置），也就是说另外的四根不是上部通长筋，上部通长筋的信息是在集中标注的内容里。可以看出，第一跨的右支座没有原位标注的信息，但这并不代表这个位置没有钢筋，而是如前所述，由于支座两端的配筋情况是相同的所以只标注一侧，另一侧省略标注。

② 第二跨。在第二跨（从左向右）的原位标注的信息仍然是 6ф22 4/2，其含义不再赘述，但是必须要强调的一点是这个信息标注在跨中位置。由于第二跨的跨度较小，所以此处的非通长筋是贯通这一跨的，具体计算将在后文例题中演算。

③ 第三跨。第三跨的左右两端支座标注的信息为 6ф22 4/2，其含义同前，但这里要强调的是如果支座两端的原位标注信息相同，只标注一端即可。第三个支座（*C* 轴上的 Z1），其左右两端的钢筋信息是相同的，且第二跨的跨度较小，所以第二跨的原位标注信息只在跨中部位标注，而左右两端并没有信息，只在第三个支座的右端标注了信息。

下部钢筋信息（标注在梁的下端的信息就是下部钢筋信息，通常情况下，下部钢筋信息都标注在梁的跨中部位）。

第一、二、三跨的跨中部位（梁下部）所标注的信息都是 4ф22，说明这三跨的下部都配置了四根直径 22mm 的三级钢筋。在这里要说明，这四根钢筋并不是通长筋，而是分别锚入支座中的钢筋，不要因为看到其标注的信息相同就误认为是通长筋，而必须要掌握平法的制图规则，若这四根钢筋是通长筋，其信息应该出现在集中标注部分。

2.3 梁构件的钢筋计算

【知识目标】
1. 熟悉梁构件钢筋计算的整体思路和方法；
2. 掌握梁通长筋、支座负筋、不伸入支座钢筋、构造钢筋等的计算方法；
3. 熟悉梁箍筋的一般形式；
4. 掌握梁箍筋的计算方法。

【能力目标】
1. 具备完整计算梁构件中全部钢筋工程量的能力；
2. 具备计算梁不同肢数箍筋的能力。

梁的钢筋计算之前，首先要理清梁中需要计算的钢筋。根据前述内容分析，以下内容将具体介绍抗震结构中的楼层框架梁、屋面框架梁及悬挑梁中的钢筋计算。其中，楼层框架梁的钢筋骨架分析见表 2.2。

表 2.2 楼层框架梁构件钢筋骨架分析表

<table>
<tr><td rowspan="8">纵筋</td><td rowspan="3">上部钢筋</td><td colspan="2">上部通长筋</td></tr>
<tr><td rowspan="2">非通长筋</td><td>支座负筋</td></tr>
<tr><td>架立筋</td></tr>
<tr><td rowspan="2">侧部钢筋</td><td>侧部构造纵筋</td><td rowspan="2">拉筋</td></tr>
<tr><td>侧部受扭钢筋</td></tr>
<tr><td rowspan="3">下部钢筋</td><td colspan="2">下部通长筋</td></tr>
<tr><td rowspan="2">非通长筋</td><td>伸入支座钢筋</td></tr>
<tr><td>不伸入支座钢筋</td></tr>
<tr><td rowspan="2">箍筋</td><td colspan="3">梁本身箍筋</td></tr>
<tr><td colspan="3">主次梁处的附加箍筋</td></tr>
<tr><td colspan="4">吊筋</td></tr>
</table>

2.3.1 楼层框架梁（KL）钢筋计算

楼层框架梁是图纸中最常见的梁，具有较高的代表性。计算之前需要分析楼层框架梁计算的思路和主要影响因素，见表 2.3 和表 2.4。

表 2.3 楼层框架梁纵筋计算主要因素分析表

<table>
<tr><td rowspan="5">楼层框架梁纵筋计算需要考虑的主要因素</td><td>建筑的抗震等级</td></tr>
<tr><td>梁的混凝土强度等级</td></tr>
<tr><td>梁的保护层厚度</td></tr>
<tr><td>梁的跨数及每跨的净跨尺寸</td></tr>
<tr><td>梁的支座的尺寸</td></tr>
</table>

表 2.4 楼层框架梁箍筋计算主要因素分析表

<table>
<tr><td rowspan="5">楼层框架梁箍筋计算需要考虑的主要因素</td><td>建筑的抗震等级</td></tr>
<tr><td>箍筋加密区范围及非加密区范围</td></tr>
<tr><td>箍筋肢数</td></tr>
<tr><td>梁的截面尺寸</td></tr>
<tr><td>梁是否存在变截面的情况</td></tr>
</table>

以书中所附的图集中结施—6 的 KL-1 为例，对梁构件的钢筋计算进行详细讲解。

根据梁的平法制图规则，前文对 KL-1 的钢筋信息进行了全面解释。充分理解钢筋信息的含义是准确进行钢筋计算的前提条件。下面将介绍 KL-1 中的钢筋计算。

1. 上部通长筋的计算

通长筋是指直径不一定相同但必须采用搭接或焊接接长且两端应按受拉锚固的钢筋。(实际上通长筋是抗震梁的构造需要，它是为了保证梁通长上下的钢筋面积，一般在非抗震梁中不存在通长筋)

第一步：根据结构设计说明搜集有价值的计算条件，主要包括以下几个方面：

混凝土强度 C30

梁的保护层厚度 25mm

支座的保护层厚度　30mm

抗震等级　三级

定尺长度　9000mm

钢筋连接方式　对焊或者机械连接

注：计算条件中的信息大部分是从结构设计总说明中找到的，一定要仔细阅读和理解图纸中的设计说明。

第二步：详细识读平法施工图（见书后所附图集）。

第三步：结合图纸查阅图集，确定钢筋构造详图，如图 2.41 和图 2.42 所示。

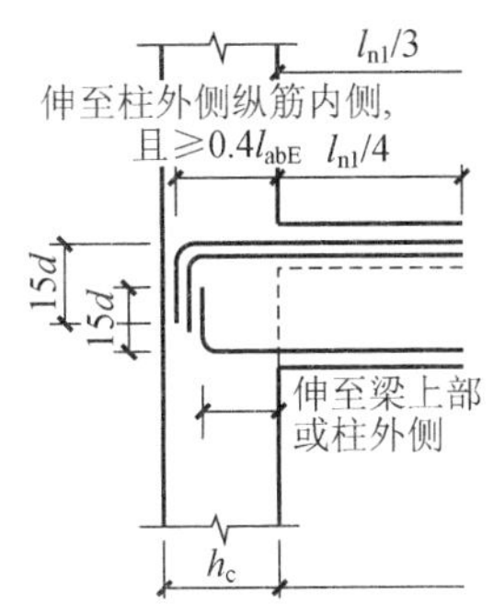

图 2.41　端支座弯锚构造

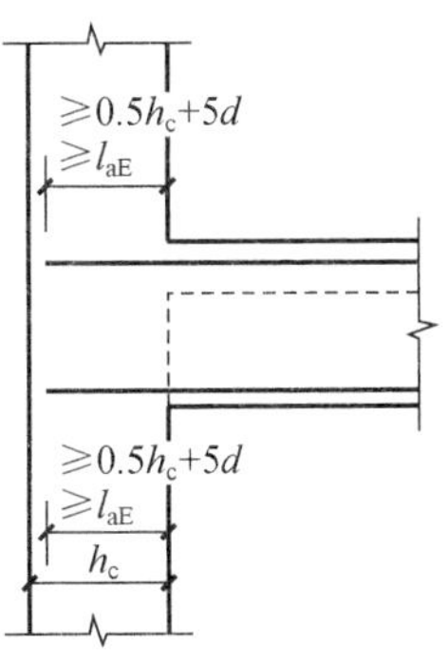

图 2.42　端支座直锚构造

第四步：进行详细计算。

1）计算公式＝净长＋锚固长度＋连接长度

2）通过查表（受拉钢筋抗震锚固长度 l_{aE}）得 $l_{aE}=37d$（查表过程应结合前文计算条件的相关内容，根据受拉钢筋抗震锚固长度 l_{aE} 表查得）

查表步骤如下：

① 确定所计算构件的混凝土强度等级；

② 确定所计算钢筋的种类；

③ 确定该建筑的抗震等级。

$$l_{aE}=37d\text{（}d\text{ 代表所计算钢筋的直径）}$$

$$l_{aE}=37\times22=814\text{mm}$$

3）判断锚固形式。

左支座的宽度＝500<814（l_{aE}），所以弯锚

右支座的宽度＝500<814（l_{aE}），所以弯锚

4）计算锚固长度（详见图 2.41 和图 2.42）。

左支座弯锚长度＝max（500－30－25，0.4 l_{aE}）＋15d＝max（445，0.4×814）＋15×22＝max（445,325.6）＋330＝445＋330＝775mm

右支座弯锚长度＝775mm

注：端支座弯锚构造要求上部通长钢筋伸至柱外侧钢筋内侧，计算时考虑为柱子的边长-柱保护层厚度-柱钢筋直径，需查看相应位置的柱结构图纸。

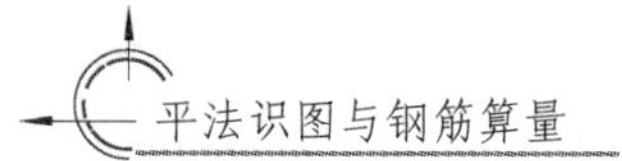

5）计算上部通长筋长度。

上部通长筋长度＝净长＋左支座锚固长度＋右支座锚固长度

＝15 100－250－250＋775＋775＝16 150mm

注：此处净长指扣除左右两侧端支座宽度之后的梁长。

6）计算接头个数。

接头个数＝16 150÷9000－1＝1 个

注：接头个数与所用钢筋的定尺长度有关，因此计算之前应设定所用钢筋的定尺长度。

7）KL-1 的上部通长筋共 2 根，且采用对焊（机械连接），所以不用考虑接头的搭接长度，故所附图纸结施—6 中的 KL-1 上部通长筋的长度＝16 150×2＝32 300mm

注：钢筋连接方式的相关信息在结构设计说明中描述。

2. 上部支座负筋的计算

前两步同前，此处省略。

第三步：结合图纸查阅图集，确定钢筋构造详图，如图 2.43 所示。

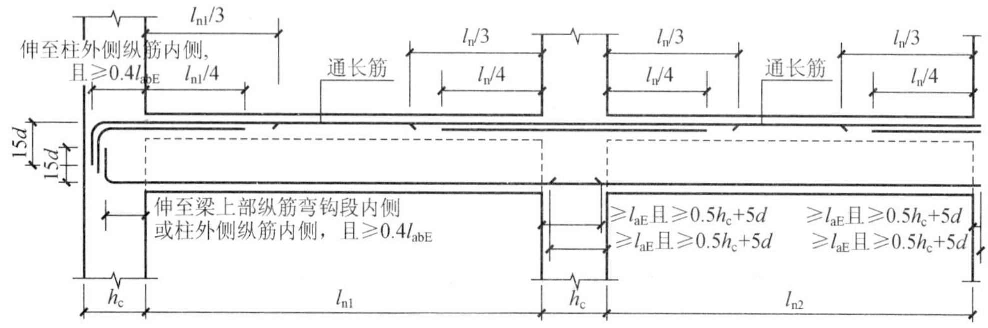

图 2.43 抗震楼层框架梁纵向钢筋构造

第四步：详细计算

1）支座 1 处支座负筋长度：

第一排＝（弯锚长度＋$l_{n1}/3$）×2＝[775＋（6200－250－250）/3]×2

＝[775＋1900]×2＝2675×2＝5350mm

第二排＝（弯锚长度＋$l_{n1}/4$）×2＝[775＋（6200－250－250）/4]×2

＝[775＋1425]×2＝2200×2＝4400mm

注：此处弯锚长度同上部通长筋，不再赘述；l_{n1} 为第一跨的净跨值，即轴线尺寸扣除轴线与柱边之间的距离。

2）比较前面所述第一跨和第二跨发现：第二跨为一小跨，支座 2 及支座 3 处的支座负筋是贯通在第二跨里面的。因此支座 2 处支座负筋延伸长度

第一排＝max（$l_{n左}$，$l_{n右}$）/3＝max（6200－250－250,2700－250－250）/3

＝max（5700,2200）/3＝5700/3＝1900mm

第二排＝max（$l_{n左}$，$l_{n右}$）/4＝max（6200－250－250,2700－250－250）/4

＝max（5700,2200）/4＝5700/4＝1425mm

注：此处 l_n 为第一跨净跨值与第二跨净跨值的最大值。

3）支座 3 处支座负筋延伸长度：

第一排＝max（$l_{n左}$，$l_{n右}$）/3＝max（2700－250－250,6200－250－250）/3

＝max（2200,5700）/3＝5700/3＝1900mm

第二排＝max（$l_{n左}$，$l_{n右}$）/4＝max（2700－250－250,6200－250－250）/4

＝max（2200,5700）/4＝5700/3＝1425mm

注：此处 l_n 为第二跨净跨值与第三跨净跨值的最大值。

支座 2 及支座 3 处支座负筋长度：

第一排＝（1900＋支座 2 宽度＋第二跨净跨＋支座 3 宽度＋1900）×2

＝[1900＋500＋（2700－250－250）＋500＋1900]×2＝7000×2＝14 000mm

第二排＝[1425＋支座 2 宽度＋第二跨净跨＋支座 3 宽度＋1425]×2

＝[1425＋500＋（2700－250－250）＋500＋1425]×2＝6050×2＝12 100mm

4）支座 4 处支座负筋长度：

第一排＝（l_n/3＋弯锚长度）×2＝[（6200－250－250）/3＋775]×2

＝[1900＋775]×2＝2675×2＝5350mm

第二排＝（l_n/4＋弯锚长度）×2＝[（6200－250－250）/4＋775]×2

＝[1425＋775]×2＝2200×2＝4400mm

注：此处 l_n 为第三跨的净跨值。

5）KL-1 的上部支座负筋每段都没有超过定尺长度，所以该梁的上部支座负筋的长度＝支座 1 处＋支座 2 处＋支座 3 处＋支座 4 处＝5350＋4400＋14000＋12100＋5350＋4400＝45 600mm

3. 下部钢筋长度计算

前两步同前，此处省略。

第三步：结合图纸查阅图集确定钢筋构造详图，如图 2.43 所示。

第四步：详细计算。

1）第一跨＝（左支座锚固长度＋净长＋右支座锚固长度）×4＝[775＋（6200－250－250）＋max（l_{aE}，$0.5h_c+5d$）]×4＝[775＋5700＋max（$37d$，0.5×500＋5×22）]×4＝[6475＋max（37×22,360）]×4＝[6475＋max（814,360）]×4＝[6475＋814]×4＝7289×4＝29 156mm。

2）第二跨＝（左支座锚固长度＋净长＋右支座锚固长度）×4＝[max（l_{aE}，$0.5h_c+5d$）＋（2700－250－250）＋max（l_{aE}，$0.5h_c+5d$）]×4＝[max（37×22,360）＋2200＋max（37×22,360）]×4＝[814＋2200＋814]×4＝3828×4＝15 312mm。

3）第三跨＝（左支座锚固长度＋净长＋右支座锚固长度）×4＝[775＋（6200－250－250）＋max（l_{aE}，$0.5h_c+5d$）]×4＝[775＋5700＋max（$37d$，0.5×500＋5×22）]×4＝[6475＋max（37×22,360）]×4＝[6475＋max（814,360）]×4＝[6475＋814]×4＝7289×4＝29 156mm。

4）KL-1 的下部钢筋每段都没有超过定尺长度，所以该梁的下部钢筋长度为：下部钢筋长度＝第一跨＋第二跨＋第三跨＝29 156＋15 312＋29 156＝88 936mm。

4. 梁侧部构造纵筋的计算

前两步同前，此处省略。

第三步：结合图纸查阅图集，确定钢筋构造详图，如图 2.44 所示。

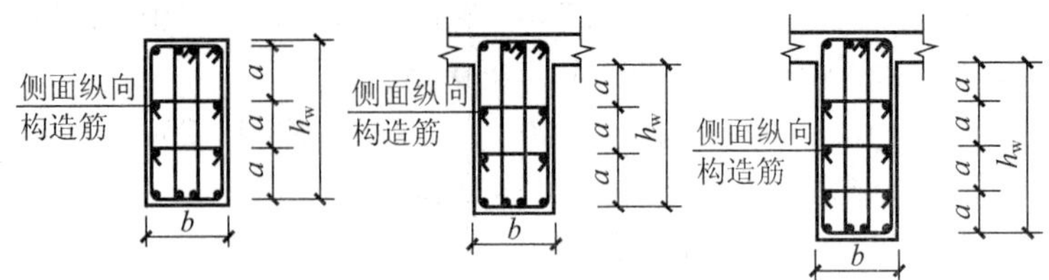

图 2.44　梁侧面纵向构造筋和拉筋

注：梁侧面构造纵筋的搭接与锚固长度可取 15d。梁侧面受扭纵筋的搭接长度为 l_{le} 或 l_l，其锚固长度为 l_{aE} 或 l_a，锚固方式同框架梁下部纵筋。

第四步：详细计算。

（1）梁侧部构造纵筋长度计算

梁侧部构造纵筋长度＝左支座锚固长度＋净长＋右支座锚固长度＝15d＋（15 100－250－250）＋15d＝15×14＋14 600＋15×14＝210＋14 600＋210＝15 020mm

梁侧部构造纵筋每根长度为 15 020mm，有一个接头且钢筋直径为 14，根据结构设计说明要求应采用绑扎连接的方式。

（2）搭接长度计算

搭接长度为 15d＝15×14＝210mm

（3）梁侧部构造纵筋总长度计算

梁侧部构造纵筋总长度＝（钢筋计算长度＋搭接长度）×2＝（15 020＋210）×2
＝15 230×2＝30 460mm

5. 箍筋的计算

前两步同前，此处省略。

第三步：确定梁箍筋计算思路

箍筋长度＝每道箍筋长度×箍筋道数

第四步：具体详细计算。

（1）每道箍筋长度的计算

① 确定主要参考钢筋构造及要求，如图 2.45 和图 2.46 所示。

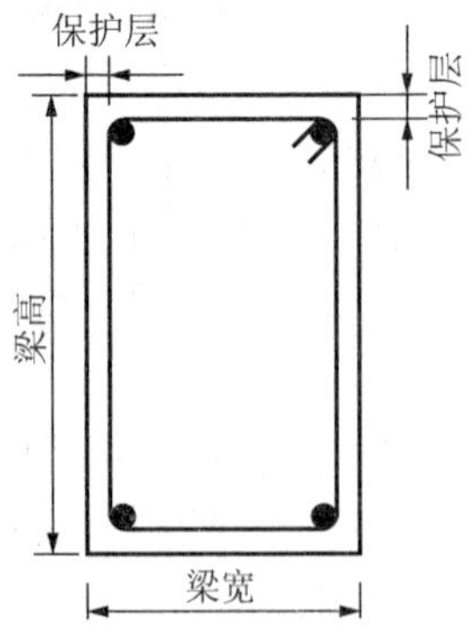

图 2.45　双肢箍示意图

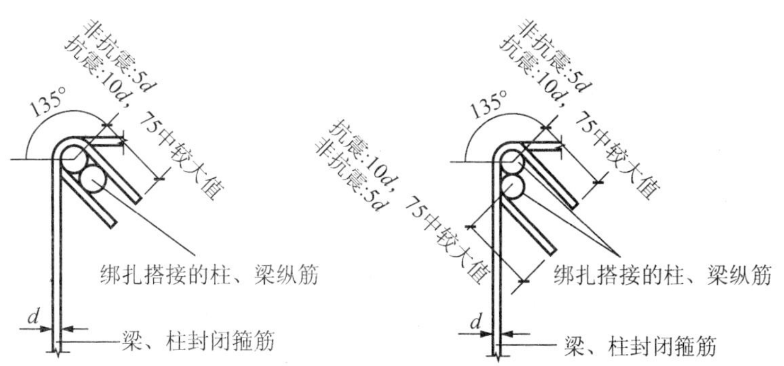

图 2.46 箍筋弯钩构造

② 每道箍筋长度＝（梁宽－保护层厚度＋梁高－保护层厚度）×2＋1.9d×2＋2×max（10d，75mm）＝（250－25×2＋650－25）×2＋2×1.9×8＋2×max（10×8,75mm）＝（200＋600）×2＋30.4＋2×max（80,75mm）＝1600＋30.4＋160＝1790.4mm

（2）箍筋道数的计算

① 主要参考钢筋构造要求，如图 2.47 所示。

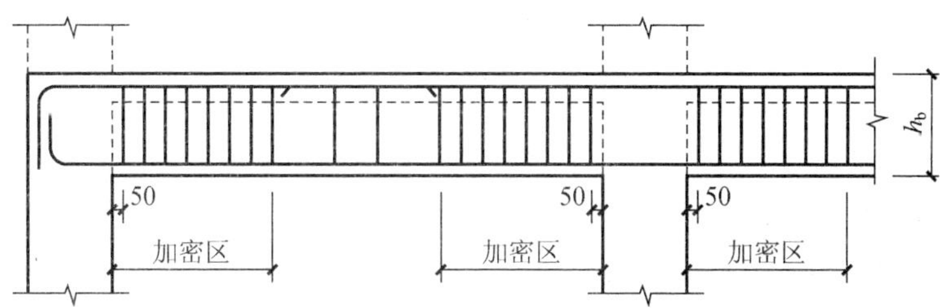

加密区：抗震等级为一级：≥2.0h_b且≥500
抗震等级为二～四级：≥1.5h_b且≥500

抗震框架梁KL、WKL箍筋加密区范围

（弧形梁沿梁中心线展开，箍筋间距沿凸面线量度。h_b为梁截面高度）

图 2.47 抗震框架梁 KL、WKL 箍筋加密区范围

② 箍筋道数计算。

第一跨箍筋道数＝加密区道数＋非加密区道数＋加密区道数

a. 加密区长度计算。

根据结构设计说明，该工程抗震等级为三级，梁高 h_b 为 650，

所以加密区长度＝max（1.5×650,500）＝975mm

b. 加密区箍筋道数＝（975－50）/100＋1 道＝11 道

c. 非加密区长度＝6200－250－250－975－975＝3750mm

d. 非加密区箍筋道数＝3750/200－1 道＝18 道

e. 第一跨箍筋道数＝11＋18＋11＝40 道

第二跨箍筋信息选用原位标注信息 8@100（2）

箍筋道数＝（2700－250－250－50－50）/100＋1 道＝22 道

第三跨箍筋道数同第一跨＝40 道

KL-1 箍筋道数＝40＋22＋40＝102 道

（3）KL-1 的箍筋长度计算

KL-1 的箍筋长度＝每道箍筋长度×箍筋道数＝1790.4×102 道＝182 620.8mm

6. 附加吊筋的计算

附加吊筋一般设置在主次梁相交的节点，施工图见附件结施—6 中 1 轴上 KL-8 与 16 轴上 LL-2 相交处的吊筋信息为 2⏀16，前两个同前，此处省略。

第三步：结合图纸查阅图集，确定钢筋构造详图，如图 2.48 所示。

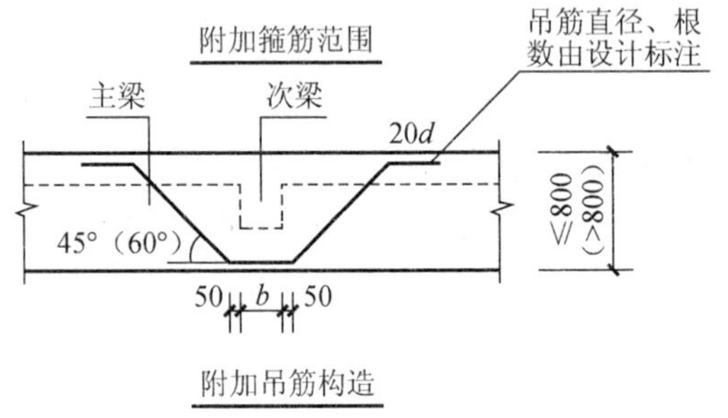

图 2.48　吊筋构造示意图

第四步：进行具体计算。

主梁高度＝650＜800，吊筋弯起角度为 45°；

次梁宽度为 250mm，b＝250mm。

附加吊筋长度＝上平直段长度＋斜长＋下平直段长度

① 上平直段长度＝20d×2＝20×16×2＝640mm

② 斜长＝$\sqrt{2}$×（650－25×2）＝847.2mm

③ 下平直段长度＝50＋b＋50＝50＋250＋50＝350mm

④ 附加吊筋的长度＝640×2＋847.2×2＋350＝3324.4mm

此处附加吊筋根数为 2 根，附加吊筋长度＝3324.4×2＝6648.8mm

2.3.2　屋面框架梁（WKL）钢筋计算

屋面框架梁与楼层框架梁的计算思路基本相同，计算时的考虑因素也与楼层框架梁类似，但也存在着差异，见表 2.5。

表 2.5　屋面框架梁纵筋计算主要因素分析表

屋面框架梁纵筋计算需要考虑的主要因素	建筑的抗震等级
	梁的混凝土强度等级
	梁的保护层厚度
	屋面框架梁与框架柱节点钢筋的搭接形式
	框架柱的保护层厚度及混凝土强度等级

前面对结施—6 中的 KL-1（楼层框架梁）的钢筋进行了较为系统的计算，下面介绍结施—10 中的 WKL-1 的钢筋计算。

首先 WKL 与 KL 的区别在于所处的位置不同。WKL 一般在顶层结构中，而 KL 往往在标准层中，它们一般都与边柱相交，但是节点的钢筋构造要求是不同的，屋面框架梁钢筋与楼层框架梁的区别主要是端支座上部钢筋锚固不同。屋面框架梁除上部纵筋弯折时伸至梁底外，其余钢筋和楼层框架梁相同。

下面将通过一个完整的计算过程来详细说明。由于 WKL 与 KL 钢筋构造要求只在端支座锚固上有区别，故此处仅计算 WKL-10 中的上部通长钢筋，梁中其他钢筋计算过程不再赘述，可以参考 2.3.1 中的钢筋计算过程。

1. 上部通长钢筋计算

前两个同前，此处省略。

第三步：结合图纸查阅图集确定钢筋构造详图，如图 2.49 所示。

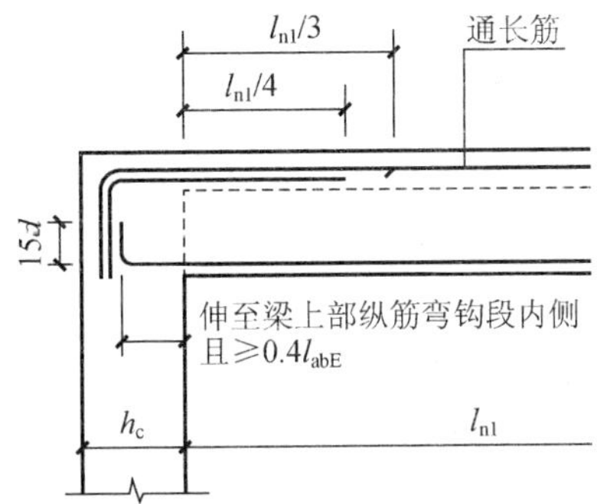

图 2.49 抗震屋面框架梁 WKL 纵向钢筋端支座锚固构造

第四步：具体计算。

1）计算公式＝净长＋左端支座锚固＋右端支座锚固

2）净长＝15 100－250－250＝14 600mm

3）左端支座锚固＝h_c－柱保护层厚度＋梁高－梁保护层厚度＝500－30＋600－25
＝1045mm

右端支座锚固同左端支座锚固，为 1045mm。

注：梁高信息在集中标注中 WKL-1（3）250×600，故取梁高为 600mm。

4）WKL-1 中上部通长筋长度＝（14 600＋1045×2）×2＝62 580mm

2.3.3 悬挑梁（XL）钢筋计算

通过以所附图纸结施—6 中 4 轴上 XL-1 为例，计算纯悬挑梁的钢筋。

前两步同前，此处省略。

第三步：结合图纸查阅图集确定钢筋构造详图，如图 2.50 和图 2.51 所示。

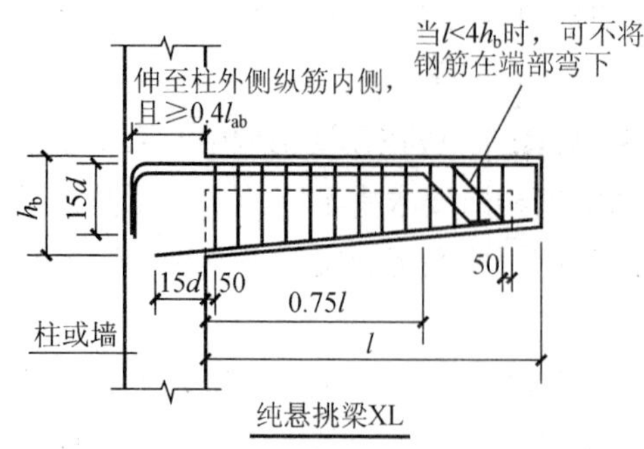

图 2.50　纯悬挑梁钢筋构造

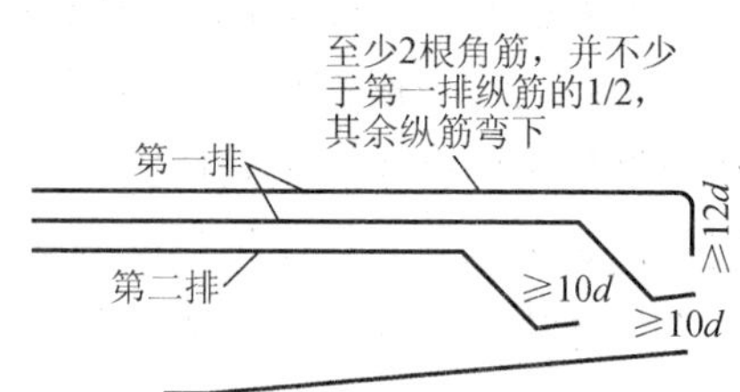

图 2.51　纯悬挑梁及各类梁悬挑端纵向钢筋构造

第四步：具体计算。

通过 XL-1 平法信息的识读，截面尺寸为 200×350，箍筋ф8@100，上部钢筋信息为 3⌀20，下部钢筋信息为 2⌀16。

1）第一排中弯折钢筋长度＝支座内锚固长度＋悬挑长度＋弯折长度。

① 支座内锚固长度＝max（500－30－22，0.4×37d）＋15d＝max（448，0.4×37×20）＋15×20＝max（448，296）＋300＝448＋300＝748mm

② 悬挑长度＝1500－25＝1475mm

③ 弯折长度＝12d＝12×20＝240mm

④ 弯折钢筋长度＝748＋1475＋240＝2463mm

根据构造要求，上部至少 2 根角筋做成弯折状，所以悬挑梁中上部的第一排的弯折钢筋长度＝2463×2＝4926mm。

2）第一排在端部弯下的钢筋长度＝支座内锚固长度＋悬挑平直段＋弯下斜段＋10d。

① 支座内锚固长度＝748mm

② 悬挑平直段长度＝1500×0.75=1125mm＝1125mm

③ 弯下斜段长度＝$\sqrt{2}$ ×（350－25×2）＝$\sqrt{2}$ ×300＝423.6mm

④ 10d＝10×20＝200mm

⑤ 在端部弯下的钢筋长度＝748＋1125＋423.6＋200＝2496.6mm

根据图纸信息及构造要求，上部只有 1 根钢筋在端部弯下，所以悬挑梁中上部的第一排在端部弯下的钢筋长度为 2496.6mm。

3）下部钢筋长度＝支座内锚固长度＋悬挑长度。

① 支座内锚固长度＝15d＝15×16＝240mm

② 悬挑长度＝1500－25＝1475mm

③ 下部钢筋长度＝240＋1475＝1715mm

根据图纸信息，下部钢筋有 3 根，所以悬挑梁中下部钢筋的长度＝1715×3＝5145mm

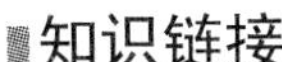

框架结构系统特点

框架结构是利用梁、柱组成的纵、横两个方向的框架形成的机构体系。它同时承受竖向荷载和水平荷载。其主要优点是建筑平面布置灵活，可形成较大的建筑空间，建筑立面处理也比较方便；主要缺点是侧向刚度较小，当层数较多时，会产生过大的侧移，易引起非结构性构件（如隔墙、装饰等）破坏进而影响使用。在非地震区，框架结构一般不超过15层。框架结构的内力分析通常是用计算机进行精确分析。常用的手工近似法是：竖向荷载作用下用分层计算法；水平荷载作用下用反弯点法。风荷载和地震力可简化成节点上的水平集中力，再进行分析。

框架结构梁和柱节点的连接构造直接影响结构安全、经济效益及施工方便。因此，梁与柱节点的混凝土强度等级，梁、柱纵向钢筋深入节点内的长度，梁与柱节点区域的钢筋的布置等，都应符合《混凝土结构设计规范》的构造规定。

项　目

现浇钢筋混凝土板构件平法识图与钢筋计算

学习提示　楼盖板是建筑结构重要组成部分，在平法图集中分别介绍了有梁楼盖板和无梁楼盖板，两者是对立的且荷载传递路径不同，有梁楼盖是指楼板把荷载传递给梁，梁再传递给柱子或墙，而无梁楼盖则是楼板直接把荷载传递给柱子或墙。本项目内容主要介绍有梁楼盖板的相关内容。

知识目标

1. 掌握板构件平法制图规则；
2. 熟悉混凝土板构件的钢筋分类；
3. 熟悉贯通钢筋的构造要求；
4. 熟悉板负筋及分布筋的构造要求；
5. 掌握板构件钢筋计算方法。

能力目标

1. 具备识读板配筋图的信息标注的能力；
2. 具备计算板贯通钢筋的长度的能力；
3. 具备计算板负筋及分布筋长度的能力。

3.1 板的分类

【知识目标】 1. 熟悉板的类型;
2. 了解不同结构类型中板的种类。

【能力目标】 具备快速识读板构件布置图的能力，能够判断不同板的类型。

板是一种分隔承重构件，它将房屋垂直方向分隔为若干层，并把人和家具等竖向荷载及楼板自重通过墙体、梁或柱传给基础。板有时还要起到保温、隔热、隔声、防潮、防水、防火等功能。

板的分类可以从以下几个不同的角度来划分：

1. 按施工方法不同划分

(1) 现浇板

相对于预制板来说，现浇是指在现场搭好模板，在模板上安装好钢筋，再在模板上浇筑混凝土，然后再拆除模板。

现浇板又可以分为有梁楼盖板和无梁楼盖板两大类，有梁楼盖板如图 3.1～图 3.5 所示，无梁楼盖如图 3.6 所示。

其中，有梁楼盖板又可分为如下几种。

1）单向板肋梁楼盖，如图 3.1 所示。

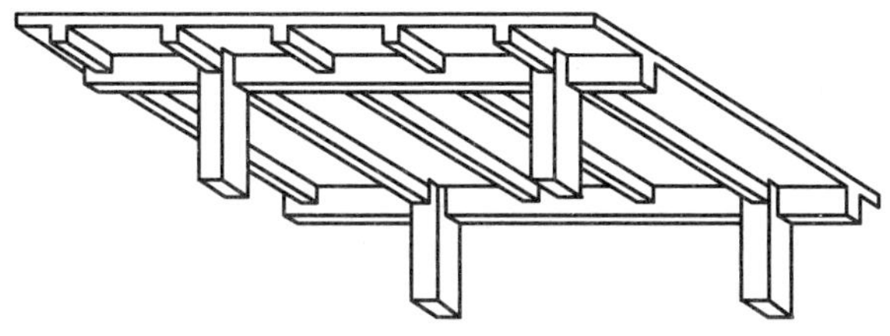

图 3.1　单向板肋梁楼盖示意图

2）双向板肋梁楼盖，如图 3.2 所示。

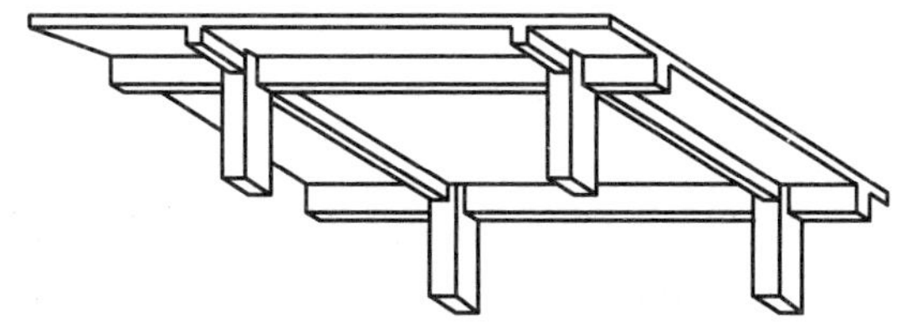

图 3.2　双向板肋梁楼盖示意图

3）密肋楼盖，如图 3.3 所示。

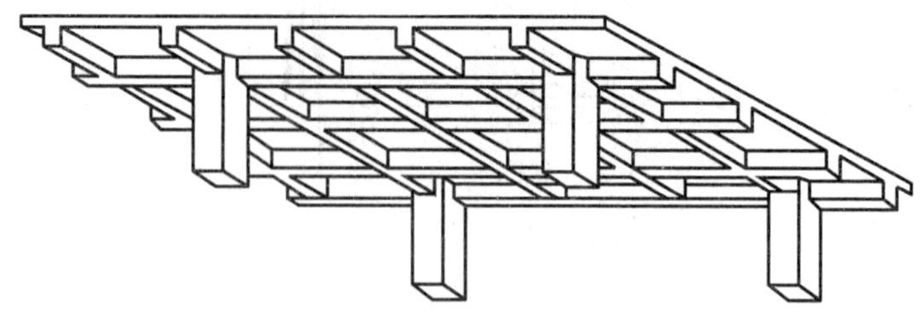

图 3.3　密肋楼盖示意图

4）井式楼盖，如图 3.4 所示。

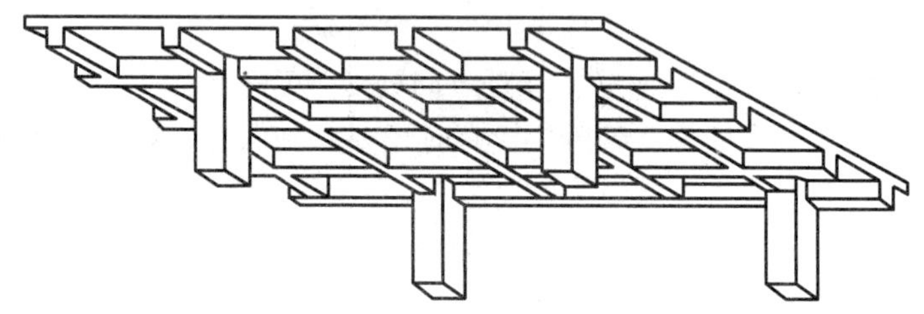

图 3.4　井式楼盖示意图

5）扁梁楼盖，如图 3.5 所示。

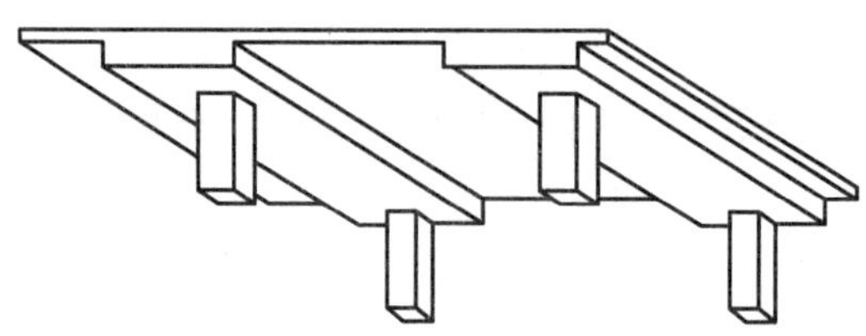

图 3.5　扁梁楼盖示意图

无梁楼盖如图 3.6 所示。

（2）预制板

预制板为在工厂加工成型后直接运到施工现场进行安装的板。

其中，预制板分为以下几种。

1）平板，如图 3.7 所示。

2）空心板，如图 3.8 所示。

3）槽型板，如图 3.9 所示。

2. 按板的力学特征划分

（1）悬臂板

悬臂板是由一面支承的板。根据受力点不同又可分为延伸悬挑板和纯悬挑板两种。

1）纯悬挑板。纯悬挑板是单独的一块悬挑板，即从梁挑出的板，如雨篷的悬挑板，如图 3.10 所示。

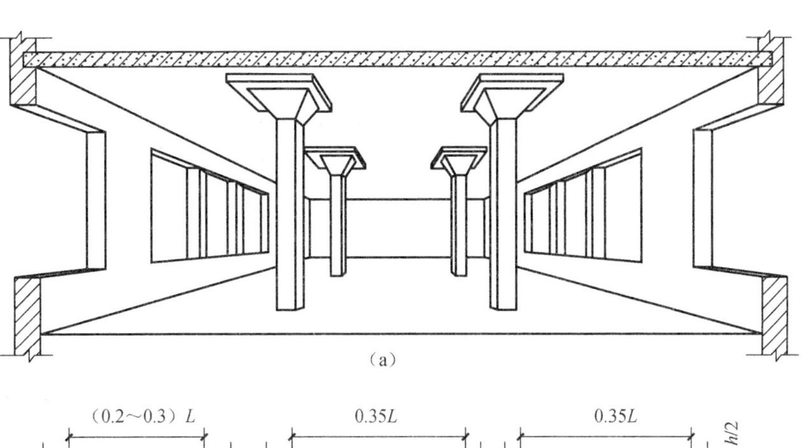

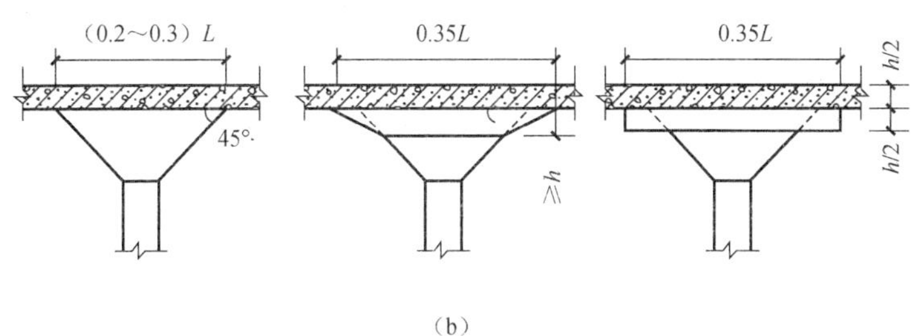

图 3.6　无梁楼盖示意图

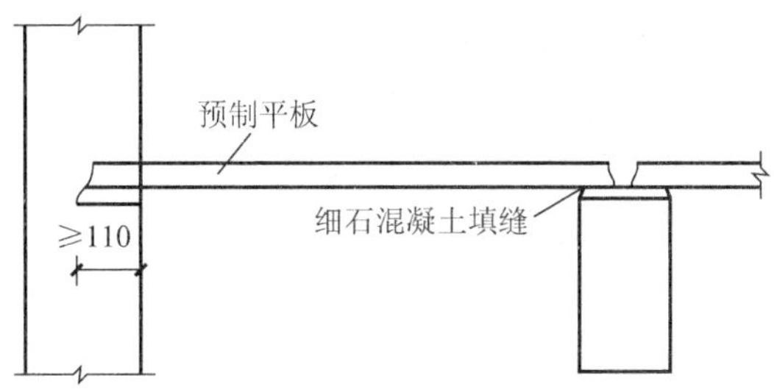

图 3.7　平板示意图

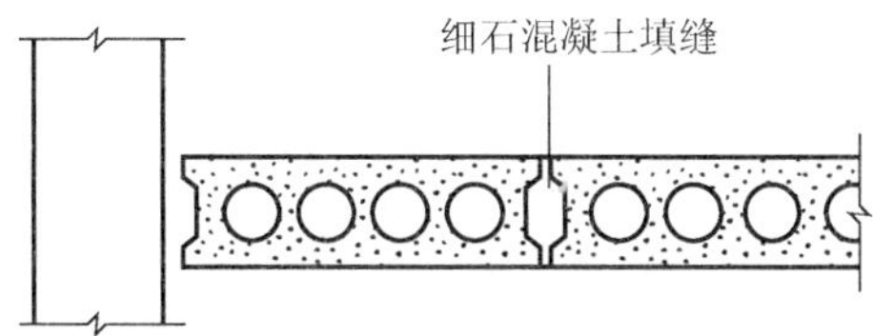

图 3.8　空心板示意图

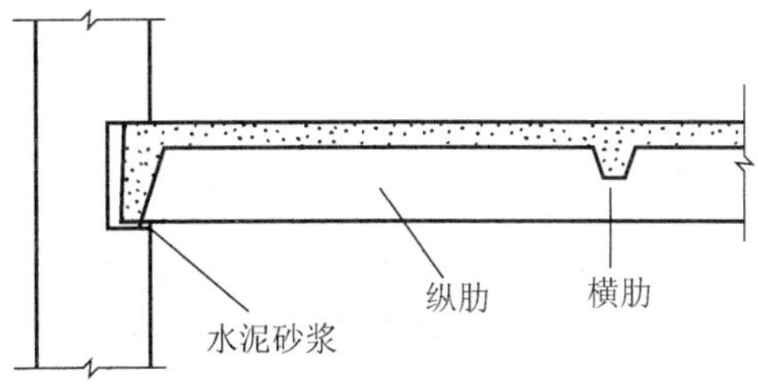

图 3.9　槽型板示意图

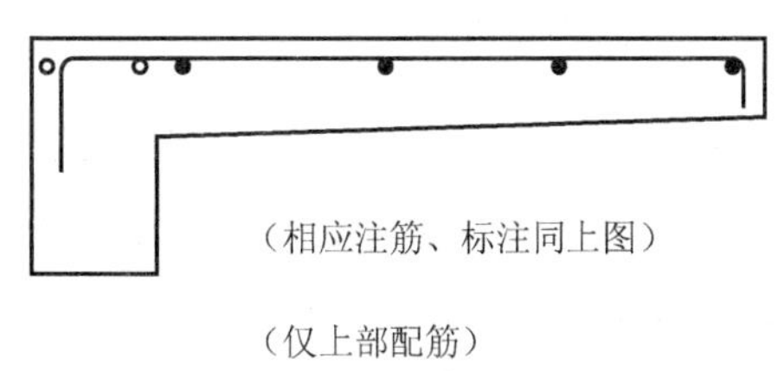

图 3.10　纯悬挑板示意图

2）延伸悬挑板。延伸悬挑板是和通常与室内楼板连在一起的，梁仅是一个支点而已，如阳台的悬挑板，如图 3.11 所示。

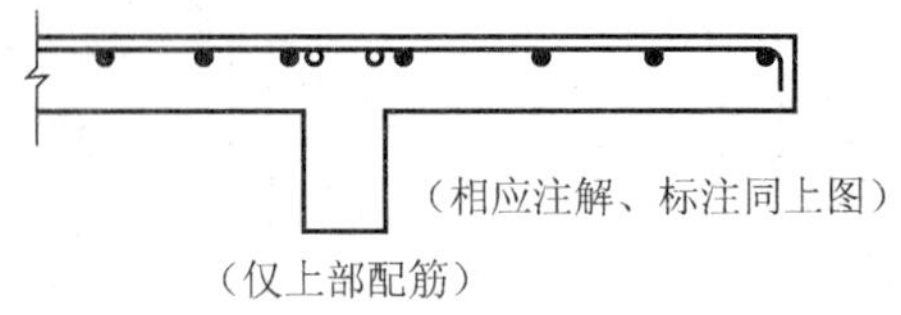

图 3.11　延伸悬挑板示意图

（2）楼板

楼板是由两面或四面支承的板。根据楼板所处位置不同又可分为楼面板和屋面板两种，如图 3.12 所示。

1）楼面板。楼面板是一种分隔承重构件。楼板层中的承重部分，它将房屋垂直方向分隔为若干层。

2）屋面板。屋面板是指建筑物顶部位置的板，直接承受屋面荷载。

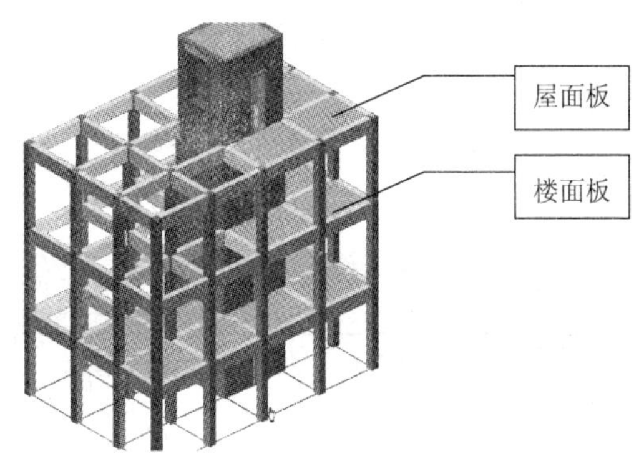

图 3.12　楼面板及屋面板示意图

3. 按板的配筋特点划分

（1）单向板

单向板是在一个方向上布置受力钢筋，在另一个方向上布置分布筋的板，且板的长边与短边长度之比大于或等于 3 时，宜沿长边方向布置平行于短边方向受力钢筋。

（2）双向板

双向板是在两个方向均布置受力钢筋，且板的长边与短边长度之比小于 3。

知识链接

井式楼盖与密肋楼盖的区别

1）井式楼盖通常是由于建筑上的需要，用梁把楼板划分成若干个正方形或接近正方形的小区格，两个方向的梁截面相同，不分主次，都直接承受板传来的荷载，整个楼盖支承在周边的柱、墙或更大的边梁上，类似一块大双向板。

2）密肋楼盖是由薄板和间距较小的肋梁组成，分单向密肋楼盖和双向密肋楼盖两种。

密肋楼盖一般用于跨度大且梁高受限制的情况。当建筑的柱网尺寸为正方形或接近方形时，常采用双向密肋楼盖形式。单项密肋楼盖常用于长宽比大于 1.5 的楼盖，其跨度不易大于 6m。

3.2 板平法施工图识读

【知识目标】 1. 掌握板构件平法制图规则；
2. 熟悉板构件传统表示与平法表示的区别与联系；
3. 熟悉板构件中钢筋的布置情况。

【能力目标】 1. 具备识读板平法配筋图的能力；
2. 具备根据制图规则和标准构件详图分析板构件配筋情况的能力。

3.2.1　有梁楼盖板平法施工图的识读规则

有梁楼盖板平法施工图是在楼面板和屋面板布置图上，采用平面注写的表达方式。板平面注写包括板块集中标注和板支座原位标注两部分。结构平面的坐标方向为：当两向轴网正交布置时，图面从左至右为 *X* 向，从下至上为 *Y* 向。

1. 板块集中标注

集中标注的内容分为：板块编号、板厚、贯通纵筋以及当板面标高不同时的标高高差。

对于普通楼面，两向均以一跨为一板块；对于密肋楼盖，两向主梁（框架梁）均以一跨为一板块（非主梁密肋不计）。所以板块应逐一编号，相同编号的板块可择其一做集中标注，其他仅注写置于圆圈内的板编号，或当板面标高不同时的标高高差。

（1）板块编号表（表 3.1）

表 3.1　板块编号表

板类型	代号	序号
楼面板	LB	xx
屋面板	WB	xx
悬挑板	XB	xx

（2）厚板注写方式

厚板注写为 h=XXX（垂直于板面的厚度）。当悬挑板的端部改变截面厚度时，用斜线分隔根部与端部的高度值，注写为 h=XXX / XXX；当设计已在图注中统一注明板厚时，此项可不注。

（3）贯通纵筋注写方式

贯通纵筋注写按板块的下部和上部分别注写（当板块上部不设贯通纵筋时则不注），并以 B 代表下部，以 T 代表上部，B&T 代表下部与上部；X 向贯通纵筋以 X 打头，Y 向贯通纵筋以 Y 打头，两项贯通纵筋配置相同时则以 X&Y 打头。当为单向板时，另一项贯通的分布筋可不必注写，而在图中统一注明。当在某些板内（例如在悬挑板 XB 的下部）配置有构造钢筋时，则 X 向以 Xc，Y 向以 Yc 打头注写。

当贯通筋采用两种规格钢筋“隔一步一”方式时，表达为ϕXX/YY@xxx，表示直径为 XX 的钢筋的间距为 xxx 的 2 倍，直径 YY 的钢筋的间距为 xxx 的 2 倍。

（4）板面标高高差的注写方式

板面标高高差，是指相对于结构层楼面标高的高差，应将其注写在括号内，且有高差则注，无高差不注。

【例 3.1】 设有一楼面板块注写为：

LB5　$h = 110$

B：Xϕ12@120；Yϕ10@110，如图 3.13 所示。

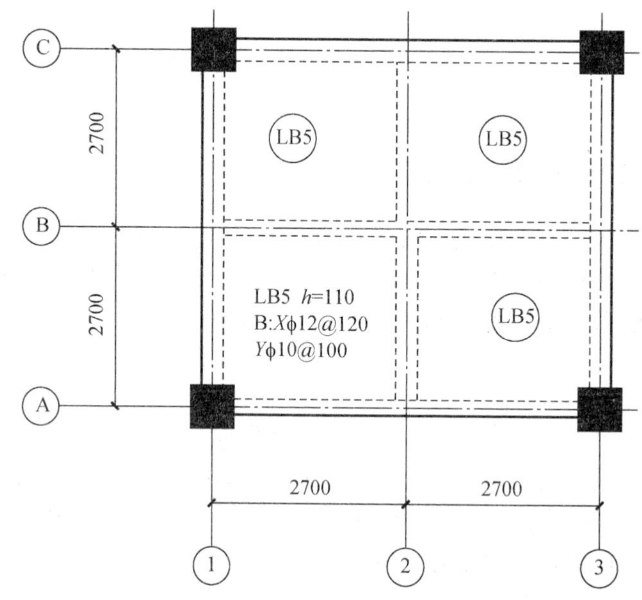

图 3.13　板块集中标注示意图

表示 5 号楼面板，板厚 110mm，板下部配置的贯通纵筋 *X* 向为ϕ12@120，*Y* 向为ϕ10@110；板上部未配置贯通纵筋。

【例 3.2】 有一楼面板块注写为：

LB5　$h = 110$

B：Xϕ10/12@100；Yϕ10@110

表示 5 号楼面板，板厚 110，板下部配置的贯通纵筋 *X* 向为ϕ10、ϕ12 隔一布一，ϕ10 与ϕ12 之间的间距为 100mm，*Y* 向为ϕ10 间距 110；板上部未配置贯通纵筋。

【例 3.3】 有一悬挑板注写为：

XB2　h＝150／100

B：Xc&Ycϕ8@200，如图 3.14 所示。

表示 2 号悬挑板，板根部厚 150mm，端部厚 100mm，板下部配置构造钢筋双向均为 ϕ8@200（上部受力钢筋见板支座原位标注）。

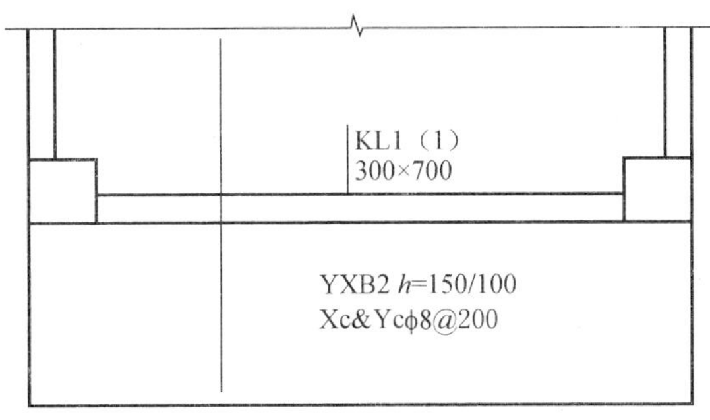

图 3.14　悬挑板下部配置构造钢筋示意图

2. 板支座原位标注

板支座原位标注的内容为板支座上部非贯通纵筋和悬挑板上部受力钢筋，规则如下：

1）板支座原位标注的钢筋，应配置相同跨的第一跨表示（当在梁悬挑部位单独配置时则在原位表达）。在配置相同跨的第一跨（或梁悬挑部位），垂直于板支座（梁或墙）绘制一段适宜长度的中粗实线（当该筋通长设置在悬挑板或短跨板上部时，实线段应画至对边或贯通短跨），以该线段代表支座上部非贯通纵筋；并在线段上方注写钢筋符号（如①、②等）、配筋值、横向连续布置的跨数（注写在括号内，且当为一跨时可不注），以及是否横向布置到梁的悬挑端。

【例 3.4】（XX）为横向布置的跨数，（XXA）为横向布置的跨数及一端的悬挑梁部位，（XXB）为横向布置的跨数及两端的悬挑梁部位。

2）板支座上部非贯通筋自支座中线向跨内的伸出长度，注写在线段的下方位置。

3）当中间支座上部非贯通纵筋向支座两侧对称延伸时，可仅在支座一侧线段下方标注延伸长度，另一侧不注，如图 3.15 所示。

4）当支座两侧非对称延伸时，应分别在支座线段下方注写延伸长度，如图 3.16 所示。

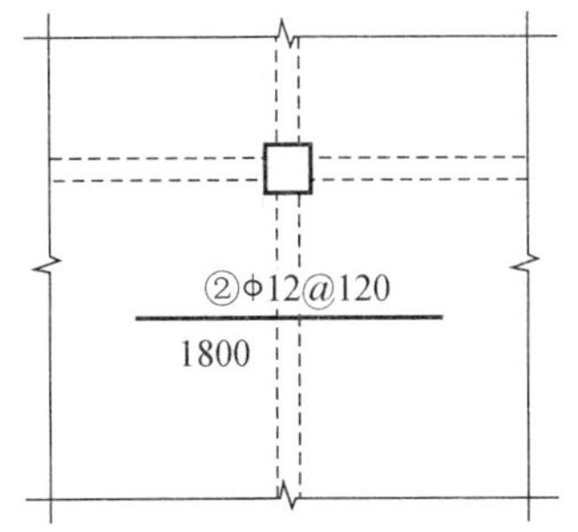

图 3.15　中间支座两侧对称延伸示意图

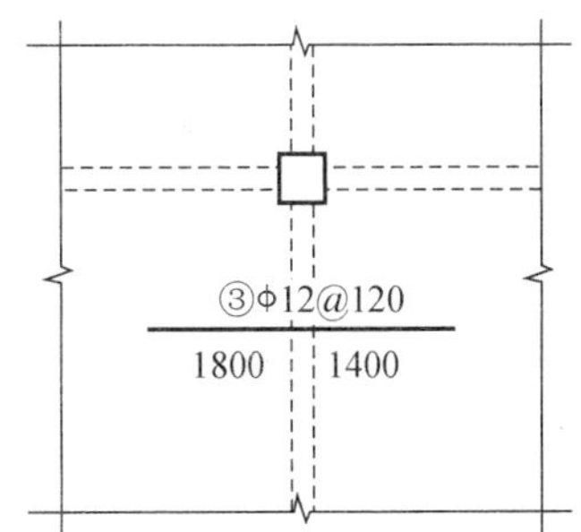

图 3.16　中间支座两侧非对称延伸示意图

5）对线段画至对边贯通全跨或贯通全悬挑长度的上部通长纵筋，贯通全跨或伸出至全悬挑一侧的长度值不需注明，只注明非贯通筋另一侧的伸出长度值，如图 3.17 所示。

6）当板支座为弧形，支座上部非贯通纵筋呈放射状分布时，设计图纸中会注明配筋间距的度量位置并加注“放射分布”字样，必要时应补绘平面配筋图，如图 3.18 所示。

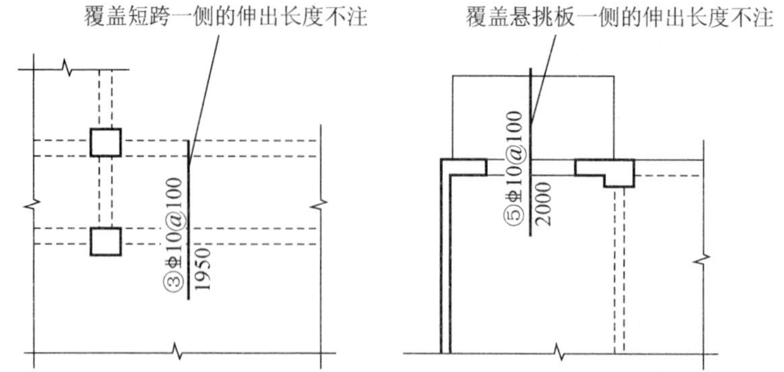

图 3.17 板支座非贯通筋贯通全跨或伸出至悬挑端

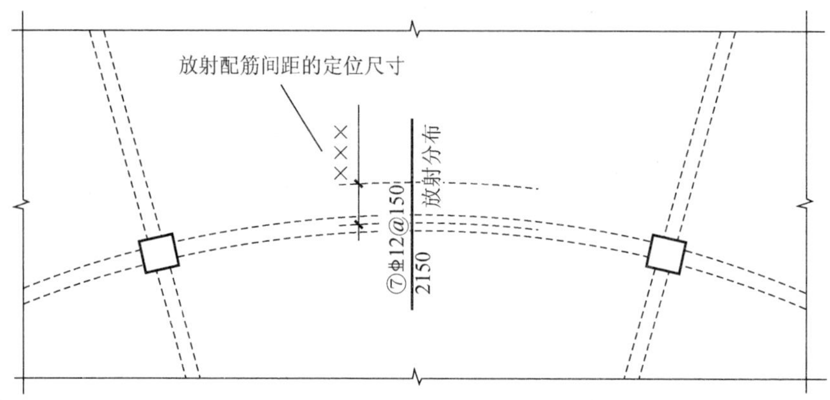

图 3.18 弧形支座处放射配筋

7）悬挑板的注写方式如图 3.19 所示。

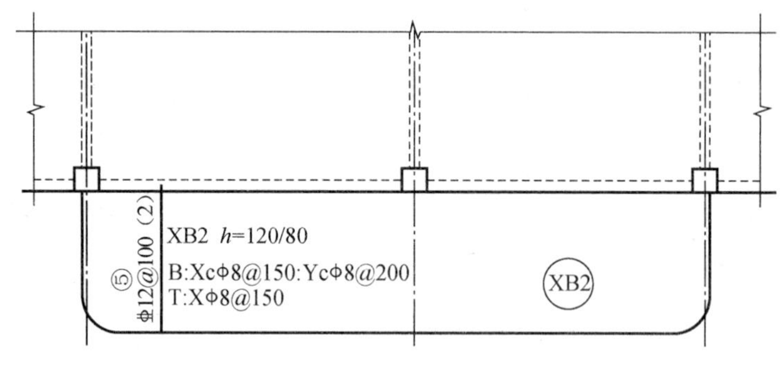

图 3.19 悬挑板注写示意图

8）在板平面布置图中，不同部位的板支座上部非贯通纵筋及悬挑板上部受力钢筋，可仅在一个部位注写，对其他相同者则仅需在代表钢筋的线段上注写编号及横向连续布置的跨数即可。

3.2.2 有梁楼盖板的传统表示方法

目前结构图纸中板的配筋图存在平法标注和传统标注两种方式并存的情况，因此必须

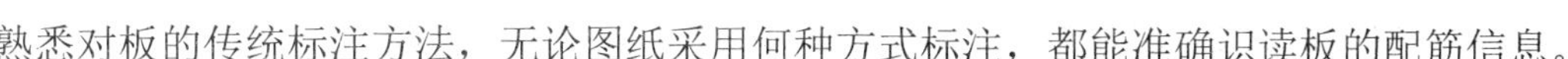

熟悉对板的传统标注方法，无论图纸采用何种方式标注，都能准确识读板的配筋信息。

1. 板块底部贯通钢筋表示方法

板筋线末端做 180° 弯钩（一般是一级钢的表示方式）和板筋末端做 135° 或不做弯钩（一般是二、三级钢的表示方式），*X* 方向钢筋弯钩朝上，*Y* 方向钢筋顺时针旋转 90° 后弯钩同样朝上。

2. 板块顶部贯通钢筋表示方法

板筋线末端做 90° 弯钩，*X* 方向钢筋弯钩朝下，*Y* 方向钢筋顺时针旋转 90° 后弯钩同样朝下。

3. 板支座钢筋表示方法。

板筋线末端做 90° 弯钩。

4. 板的平法标注和传统标注比较

由图 3.20 和图 3.21 所示可以明显看出板的平法标注和传统标注的不同之处。

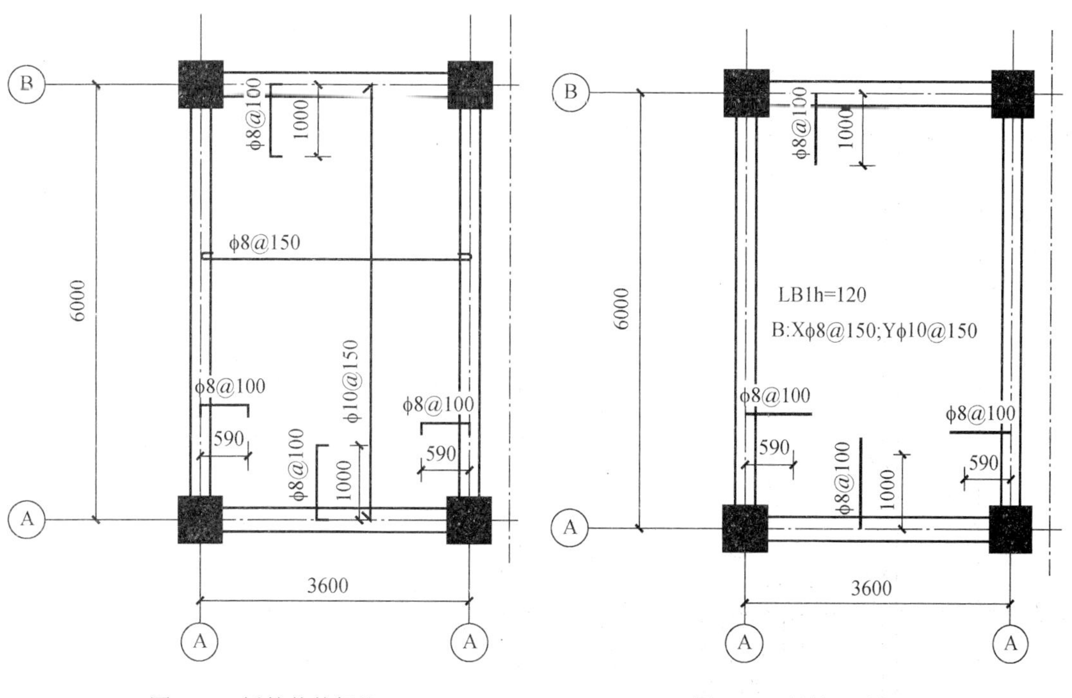

图 3.20　板的传统标注　　　　图 3.21　板的平法标注

3.2.3　板配筋图识读案例详解

板配筋图如图 3.22 所示。

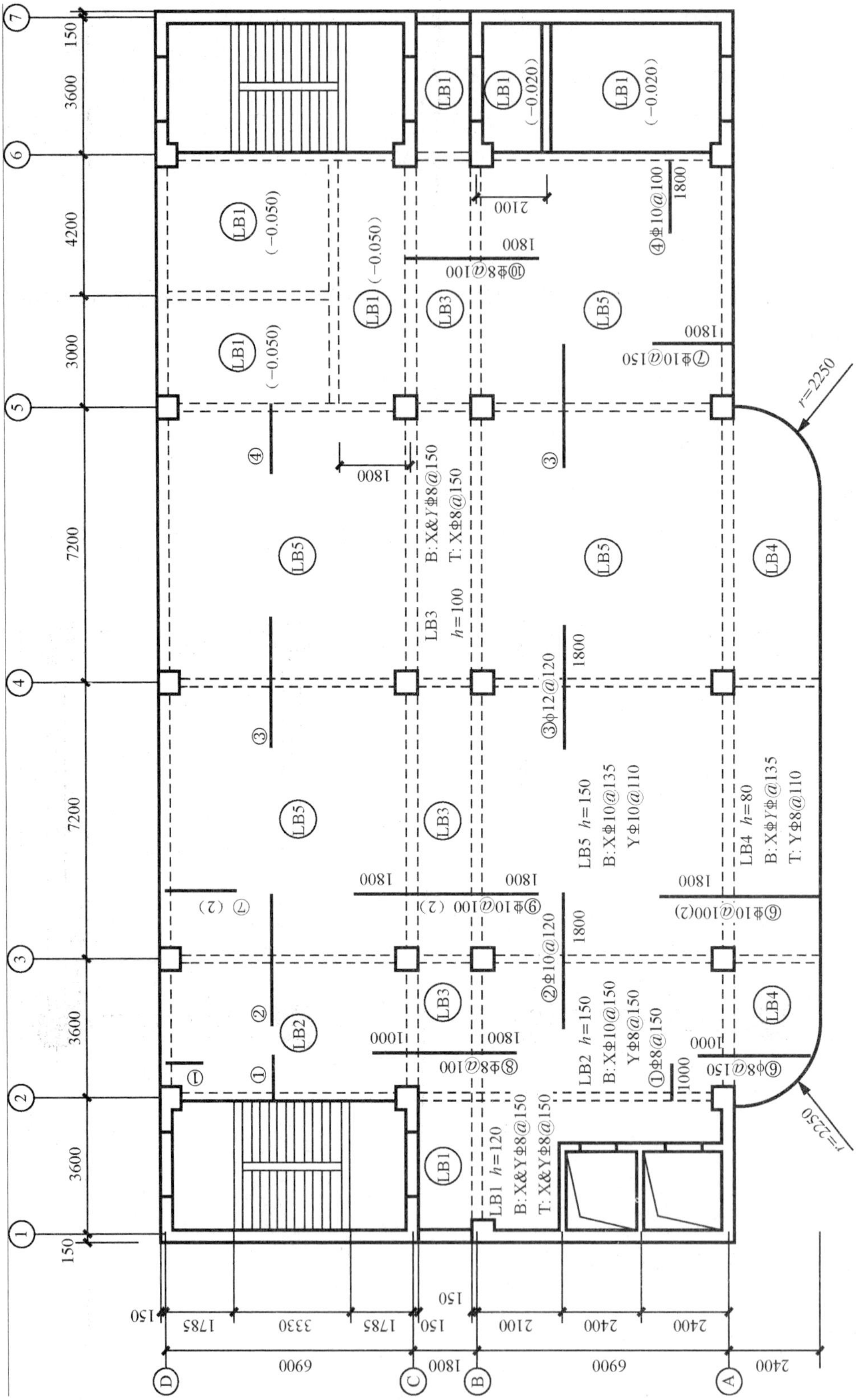

图 3.22 板平法标注示意图

详细解释如下。

1. 板块集中标注

1）以图 3.22 中 LB5 板块集中标注信息为例，板块集中标注的信息详细解释如下。

LB5 五号楼面板

h＝150 板厚为 150mm

B：X⌀10@135

　Y⌀10@110

板底部布置了贯通纵筋，*X* 方向钢筋为直径 10mm 的 HRB400 钢筋，间距为 135mm；*Y* 方向钢筋为直径 10mm 的 HRB400 钢筋，间距为 110mm。

2）以图 3.22 中 LB1 板块集中标注信息为例，板块集中标注的信息详细解释应为板厚 120mm，双网双向布置钢筋均为直径 8mm 的 HRB400 钢筋，间距均为 150mm。

3）以图 3.22 中 LB4 板块集中标注信息为例，板块集中标注的信息详细解释应为板厚 80mm。

B: X&Y⌀8@150 板底部布置了贯通纵筋，*X* 和 *Y* 方向的钢筋均为直径 8mm 的 HRB400 钢筋，间距均为 150mm。

T：X⌀8@150 板顶部仅布置了 *X* 方向的贯通纵筋，为直径 8mm 的 HRB400 钢筋，间距均为 150mm。

2. 板支座原位标注

图 3.22 中①、④、⑦号钢筋为端支座负筋；②、③钢筋为中间支座负筋；⑤、⑥、⑧、⑨、⑩号钢筋为跨板受力筋。这些钢筋均布置在板的顶部，且布置了与其垂直的分布钢筋。需要注意的是，分布钢筋的信息一般出现在结构设计说明中或板配筋图的注解里，如未标注的的分布筋为 A8@250。

①号钢筋信息为ϕ8@150，延伸长度 1000。其含义为：①号端支座负筋，直径为 8mm，每隔 150mm 布置一道，从支座中心线延伸出的长度为 1000mm，如图 3.23 所示。

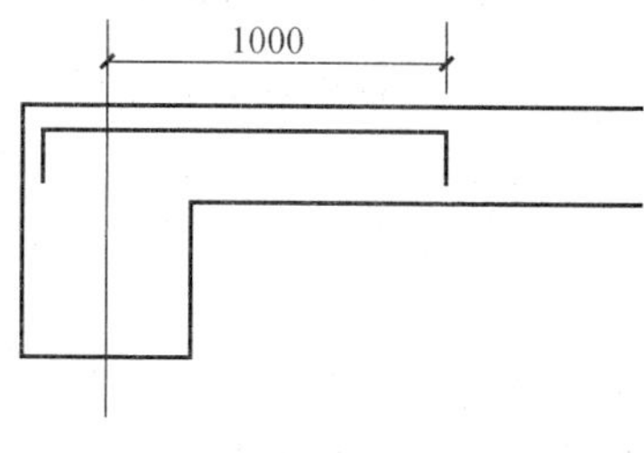

图 3.23　端支座负筋示意图

②号钢筋信息为ϕ10@100，延伸长度 1800。其含义为：②号中间支座负筋，直径为 10mm，每隔 100mm 布置一道，从支座中心线向两侧延伸出的长度均为 1800mm，如图 3.24 所示。

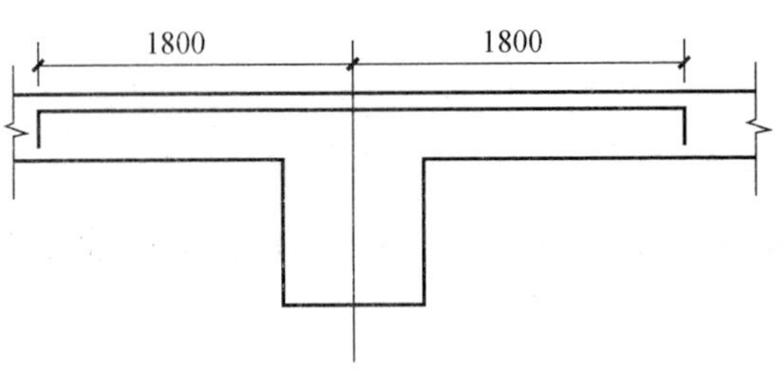

图 3.24　中间支座负筋示意图

⑨号钢筋信息为⏀10@100（2），延伸长度 1800。其含义为：⑨号跨板受力筋，直径为 10mm，每隔 100mm 布置一道，连续布置两跨，从支座中心线向两侧延伸出的长度均为 1800mm，如图 3.25 所示。

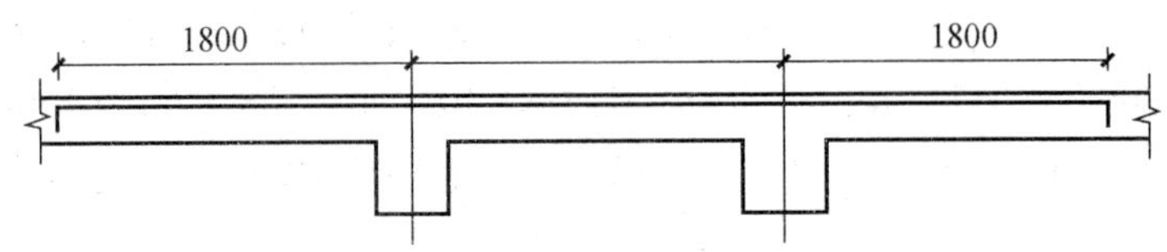

图 3.25　跨板受力筋两侧延伸示意图

⑩号钢筋信息为⏀8@100，延伸长度 1800。其含义为：⑩号跨板受力筋，直径为 8mm，每隔 100mm 布置一道，从支座中心线向一侧延伸出的长度为 1800mm，如图 3.26 所示。

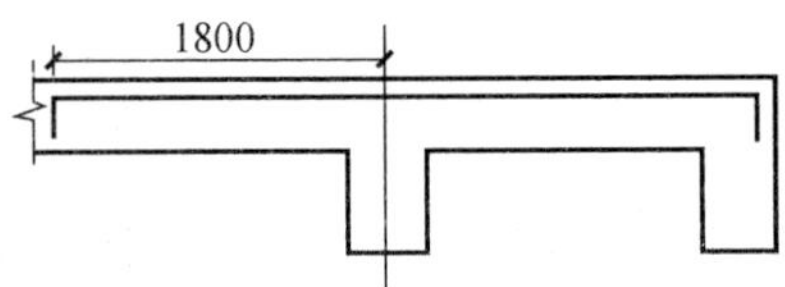

图 3.26　跨板受力筋一侧延伸示意图

知识链接

板构件钢筋的分布

板受力筋主要用于承受拉力，分为上部受力筋和下部受力筋。双向板其底部纵横两个方向均为受力钢筋；单向板其底部受力钢筋平行短边方向布置。

板负筋是上部受力钢筋为了避免板受力后，在支座上部出现裂缝，通常支座上部配置的钢筋。

板分布钢筋和温度钢筋主要用来使作用在板面荷载能均匀地传递给受力钢筋，抵抗由于温度变化和混凝土收缩在垂直于板跨方向所产生的拉应力，同时还与受力钢筋绑扎在一起组合成骨架，防止受力钢筋在混凝土浇捣时的位移。温度钢筋是依据构造需求所设计的，故名思意因外界温度所引起混凝土变化所设计的钢筋。

马凳钢筋是支撑板内上部钢筋的作用，一般一米间距设置一个。造价中为措施钢筋，设计者一般不注明，应由施工单位自行考虑。

3.3 板构件钢筋计算

【知识目标】 1. 熟悉板构件钢筋计算的整体思路和方法；
2. 掌握板贯通钢筋的计算方法；
3. 熟悉板负筋的不同形式；
4. 掌握板负筋及分布筋的计算方法。

【能力目标】 1. 具备完整计算板贯通钢筋的能力；
2. 具备计算不同形式板负筋及分布筋的能力。

在现浇混凝土框架、框架剪力墙结构中，无论是楼面板还是屋面板大多以有梁板的形式出现，即梁顶与板顶的结构标高是保持一致的。此处以有梁板为主要介绍对象，首先对楼板中的钢筋骨架进行分析，见表 3.2。

表 3.2　板构件钢筋骨架分析表

<table>
<tr><td rowspan="2">底部钢筋</td><td colspan="3">贯通钢筋</td></tr>
<tr><td colspan="3">分布筋</td></tr>
<tr><td rowspan="5">顶部钢筋</td><td colspan="3">贯通钢筋</td></tr>
<tr><td rowspan="3">非贯通钢筋</td><td colspan="2">跨板受力筋</td></tr>
<tr><td rowspan="2">板负筋</td><td>端支座负筋</td></tr>
<tr><td>中间支座负筋</td></tr>
<tr><td colspan="3">分布筋</td></tr>
<tr><td colspan="4">马凳筋</td></tr>
</table>

3.3.1　板贯通钢筋计算

1. 板底部贯通钢筋计算

以所附图集一层板配筋图中 1-2 轴与 C—D 轴范围内的①号板为例 *X* 方向钢筋信息为Φ8@130，*Y* 方向钢筋信息为Φ8@150，

（1）长度

$$X\text{方向钢筋每根长度}=\text{净长}+\text{锚固}+\text{弯钩}$$

$$\text{净长}=3600-200/2=3500$$

此处需要说明的是，此块板支座信息需要查看一层梁配筋图，锚固要求如图 3.27 和图 3.28 所示。

左端（端支座）锚固长度＝max（5*d*，250/2）＝125mm

右端（中间支座）锚固长度＝max（5*d*，200/2）＝100mm

弯钩长度＝6.25*d*×2＝6.25×8×2＝100mm

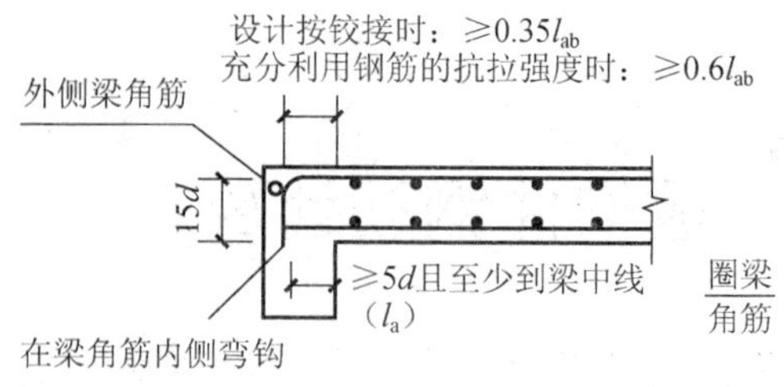

图 3.27 板端支座为梁的锚固构造

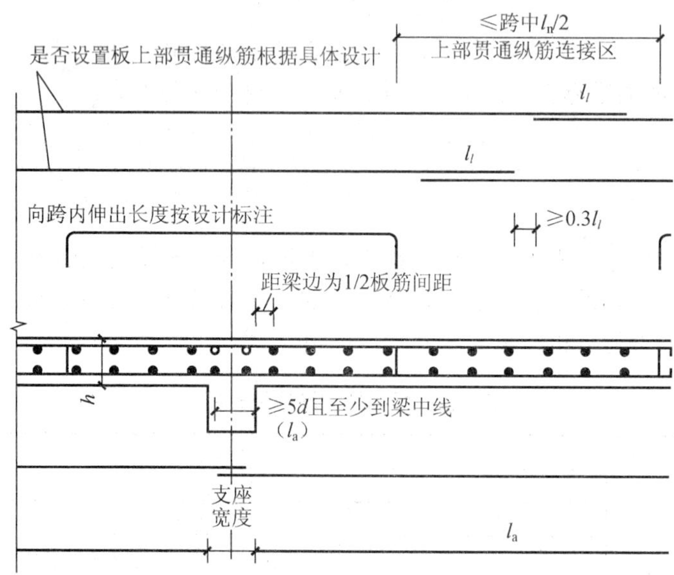

图 3.28 有梁楼盖板中间支座钢筋构造

X方向钢筋每根长度＝3500＋125＋100＋100＝3825mm

Y方向钢筋每根长度＝净长＋锚固＋弯钩

净长＝6200

左端（中间支座）锚固长度＝max（5d，250/2）＝125mm

右端（端支座）锚固长度＝max（5d，250/2）＝125mm

弯钩长度＝6.25d×2＝6.25×8×2＝100mm

Y方向钢筋每根长度＝6200＋125＋125＋100＝6550mm

注：以上计算过程为单纯考虑 1 号板本身的钢筋理论计算，并未考虑 1 号板右侧的 2 号板及 3 号板的布筋情况。实际上，在钢筋工程中应该始终贯彻“能通则通”的布筋原则，理想状态中钢筋没有接头最好，但是由于我国目前在钢筋的生产、加工、吊装等过程中存在着一定的客观局限性，钢筋是有定尺长度的，多以 9m 或 10m 常见。所以此处钢筋布置时 1-4 轴与 C—D 轴范围内的X方向的板底筋ϕ8@130 是连续布置的，即此处 1、2、3 号板钢筋应统一考虑布置。

（2）道数

根据构造详图钢筋距梁边为 1/2 板筋间距，即为起步距离

X方向钢筋道数＝（净长－起步距离）/间距

净长＝6200mm

起步距离＝板筋间距/2×2（两端）＝130mm

X 方向钢筋道数＝（6200－130）/130＝48 道

此处需要说明钢筋道数计算思路为布筋范围除以间距，得数取整之后加一。

Y 方向钢筋道数＝（净长－起步距离）/间距

净长＝3600－200/2＝3500mm

起步距离＝板筋间距/2×2（两端）＝150mm

Y 方向钢筋道数＝（3500－150）/150＝24 道

1① 号板底部贯通纵筋长度为

X 方向钢筋长度＝X 方向钢筋每根长度×X 方向钢筋道数＝3825mm×48 道

＝183 600mm

Y 方向钢筋长度＝Y 方向钢筋每根长度×Y 方向钢筋道数＝6550mm×24 道

＝157 200mm

2. 板顶贯通钢筋计算

由于所附图集板配筋图中没有板顶部贯通纵筋的相关信息，以图 3.22 所示 B—C 轴范围内的 LB3 为例，h＝100，顶部贯通钢筋信息标注为：TX⏀8@150。假设支座宽度为 300mm，板保护层厚度为 15mm，按照充分利用钢筋的抗拉强度考虑，根据图纸得到板厚为 100mm，混凝土强度等级 C30，二级抗震，钢筋定尺长度按 9m 计。

此处的 LB3 为四块连续布置，结合左右两侧的 LB1 顶部 X 方向贯通纵筋均一致，因此统一考虑。

（1）长度

X 方向顶部贯通纵筋每根长度＝净长＋锚固＋搭接

净长＝3600＋3600＋7200＋7200＋3000＋4200＋3600－300/2×2＝32 100mm

左端支座锚固长度＝$0.6l_{ab}+15d$

经查表 $l_{ab}=40d=40\times10=400$mm

左端支座锚固长度＝0.6×400＋15×8＝360mm

右端支座锚固长度（同理）＝360mm

计算长度＝32 100＋360＋360＝32 820mm

接头个数＝32 820/9000＝3 个

搭接长度＝接头个数×l_l　　经查表 $l_l=1.4l_{aE}=1.4\times400=560$mm

＝3×560＝1680mm

B—C 轴范围内 X 方向顶部贯通纵筋每根长度＝32 100＋360＋360＋1680＝34 500mm

（2）道数

X 方向顶部贯通纵筋道数＝布筋范围/间距＝（净长－起步距离）/间距

净长＝1800－150×2＝1500mm

起步距离＝板筋间距/2＝150/2×2（两端）＝150mm

X 方向顶部贯通纵筋道数＝（1500－150）/150＝10 道

B—C 轴范围内 X 方向顶部贯通纵筋长度＝34 500mm×10 道＝345 000mm

3.3.2 板负筋及分布筋的计算

1. 端支座负筋计算

以图 3.22 所示 D 轴上 3-5 轴上的⑦为例，此处信息标注为⑦Φ10@150（2）延伸长度为 1800，假设端支座宽度为 300mm，板保护层厚度为 15mm，按照充分利用钢筋的抗拉强度时考虑，根据图纸得到板厚为 150mm，混凝土强度等级 C30，二级抗震，未注明分布筋为ф8@250

1）⑦端支座负筋每根长度＝锚固＋延伸长度＋弯折长度

$=1800-300/2+0.6l_{ab}+15d+150-15\times2$

经查表 $l_{ab}=40d=40\times10=400$mm

$=1800-150+0.6\times400+15\times10+150-30$

$=1800-150+240+150+150-30$

$=2160$mm

⑦端支座负筋道数 3-4 轴范围内＝（7200－375×2－150/2×2）/150＝（7200－750－150）/150＝43 道 4-5 轴同 3-4 轴

D 轴上 3-5 轴上的⑦号端支座负筋道数为 86 道

D 轴上 3-5 轴上的⑦号端支座负筋长度＝2160mm×86 道＝185 760mm

2）与⑦号端支座负筋垂直的 3-4 轴每道分布筋长度＝7200－1800×2＝3600mm

3-4 轴分布筋道数＝（1800－300/2）/250＝7 道

3-4 轴分布筋长度＝3600mm×7 道＝25 200mm

4-5 轴分布筋长度同 3-4 轴＝25 200mm

与⑦号端支座负筋垂直的分布筋长度为 25 200×2＝50 400mm

2. 中间支座负筋计算

以所附图集一层板配筋图中 2 轴上，C—D 轴范围内的③号中间支座负筋为例

信息标注为Φ12@200，延伸长度 1050mm，板厚为 100mm

1）③号中间支座负筋每根长度＝延伸长度＋弯折长度＝延伸长度＋（板厚－保护层）

＝1050×2＋（100－15×2）×2＝2100＋140＝2240mm

③号中间支座负筋道数　C—D 轴范围内＝（6200－200/2×2）/200＝31 道

2 轴上 C—D 轴范围内的③号中间支座负筋长度＝2240mm×31 道＝69 440mm

2）与③号中间支座负筋垂直的 C—D 轴范围的每道分布筋长度＝6200－[1200－（250－25）]－（1200－250/2）＝6200－975－1075＝4150mm 未注明分布筋为ф6@200

与③号中间支座负筋垂直的 C—D 轴范围的每道分布筋道数＝（1050－200/2）/200×2（两侧）＝5×2＝10 道

与③号中间支座负筋垂直的 C—D 轴范围的分布筋长度＝4150mm×10 道＝41 500mm

3.3.3　马凳筋的计算方法

马凳筋在板构件中并不起到受力或者构造的作用，因此结构设计图纸中结构设计人员不会标注马凳筋的布置情况，施工企业应根据实际的工程情况及工程经验自行布置。另外，工程造价人员在进行板构件钢筋计算时也应将其钢筋量计算出来，以便更加科学合理的确定工程造价。楼板中比较常见的马凳筋如图 3.29 所示。

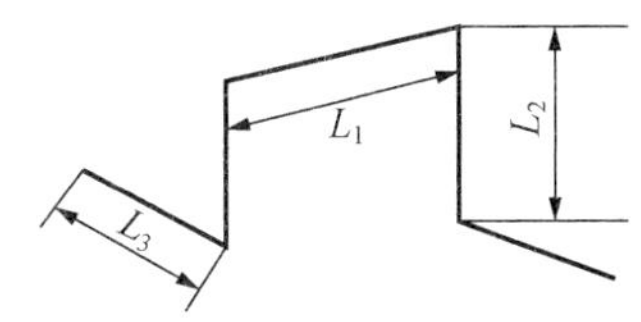

图 3.29　马凳筋示意图

1. 马凳筋长度计算

计算思路＝每根马凳筋长度×马凳筋个数

每根马凳筋长度＝$L_1+2\times L_2+2\times L_3$

L_1＝板顶部钢筋间距＋50mm

L_2＝板厚－2×板保护层厚度－Σ（上部板筋与板最下排钢筋直径之和）

L_3＝板底部钢筋间距＋50mm

2. 马凳筋规格的选择

1）当板厚≤140mm 且板受力筋和分布筋直径≤10mm 时，马凳筋直径可采用ϕ8；

2）当 140mm＜板厚≤200mm 且板受力筋≤12 时，马凳筋直径可采用ϕ10；

3）当 200mm＜板厚≤300mm 时，马凳直径可采用ϕ12；

4）当 300mm＜板厚≤500mm 时，马凳直径可采用ϕ14；

5）当 500mm＜板厚≤700mm 时，马凳直径可采用ϕ16；

6）当板厚大于 800mm 时最好采用钢筋支架或角钢支架。

3. 马凳筋的布置间距

马凳筋的布置可按纵、横向每米设置一个，即每平方米设置一个马凳筋，马凳筋不能接触模板，防止马凳筋返锈。

知识链接

筒体结构特点

在高层建筑中，特别是超高层建筑，水平荷载愈来愈大，起着控制作用。筒体结构是抵抗水平荷载最有效的结构系统。它的受力特点是，整个建筑犹如一个固定于基础上的封闭空心筒式悬臂梁来抵抗水平力。筒体结构可分为框架-核心筒结构、筒中筒结构以及多筒结构等。内筒一般由电梯间、楼梯间组成。内筒和外筒由楼盖连接成整体，共同抵抗水平荷载及竖向荷载。这种结构体系可以适用于高度不超过 300m 的建筑。多筒结构是将多个筒组合在一起，使结构具有更大的抵抗水平荷载的能力。美国芝加哥西尔斯大楼就是九个筒结合在一起的多筒结构，该建筑总高为 442m，为钢结构。

项　目

剪力墙平法识图与钢筋计算

学习提示　剪力墙是由剪力墙柱、剪力墙梁和剪力墙身组成的（以下简称墙柱、墙梁和墙身），这里剪力墙构件和我们前面介绍的梁、板、柱等构件都不相同，剪力墙构件不是一个独立的构件而应属于组合构件。这里要重点强调，墙梁和墙柱并不是真正意义的梁和柱，墙梁和墙柱均名义构件。

知识目标　熟悉剪力墙的组成；了解剪力墙钢筋骨架的构成；掌握剪力墙制图规则；掌握剪力墙各组成部分的钢筋计算。

能力目标　能够准确识读剪力墙结构图纸，熟练应用图集中关于剪力墙钢筋的节点构造规定；具备准确计算剪力墙钢筋工程量的能力。

 剪力墙平法施工图识读

【知识目标】 熟悉剪力墙是由墙身、墙梁、墙柱组合而成的组合构件；熟悉设置墙梁、墙柱的实际意义；掌握剪力墙制图规则。

【能力目标】 具备准确识读剪力墙结构图纸的能力。

4.1.1　剪力墙的组成

剪力墙平法施工图是在结构剪力墙平面布置图上，采用列表注写方式或截面注写方式对剪力墙的信息表达。

剪力墙设计与框架柱或梁类构件设计有显著区别。柱、梁构件属于杆类构件，而剪力墙水平截面的长宽比相对杆类构件的高宽比要大得多；柱、梁构件的内力会逐层、逐跨呈规律变化，而剪力墙内力基本上呈整体变化，与层关联的规律性不明显。剪力墙本身特有的内力变化规律与抵抗地震作用时的构造特点，决定了必须在其边缘部位加强配筋，以及在其楼层位置根据抗震等级要求加强配筋或局部加大截面尺寸。此外，连接两片墙的水平构件功能也与普通梁有显著不同。为了表达简便、清晰，平法将剪力墙分为剪力墙柱、剪力墙身和剪力墙梁三类构件分别表达。

应当注意，归入剪力墙柱的端柱、暗柱等并不是普通概念的柱（称为墙柱），因为这些墙柱不可能脱离整片剪力墙独立存在，也不可能独立变形。墙柱，配筋都是由竖向纵筋和水平箍筋构成，绑扎方式与柱相同，但与柱不同的是墙柱同时与墙身混凝土和钢筋完整地结合在一起，因此，墙柱实质上是剪力墙边缘的集中配筋加强部位。同理，归入剪力墙梁的暗梁、边框梁等也不是普通概念的梁（墙梁），因为这些墙梁不可能脱离整片剪力墙独立存在，也不可能像普通概念的梁一样独立受弯变形，事实上暗梁、边框梁根本不属于受弯构件。墙梁配筋都是由纵向钢筋和横向箍筋构成，绑扎方式与梁基本相同，同时又与墙身的混凝土与钢筋完整地结合在一起，因此，暗梁、边框梁实质上是剪力墙在楼层位置的水平加强带。此外，归入剪力墙梁中的连梁虽然属于水平构件，但其主要功能是将两片剪力墙连结在一起，当抵抗地震作用时使两片连结在一起的剪力墙协调工作。连梁的形状与深梁基本相同，但受力原理亦有较大区别。

4.1.2　剪力墙的编号

在剪力平法墙施工图中，剪力墙分别为剪力墙柱编号（见表 4.1）、剪力墙梁编号（见表 4.2）、剪力墙身编号（见表 4.3）来表达。

表 4.1　墙柱编号表

墙柱类型	代号	序号
约束边缘暗柱	YAZ	XX
约束边缘端柱	YDZ	XX
约束边缘翼墙（柱）	YYZ	XX
约束边缘转角墙（柱）	YJZ	XX
构造边缘端柱	GDZ	XX
构造边缘暗柱	GAZ	XX
构造边缘翼墙（柱）	GYZ	XX
构造边缘转角墙（柱）	GJZ	XX
非边缘暗柱	AZ	XX
扶壁柱	FBZ	XX

表 4.2　墙梁编号表

墙梁类型	代号	序号
连梁	LL	XX
连梁（有交叉暗撑）	LL（JC）	XX
连梁（有交叉钢筋）	LL（JG）	XX
暗梁	AL	XX
边框梁	BKL	XX

表 4.3　墙身编号表

墙身编号	代号	序号
剪力墙身	Q（X）	XX

4.1.3　剪力墙平面表达方式

剪力墙平法施工图的表达方式有两种：列表注写方式、截面注写方式。

列表注写方式与截面注写方式均适用于各种结构类型，列表注写方式可在一张图纸上将全部剪力墙一次性表达清楚，也可以按剪力墙标准层逐层表达。截面注写方式通常需要首先划分剪力墙标准层后，再按标准层分别绘制。

1. 列表注写方式

列表注写方式，系分别在剪力墙柱表、剪力墙表和剪力墙梁表中，对应于剪力墙平面布置图上的编号，用绘制截配筋图并注写几何尺寸与配筋具体数值的方式来表达剪力墙平法施工图。如图 4.1 及表 4.4～表 4.6 所示。

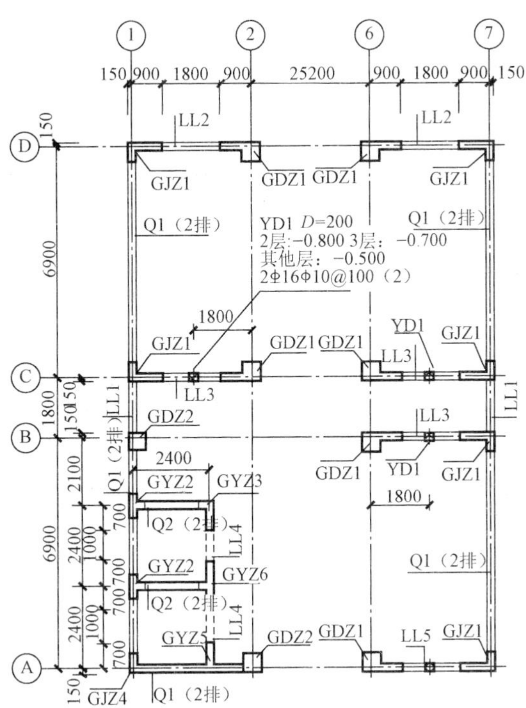

图 4.1　剪力墙平法施工图（列表注写方式）

表4.4　剪力墙梁表

编号	所在楼层号	梁顶相对标高高差	梁截面 $b \times h$	上部纵筋	下部纵筋	侧部纵筋	箍筋
LL1	2–9	0.800	300×2000	4Φ22	4Φ22	同Q1水平分布筋	Φ10@100（2）
	10–16	0.800	250×2000	4Φ20	4Φ20		Φ10@100（2）
	屋面		250×1200	4Φ20	4Φ20		Φ10@100（2）
LL2	3	−1.200	300×2520	4Φ22	4Φ22	同Q1水平分布筋	Φ10@150（2）
	4	−0.900	300×2070	4Φ22	4Φ22		Φ10@150（2）
	5–9	−0.900	300×1770	4Φ22	4Φ22		Φ10@150（2）
	10–屋面1	−0.900	250×1770	3Φ22	3Φ22		Φ10@150（2）
LL3	2		300×2070	4Φ22	4Φ22	同Q1水平分布筋	Φ10@100（2）
	3		300×1770	4Φ22	4Φ22		Φ10@100（2）
	4–9		250×1170	4Φ22	4Φ22		Φ10@100（2）
	10–屋面1		250×1170	3Φ22	3Φ22		Φ10@100（2）
LL4	2		250×2070	3Φ20	3Φ20	同Q2水平分布筋	Φ10@120（2）
	3		250×1170	3Φ20	3Φ20		Φ10@120（2）
	4屋面1		250×1170	3Φ20	3Φ20		Φ10@120（2）
AL1	2–9		300×600	3Φ20	3Φ20		Φ8@150（2）
	10–16		250×500	3Φ18	3Φ18		Φ8@150（2）
BKL1	屋面1		500×750	4Φ22	4Φ22		Φ10@150（2）

表4.5　剪力墙身表

编号	标高	墙厚	水平分布筋	垂直分布筋	拉筋
Q1（2排）	−0.030—30.270	300	Φ12@250	Φ12@250	Φ6@500
	30.270—59.070	250	Φ10@250	Φ10@250	Φ6@500
Q2（2排）	−0.030—30.270	250	Φ10@250	Φ10@250	Φ6@500
	30.270—59.070	200	Φ10@250	Φ10@250	Φ6@500

表4.6 剪力墙柱表

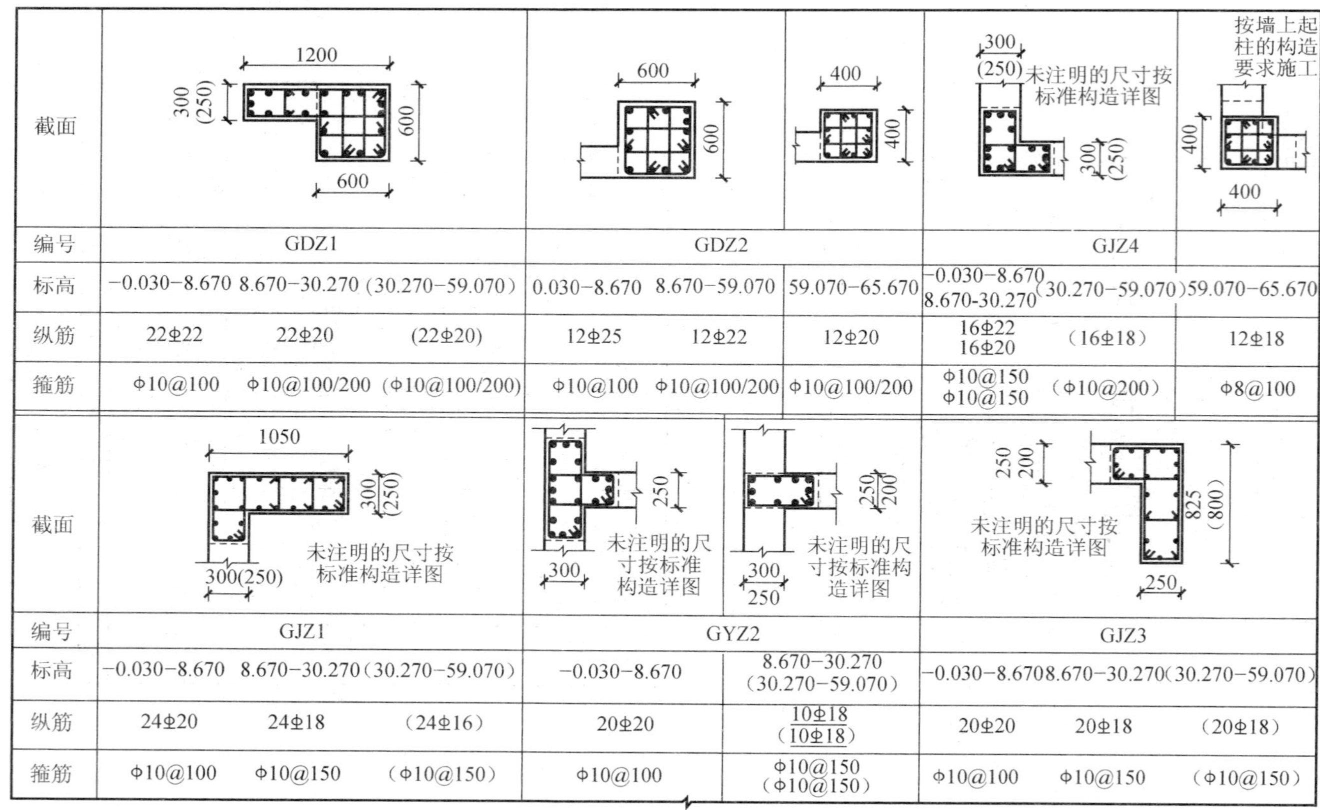

截面									
编号	GDZ1			GDZ2			GJZ4		
标高	−0.030−8.670	8.670−30.270	(30.270−59.070)	0.030−8.670	8.670−59.070	59.070−65.670	−0.030−8.670 8.670-30.270	(30.270−59.070)	59.070−65.670
纵筋	22Φ22	22Φ20	(22Φ20)	12Φ25	12Φ22	12Φ20	16Φ22 16Φ20	(16Φ18)	12Φ18
箍筋	Φ10@100	Φ10@100/200	(Φ10@100/200)	Φ10@100	Φ10@100/200	Φ10@100/200	Φ10@150 Φ10@150	(Φ10@200)	Φ8@100

截面								
编号	GJZ1			GYZ2		GJZ3		
标高	−0.030−8.670	8.670−30.270	(30.270−59.070)	−0.030−8.670	8.670−30.270 (30.270−59.070)	−0.030−8.670	8.670−30.270	(30.270−59.070)
纵筋	24Φ20	24Φ18	(24Φ16)	20Φ20	10Φ18 (10Φ18)	20Φ20	20Φ18	(20Φ18)
箍筋	Φ10@100	Φ10@150	(Φ10@150)	Φ10@100	Φ10@150 (Φ10@150)	Φ10@100	Φ10@150	(Φ10@150)

1）剪力墙梁表。在剪力墙梁表中，包括墙梁编号，墙梁所在楼层号，墙梁顶面标高高差（系指相对于墙梁所在结构层楼面标高的高差值，正值代表高于者，负值代表低于者，未注明的代表无高差），墙梁截面尺寸 $b \times h$、上部纵筋、下部纵筋和箍筋的具体数值等。当连梁设有斜向交叉暗撑[代号为 LL（JC）XX，且连梁截面宽度不小于 400]或斜向交叉钢筋[代号 LL（JG）XX，且连梁截面宽度小于 400 但不小于 200]时，标写为“配筋值×2”，其中“配筋值”系指一根暗撑的全部纵筋或一道斜向钢筋的配筋数值，“×2”代表有两根暗撑相互交叉或两道斜向钢筋相互交叉。

2）剪力墙身表。在剪力墙身表中，包括墙身编号（含水平与竖向分布钢筋的排数），墙身的起止标高（表达方式同墙柱的起止标高），水平分布钢筋、竖向分布钢筋和拉筋的具体数值（表中的数值为一排水平分布钢筋和竖向分布钢筋的规格与间距，具体设置几排见墙身后面的括号）等。

3）剪力墙柱表。在剪力墙柱表中，包括墙柱编号，截图配筋图，加注的几何尺寸（未注明的尺寸按标注构建详图取值），墙柱的起止标高，全部纵向钢筋和箍筋等内容。其中墙柱的起止标高自墙柱根部往上以变截面位置或截面未变但配筋改变处为分段界限，墙柱根部标高系指基础顶面标高（框支剪力墙结构则为框支梁的顶面标高）。

2. 截面注写方式

（1）截面注写方式

系在分标准层绘制的剪力墙平面布置图上以直接在墙柱、墙身、墙梁上注写截面时和配筋具体数值的方式来表达剪力墙平法施工图，如图 4.2 所示。

（2）注写内容

选用适当比例原位放大绘制剪力墙平面布置图，其中对墙柱绘制配筋截面图；对所有墙柱、墙身、墙梁分别按剪力墙编号规定进行编号并分别在相同编号的墙柱、墙身、墙梁中选择一根墙柱、一道墙身、一根墙梁进行注写，其注写内容按以下规定：

1）剪力墙柱的注写内容有：截面配筋图、截面尺寸、全部纵筋和箍筋的具体数值。

2）剪力墙身的注写内容有：墙身编号（编号后括号内的数值表示墙身所配置的水平与竖向分布钢筋的排数）、墙厚尺寸、水平分布钢筋和竖向分布钢筋以及拉筋的具体数值。

3）剪力墙梁的注写内容有：墙梁编号、墙梁截面尺寸 $b \times h$、墙梁箍筋、上部纵筋、下部纵筋和墙梁顶面标高高差（含义同列表注写方式）。

3. 剪力墙洞口的表示方法

无论采用列表注写方式还是截面注写方式，剪力墙上的洞口均可在剪力墙平面布置图上原位表达，具体表示方法如下。

1）在剪力墙平面布置图上绘制洞口示意，并标注洞口中心的平面定位尺寸。

2）在洞口中心位置引注：①洞口编号、②洞口几何尺寸、③洞口中心相对标高、④洞口每边补强钢筋，共四项内容。

① 洞口编号：矩形洞口为 JDXX　（XX 为序号），
　　　　　　圆形洞口为 YDXX　（XX 为序号）；

② 洞口几何尺寸：矩形洞口为洞宽×洞高（$b \times h$），圆形洞口为洞口的直径 D；

③ 洞口中心相对标高，系相对于结构层楼（地）面标高的洞口中心高度。当其高于结构层楼面时为正值，低于结构层楼面时为负值。

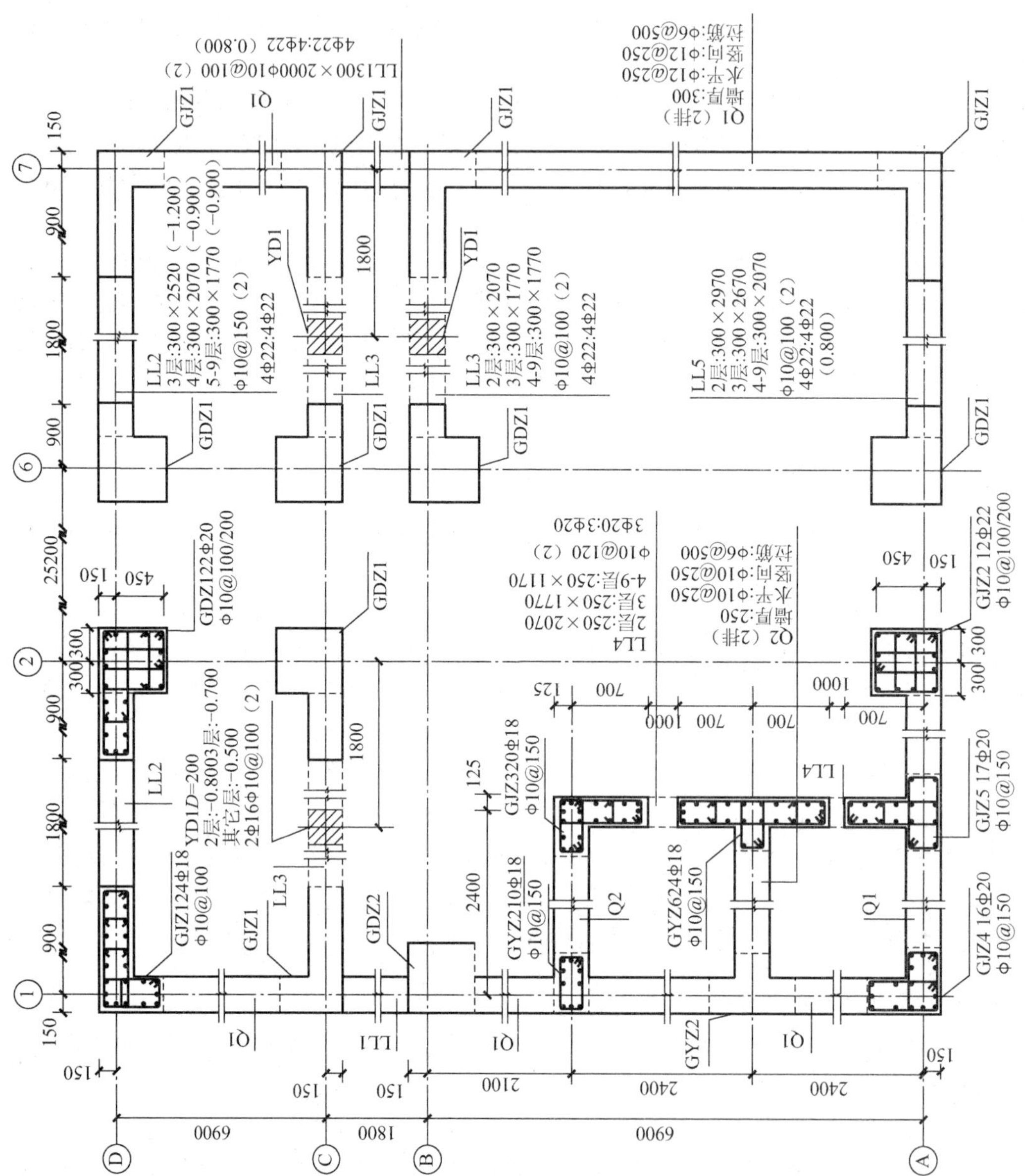

图 4.2　剪力墙平法施工图（截面注写方式）

④ 洞口每边补强钢筋，分以下几种不同情况：

a. 当矩形洞口的洞宽、洞高均不大于 800mm 时，如果设置构造补强纵筋，即洞口每边加钢筋≥2ϕ12 且不小于同向被切断钢筋总面积的 50%，如图 4.3 所示。

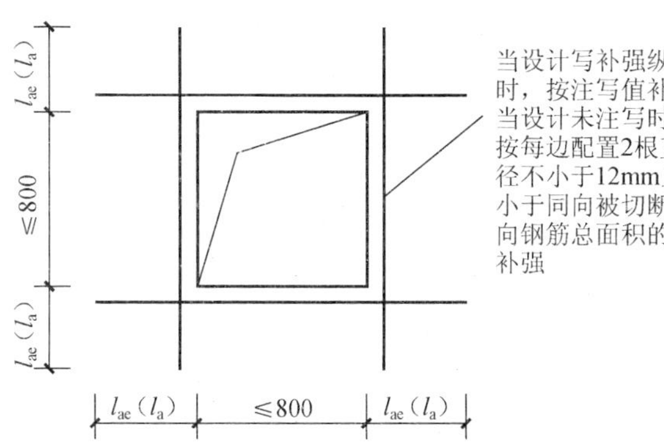

图 4.3 距形洞宽和高均时洞口不大于 800mm 补强构造

【例 4.1】 JD3 400×300+3.100，表示 3 号矩形洞口，洞口宽 400mm，洞高 300mm，洞口中心距本结构层楼面 3100mm，洞口每边补强钢筋按构造配置。

矩形洞口的洞宽、洞高均不大于 800mm 时，如果设置补强纵筋大于构造配筋，此项注写洞口每边补强钢筋的数值。

【例 4.2】 JD4 800×300+3.100 3⏀18/3⏀14，表示 4 号矩形洞口，洞宽 800mm、洞高 300mm，洞口中心距本结构层楼面 3100mm，洞宽方向补强钢筋为 3⏀18，洞高方向补强钢筋为 3⏀14。

【例 4.3】 JD2 400×300+3.100，3⏀14，表示 2 号矩形洞口，洞宽 400mm，洞高 300mm，洞口中心距本结构层楼面 3100mm，洞口每边补强钢筋为 3⏀14。

b. 当矩形洞口的洞宽大于 800mm 时，在洞口的上、下需设置补强暗梁，此项注写为洞口上、下每边暗梁的纵筋与箍筋的具体数值（在 11G101—1 平法图集标准构造详图中，补强暗梁梁高一律定为 400mm，施工时按标准构造详图取值，设计不注。当设计者采用与该构造详图不同做法时，应另行注明）；当洞口上、下边为剪力墙连梁时，此项免注；洞口竖向两侧按边缘构件配筋，亦不在此项表达，如图 4.4 所示。

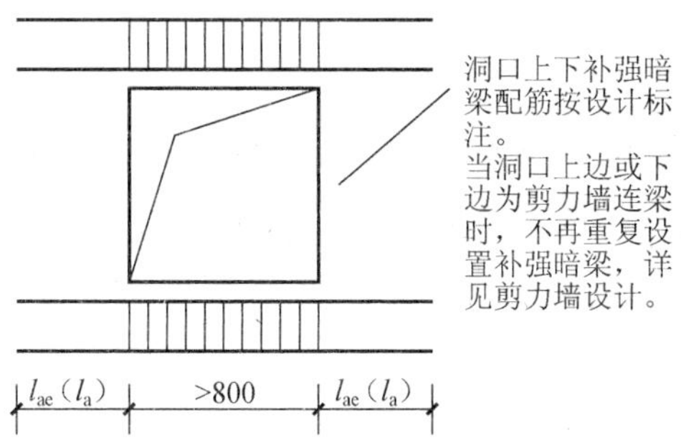

图 4.4 矩形洞宽和洞高均大于 800 时，洞口补强暗梁构造

【例 4.4】JD5 1800×2100+1.800，6B20，Φ8@150，表示 5 号矩形洞口，洞宽 1800mm，洞高 2100mm，洞口中心距本结构层楼面 1800mm，洞口上下设补强暗梁，每边暗梁纵筋为 Φ8@150。

c. 当圆形洞口设置在连梁中部 1/3 范围（且圆洞直径不应大于 1/3 梁高）时，需注写在圆洞上下水平设置的每边补强纵筋与箍筋，如图 4.5 所示。

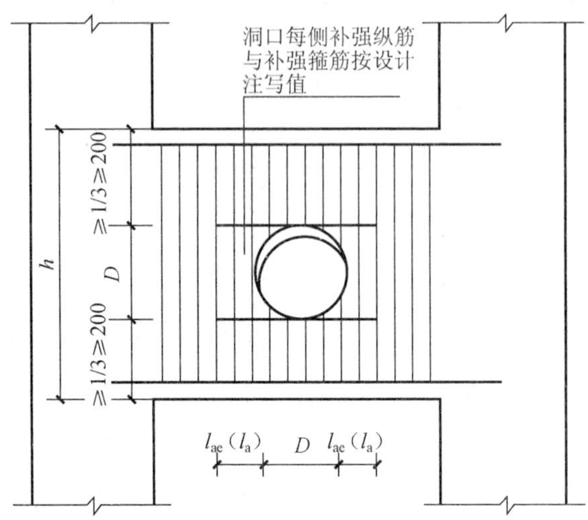

图 4.5 连梁中部圆形洞口补强钢筋构造

d. 当圆形洞口设置在墙身或暗梁、边框梁位置，且洞口直径不大于 300mm 时，此项注写洞口上下左右每边布置的补强纵筋的数值，如图 4.6 所示。

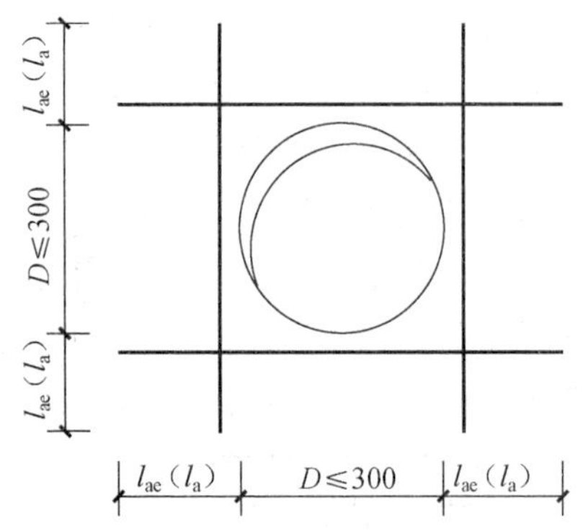

图 4.6 剪力墙圆形洞口直径不大于 300mm 时，补强纵筋构造

e. 当圆形洞口直径大于 300mm，但不大于 800mm 时，其加强钢筋在标准结构详图中系按照圆外切正六边形的边长方向布置，设计仅需注写六边形中一边补强钢筋的具体数值。如图 4.7 所示。

4. 地下室外墙的平面表示方法

地下室外墙（仅适用于起挡土墙作用的地下室外围护墙）的表示方法中，地下室墙柱、连梁、洞口的表示方法同地上剪力墙。

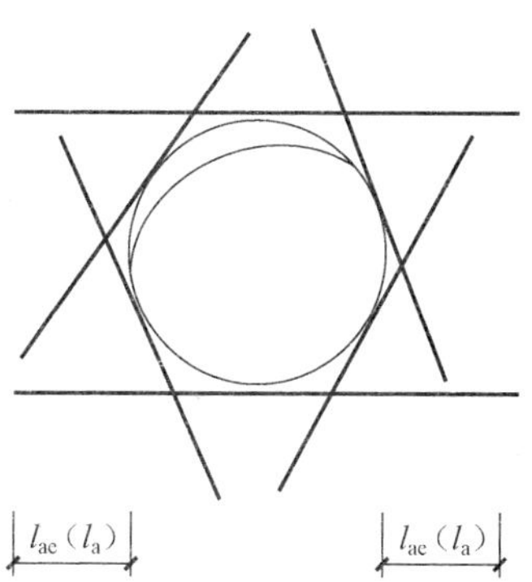

图 4.7　剪力墙圆形洞口直径大于 300mm 时，补强纵筋构造

地下室外墙平面注写方式，包括集中标注和原位标注，集中标注包括墙体编号、墙厚、贯通筋、拉筋等；原位标注主要表示在外墙外侧配置的水平非贯通筋或竖向非贯通筋。

集中标注如下：

1）地下室外墙编号，包括代号（DWQ）、序号、墙身长度（注××～××轴）；

2）地下室外墙厚度 b_w=xxx；

3）地下室外墙外侧、内侧贯通筋和拉筋。

① 以 OS 表示外墙外侧贯通筋。其中，外侧水平贯通筋以 H 打头注写，外侧竖向贯通筋以 V 打头注写。

② 以 IS 表示外墙内侧贯通筋。其中，内侧水平贯通筋以 H 打头注写，内侧竖向贯通筋以 V 打头注写。

③ 以 tb 打头注写拉筋直径、强度等级及间距，注写双向或梅花双向。

例　DWQ2（①～⑤），b_w=300
OS:HC18@200,VC20@200
IS:HC16@200,VC18@200
Tb A6@400@400 双向

表示 2 号外墙，长度范围为①～⑤之间，墙厚 300；外侧水平贯通筋为Φ18@200，竖向贯通筋为Φ20@200；内侧水平贯通筋为Φ16@200，竖向贯通筋为Φ18@200；双向拉筋为φ6，水平间距为 400，竖向间距为 400。

4.2 剪力墙墙身钢筋工程量计算

【知识目标】 熟悉剪力墙墙身钢筋的配置情况；熟悉墙身钢筋的构造要求；掌握墙身钢筋的计算方法和思路。

【能力目标】 具备计算剪力墙墙身水平钢筋、竖向钢筋及拉筋的能力。

4.2.1 剪力墙墙身竖向钢筋量计算

剪力墙竖向钢筋包括基础插筋钢筋构造、竖向分布钢筋连接构造、变截面竖向分布钢筋构造、墙顶部竖向分布钢筋构造。

1. 剪力墙竖向钢筋构造

（1）剪力墙基础插筋锚固构造

剪力墙墙身插筋在基础中的锚固通常为弯折锚固，如图 4.8 所示。

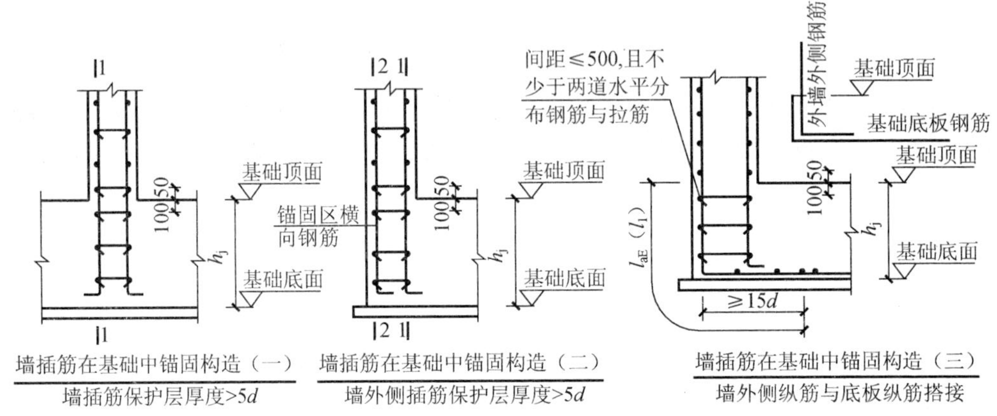

图 4.8 剪力墙插筋在基础中的锚固构造

墙下基础形式主要有条形基础、筏形基础、承台梁（桩基）。

1）当基础高度 $h_j > l_{aE}$（l_a）时，剪力墙竖向分布钢筋伸入基础直段长度$\geq l_{aE}$（$\geq l_a$），插筋的下端宜做 6d 直钩放在基础底部，见图 4.9（a）。

经设计确认，可仅将 1/3～1/2 的剪力墙竖向钢筋伸至基础底部，这部分钢筋应满足支撑剪力墙钢筋骨架的要求，其余钢筋伸入基础长度$\geq l_{aE}$（$\geq l_a$），见图 4.9（b）。当建筑物外墙布置在筏形基础边缘位置时，其外侧竖向分布钢筋应全部伸至基础底部。

2）当基础高度 $h_j \leq l_{aE}$（l_a）时，剪力墙竖向分布钢筋伸入基础直段长度$\geq 0.6\ l_{aE}$（$\geq 0.6\ l_a$），插筋的下端宜做 15d 直钩放在基础底部，见图 4.9（c）。

3）对于挡土作用的地下室外墙，当设计判定筏形基础与地下室外墙受弯刚度相差不大时，宜将外墙外侧钢筋与筏形基础底板下部钢筋在转角位置进行搭接，见图 4.9（d）。

（2）剪力墙身竖向分布钢筋连接构造

剪力墙身竖向分布钢筋有搭接连接、焊接连接和机械连接三种连接方式，见图 4.10。

剪力墙身竖向分布钢筋采用绑扎搭接时的构造要求为：一、二级抗震等级剪力墙底部加强部位竖向分布钢筋搭接长度为$\geq 1.2l_{aE}$（$\geq 1.2l_a$），相邻纵筋搭接范围相互交错 500mm，一、二级抗震等级剪力墙非底部加强部位或三、四级抗震等级或非抗震剪力墙竖向分布钢筋可在同一部位搭接，搭接长度为$\geq 1.2l_{aE}$（$\geq 1.2l_a$）。

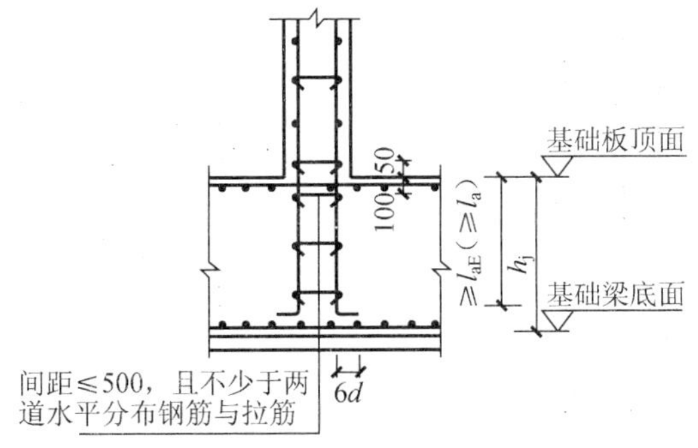

（a）墙插筋在基础中的锚固构造（一）

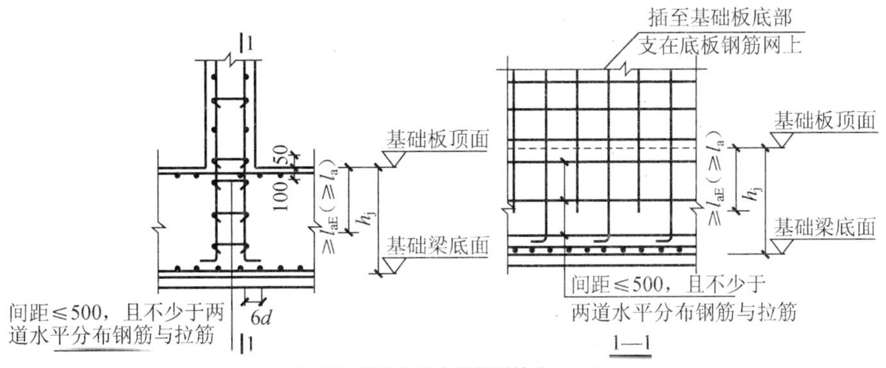

（b）墙插筋在基础中的锚固构造（二）

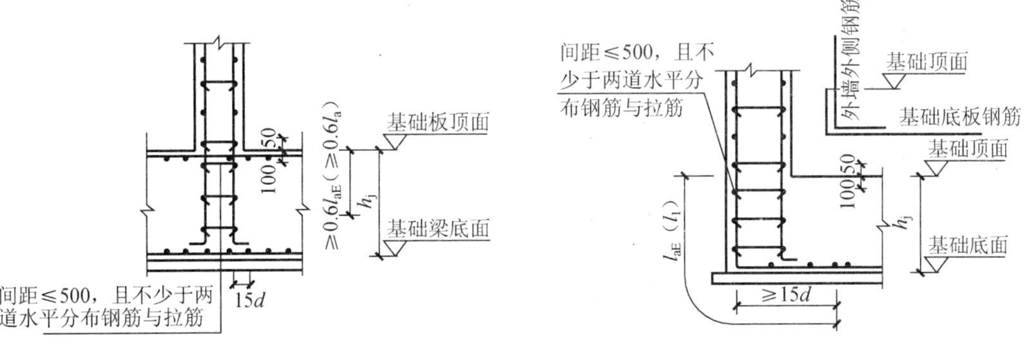

（c）墙插筋在基础中的锚固构造（三）　　（d）墙插筋在基础中的锚固（四）

图 4.9　墙插筋在基础中的锚固

剪力墙身竖向分布钢筋采用机械连接时的构造要求为：各抗震等级或非抗震剪力墙竖向相邻分布钢筋交错机械连接，相邻竖向分布钢筋相互交错高差 35*d*，接头位置高于楼板顶面或基础顶面≥500mm。

剪力墙身竖向分布钢筋采用焊接连接时的构造要求为：各抗震等级或非抗震剪力墙竖向相邻分布钢筋交错焊接连接，相邻竖向分布钢筋相互交错高差为 35*d* 且≥500mm，接头位置高于楼板顶面或基础顶面≥500mm。

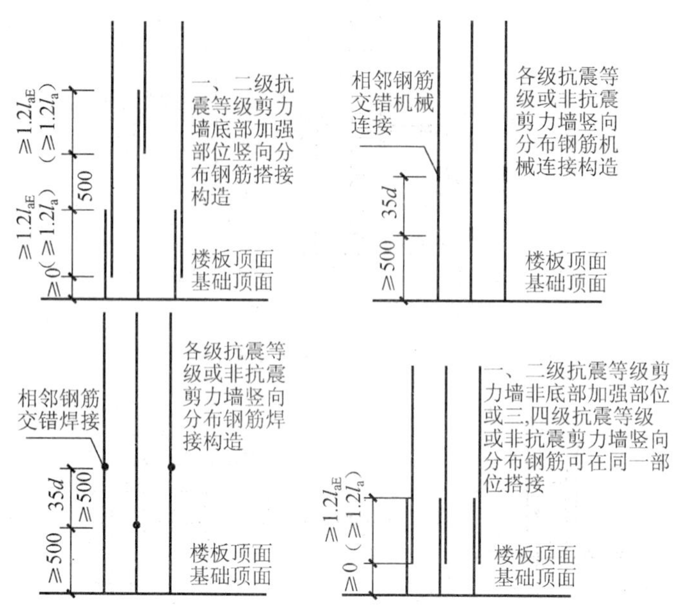

图 4.10 剪力墙身竖向分布钢筋连接构造

（3）剪力墙身变截面竖向分布钢筋构造

剪力墙身变截面纵筋有贯通式和非贯通式两种构造形式，见图 4.11。

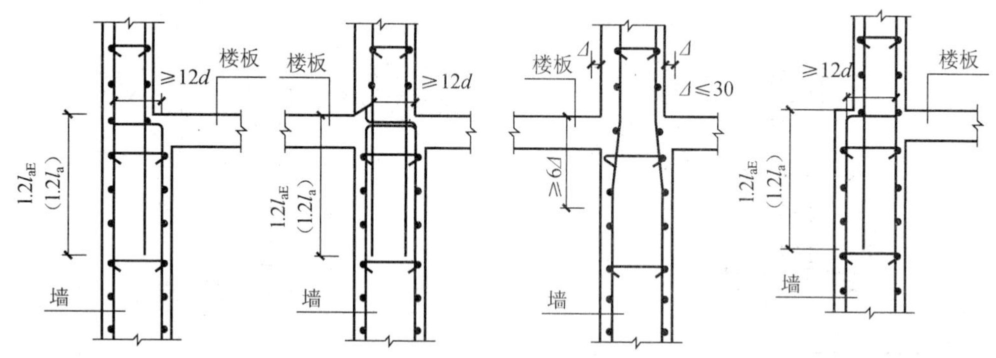

图 4.11 剪力墙变截面处竖向分布钢筋构造

当剪力墙厚度变化值≤30mm 时，竖向分布钢筋可内斜弯折贯通锚固，竖向分布钢筋自距离结构层楼面≥6Δ（Δ为墙身单向截面变化尺寸）处向内倾斜向上直锚贯通。

当墙身尺寸变化符合非贯通式构造时，下层墙身竖向分布钢筋伸至变截面处向内弯折 12d，上层纵筋锚入下层 1.2l_{aE}（1.2l_a）。

（4）墙身竖向钢筋顶部构造

墙身竖向分布钢筋顶部构造见图 4.12。

当剪力墙顶部与楼板相连时，剪力墙身一侧或两侧有楼板时墙身竖向分布钢筋伸至顶层后向楼板内弯折 12d，当剪力墙顶有边框梁时，剪力墙身竖向分布钢筋伸入梁内的最小锚固长度 1.2l_{aE}（1.2l_a）。

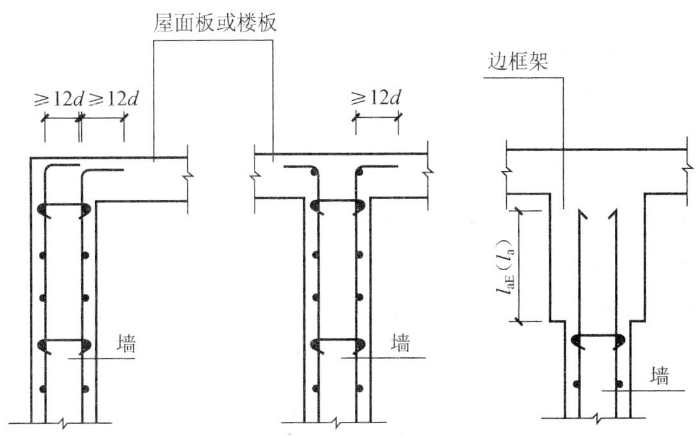

图 4.12　墙身竖向分布钢筋顶部构造

2. 剪力墙身竖向钢筋量计算

（1）剪力墙基础插筋钢筋量计算

1）基础插筋长度计算。

剪力墙身基础插筋长度计算公式：

墙身基础插筋长度＝锚固长度＋纵筋搭接长度 $1.2l_{aE}$（$1.2l_a$）（如采用焊接或机械连接时，搭接长度为 0）＋500mm（绑扎连接时为 0）

公式解读：

① 锚固长度取值。当竖直长度 $h_1 \geqslant l_{aE}$（l_a）时，由剪力墙基础插筋构造可知：插筋分为直锚和弯锚两种形式，两种锚固形式的钢筋数量比例由设计指定。因此，公式中的锚固长度的计算如下：

带弯钩插筋的锚固长度＝竖直长度＋弯钩长度 a

直锚插筋的锚固长度＝最小锚固长度 l_{aE}（l_a）

当当基础高度 $h_1 < l_{aE}$（l_a）时，由剪力墙基础插筋构造可知：插筋全部伸入基础中，采用弯锚形式。因此，公式中的锚固长度的计算如下：

锚固长度＝竖直长度 h_1＋弯钩长度 a

② 竖直长度：h_1＝基础高度－保护层厚度

③ 弯钩长度 a 取值为：当墙下基础形式主要有条形基础、基础梁筏形基础、桩基承台梁时，弯折长度为 max（$6d$,150）；当筏形或平板基础中板厚大于 2000mm 时，伸至板底的钢筋弯钩长度为 max（$6d$,100）；其他情况弯折长度为 $15d$。

④ 因为交错连接对钢筋总量没有影响，在钢筋量计算时可不考虑错层连接问题。

2）基础插筋根数计算。

插筋根数计算公式：

$$插筋根数=\left[\frac{剪力墙身净长-2\times插筋间距}{插筋间距}+1\right]\times排数$$

公式解读：

① 分布筋范围：墙身竖向分布钢筋距边缘构件不大于 1 个墙竖向钢筋间距，计算竖向分布钢筋根数时两边各减去一个竖向分布筋间距。

② 墙身净长：是指墙长扣除暗柱、端柱的墙身长度。

③ 排数：指剪力墙身竖向分布筋排数。

④ 插筋间距：插筋与插筋之间的距离。

（2）中间层竖向分布筋钢筋量计算

中间层剪力墙身竖向分布钢筋量计算包括长度和根数

$$长度=中间层层高+纵筋搭接长度\ 1.2l_{aE}\ (1.2l_a)$$

$$根数=\left[\frac{剪力墙身净长-2\times 竖向分布筋间距}{竖向分布筋间距}+1\right]\times 排数$$

（3）顶层剪力墙身钢筋量计算

顶层剪力墙身竖向分布钢筋量计算包括长度和根数

$$长钢筋长度=顶层层高-顶层保护层厚度+弯折长度$$

$$短钢筋长度=顶层层高-顶层保护层厚度-1.2l_{aE}\ (1.2l_a)-500\text{mm}+弯折长度$$

$$根数=\left[\frac{剪力墙身净长-2\times 竖向分布筋间距}{竖向分布筋间距}+1\right]\times 排数$$

公式解读：

① 弯折长度为 $12d$。

② 当竖向钢筋长度采用绑扎连接时，钢筋交错连接错层距离为 500mm。

（4）剪力墙身变截面处钢筋量计算

剪力墙变截面处钢筋的锚固有两种形式：贯通式和非贯通式。根据剪力墙变截面钢筋的构造措施，可知剪力墙纵筋的计算如下：

变截面处贯通式锚入上层的纵筋长度计算公式：

$$长度=层高+斜度延伸值+搭接长度\ 1.2l_{aE}$$

变截面处非贯通式的纵筋长度计算公式：

$$本层钢筋长度=层高-板保护层+12d$$

上层插筋长度=层高+$1.2l_{aE}$（$1.2l_a$）+纵筋搭接长度 $1.2l_{aE}$（$1.2l_a$）（如采用焊接或机械连接时，搭接长度为 0）+500mm（绑扎连接时为 0）

4.2.2 剪力墙墙身水平钢筋计算

1. 剪力墙水平分布筋构造

剪力墙设有端柱、翼墙、转角墙、边缘暗柱、无暗柱封边构造、斜交墙和扶壁柱等竖向约束边缘构件时，剪力墙身水平钢筋构造的形式主要内容有：

（1）设置端柱时剪力墙水平分布钢筋构造

剪力墙设有端柱时，水平分布筋的构造要求如图 4.13 所示。

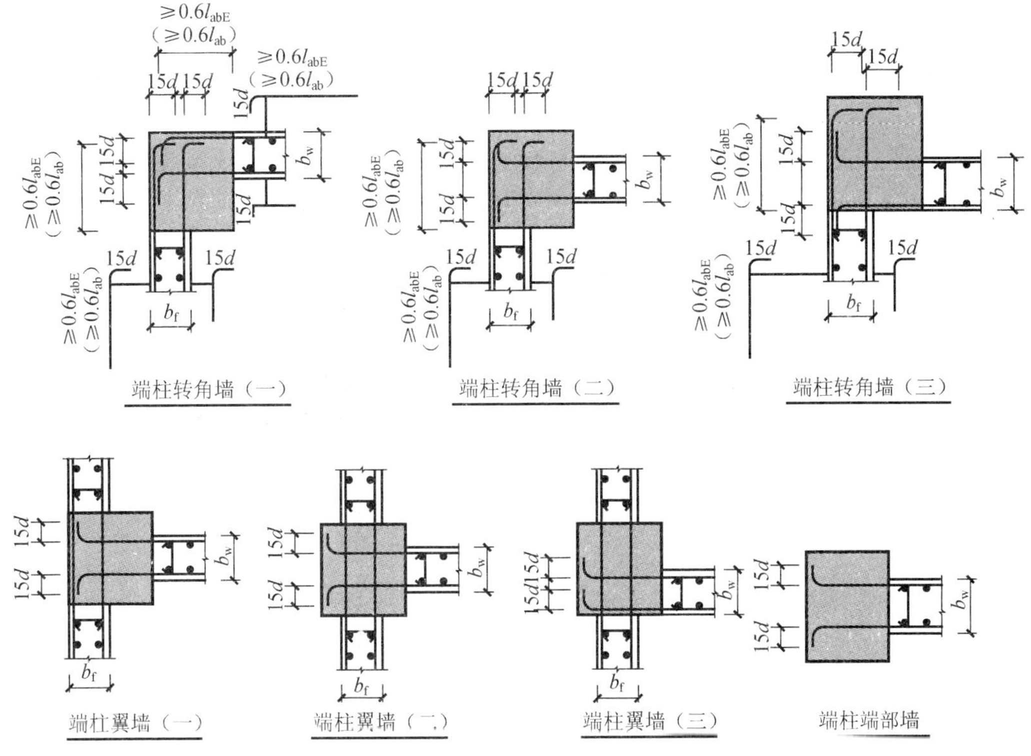

图 4.13　设置端柱时剪力墙水平钢筋构造

端柱位于转角部位时，位于墙身外侧的剪力墙水平分布筋伸入端柱水平长度≥$0.6l_{abE}$（$0.6l_{ab}$）,弯折长度 15d，位于墙身内侧的剪力墙水平分布筋直接伸至端柱对边竖向钢筋内侧位置，然后弯折 15d。当墙体水平钢筋伸入端柱的直锚长度≥l_{aE}（l_a）时，可不必上下弯折，但必须伸至端柱对边竖向钢筋内侧位置。非转角部位端柱，剪力墙水平分布筋伸入端柱钢筋内侧弯折长度 15d。

（2）设置翼墙时剪力墙水平分布筋构造

设置翼墙时剪力墙水平分布筋构造要求如图 4.14 所示，翼墙两侧的墙身水平分布筋连续通过翼墙，翼墙肢部墙身水平分布筋伸至翼墙外侧竖向钢筋内侧后弯折 15d。

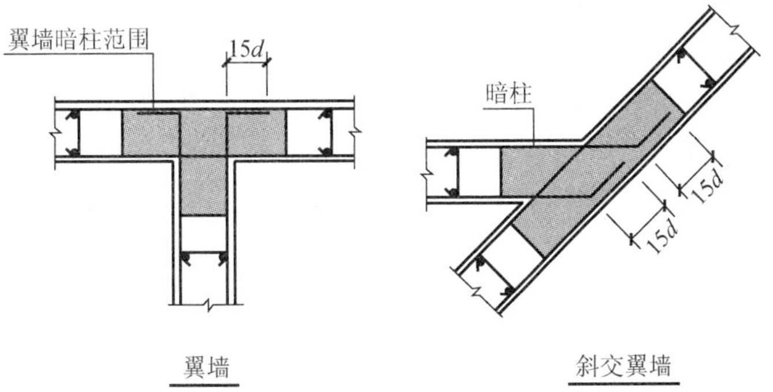

图 4.14　剪力墙翼墙水平分布筋构造

(3) 转角墙处剪力墙水平分布筋构造

剪力墙水平分布钢筋在转角墙处构造要求如图 4.15 所示，上下相邻两排的墙身水平分布钢筋交错搭接连接，搭接长度≥$1.2l_{aE}$（$1.2l_a$）；连接区域在暗柱范围外，搭接区域错开 500mm；外侧水平分布筋连续通过转角，内侧水平分布筋应伸至暗柱外侧竖向钢筋内侧后弯折 $15d$；当转角墙外侧水平分布筋在转角处搭接时，搭接长度为 l_{lE}（l_l）。

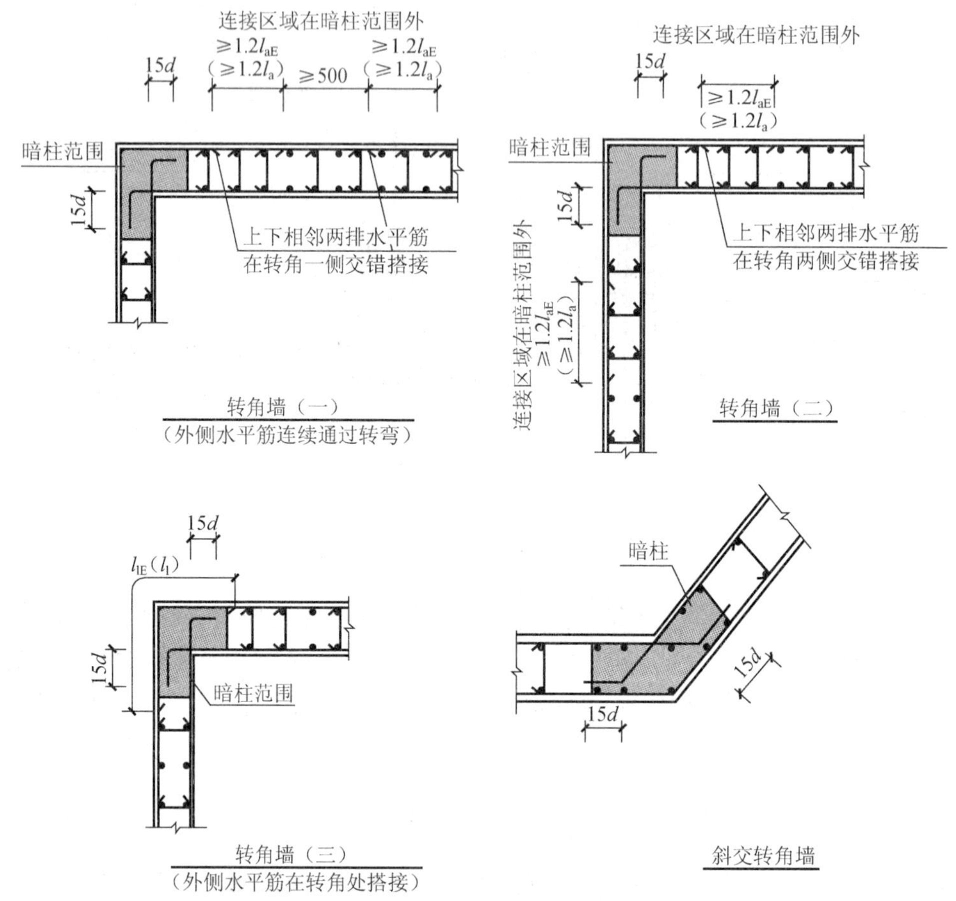

图 4.15　设置转角墙时剪力墙水平钢筋构造

(4) 端部有暗柱或无暗柱剪力墙水平分布筋构造

剪力墙水平分布筋在边缘暗柱锚固或无暗柱封边构造要求如图 4.16 所示，当端部设有暗柱时，剪力墙水平分布筋应伸至端部暗柱角筋内侧后弯折 $10d$；当端部无暗柱时，可在端部设置 U 形水平筋，墙身水平分布筋与 U 形水平筋搭接，也可将墙身水平分布筋伸至端部弯折 $10d$。

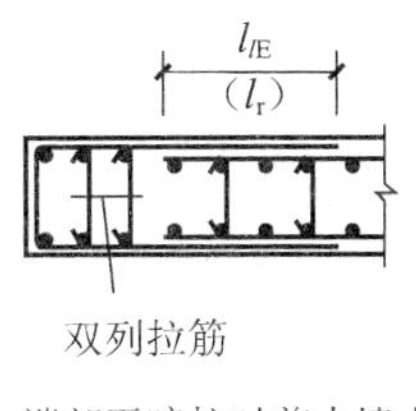

端部无暗柱时剪力墙水平钢筋端部做法（一）
(当墙厚度较小时)

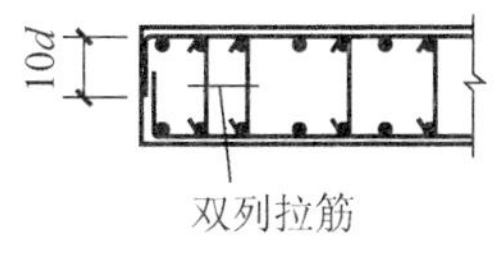

端部无暗柱时剪力墙水平钢筋端部做法（二）

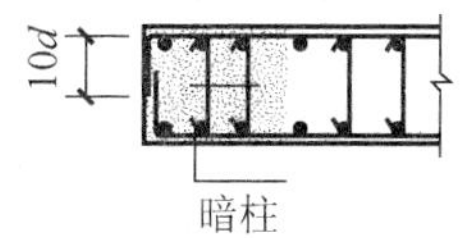

端部有暗柱时剪力墙水平钢筋端部做法

图 4.16　设置有暗柱和无暗柱水平钢筋构造

2. 剪力墙水平钢筋量计算

剪力墙水平分布筋包括外侧钢筋和内侧钢筋。

（1）剪力墙身水平分布筋长度

1）墙端部为暗柱时：

外侧钢筋连续通过：外侧钢筋长度＝墙长－2×保护层＋$10d$×2

内侧钢筋长度＝墙长－2×保护层＋$10d$＋$15d$

当水平钢筋搭接连接时需考虑搭接长度 $1.2l_{aE}$（$1.2l_a$）

2）墙端部为端柱时：

外侧钢筋长度＝墙长－2×保护层＋15d×2

内侧钢筋长度＝墙长－2×保护层＋15d×2

当墙体水平分布钢筋伸入端柱的直锚长度≥l_{aE}（l_a）时，可不必上下弯折，但必须伸至端柱对边竖向钢筋内侧位置，长度为端柱宽减保护层厚度；当水平钢筋搭接连接时需考虑搭接长度 $1.2l_{aE}$（$1.2l_a$）

（2）剪力墙水平分布筋根数

基础层水平分布筋根数计算公式：

$$\text{基础层水平分布筋根数}=\left[\frac{\text{基础高度}-\text{基础保护层}}{500}+1\right]\times\text{排数}$$

中间层和顶层水平分布筋根数计算公式：

$$\text{中间层和顶层水平分布筋根数}=\left[\frac{\text{层高}-100}{\text{间距}}+1\right]\times\text{排数}$$

4.2.3　剪力墙身拉筋量计算

1. 剪力墙墙身拉筋构造

剪力墙身拉筋有矩形排布和梅花形排布两种形式，见图 4.17，如设计未注明，一般采用梅花形式布置。

墙身拉筋布置范围：在层高范围从楼面往上第二排墙身水平筋，至顶板往下第一排墙身水平筋；在墙身宽度范围从端部的墙柱边第一排墙身竖向钢筋开始布置，边缘构件内的水平分布筋也应设置拉筋。拉筋要求布置在竖向分布筋和水平分布筋的交叉点，同时勾住竖向分布筋和水平分布筋。

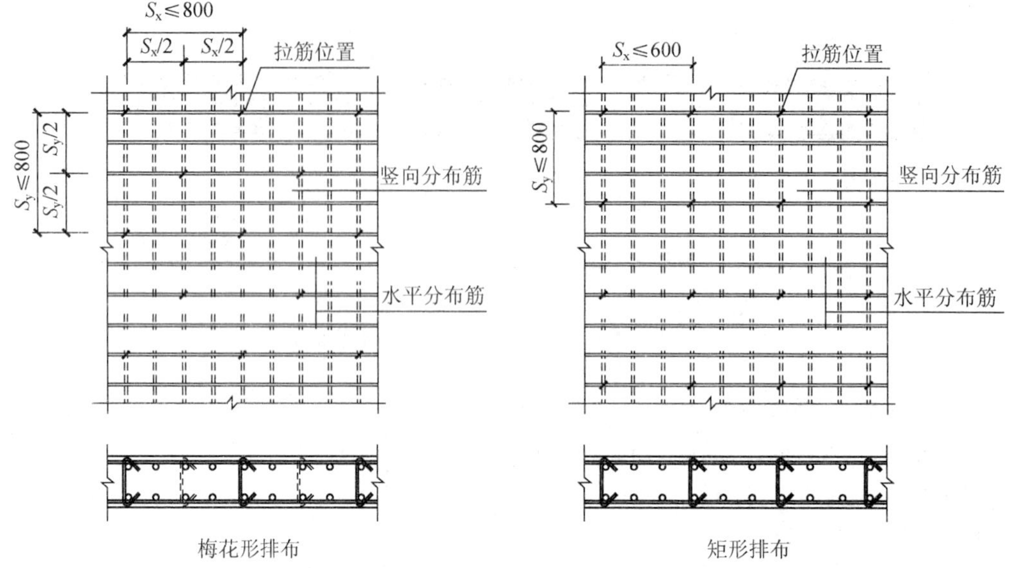

图 4.17　剪力墙拉筋设置

2. 拉筋量计算

拉筋包括拉筋长度和拉筋根数计算

$$长度=墙厚-2\times 保护层+\max（75+1.9d，11.9d）\times 2$$

根数＝（墙面积－门洞总面积－暗柱所占面积－暗梁面积－连梁所占面积）/（横向间距×纵向间距）

4.3 剪力墙墙柱钢筋工程量计算

【知识目标】熟悉剪力墙柱的种类及布置位置；熟悉墙柱的构造要求；掌握不同墙柱的钢筋的计算方法和思路。

【能力目标】具备辨别不同墙柱的能力；具备计算暗柱、端柱钢筋的能力。

4.3.1 墙柱分类

《混凝土结构施工图平面整体表示方法制图规则和构造详图》（11G101—1）图集中对剪力墙柱的分类见表 4.7。

表 4.7　剪力墙柱的分类

墙柱类型	代号	墙柱类型	代号
约束边缘构件	YBZ	构造边缘构件	GBZ
非边缘暗柱	AZ	护壁柱	FBZ

约束边缘构件包括约束边缘暗柱、约束边缘端柱、约束边缘翼墙、约束边缘转角墙四种；构造边缘构件包括构造边缘暗柱、构造边缘端柱、构造边缘翼墙、构造边缘转角墙四种。通常一、二、三级抗震的剪力墙底部加强部位及上一层的剪力墙肢，应设置约束边缘构件。

4.3.2　暗柱钢筋计算

剪力墙暗柱包括约束边缘暗柱 YAZ、构造边缘暗柱 GAZ、非边缘暗柱 AZ。

1. 暗柱钢筋构造

（1）暗柱基础插筋钢筋构造

暗柱基础插筋钢筋构造要求如图 4.18 所示。

（2）暗柱中间层钢筋构造

暗柱纵筋连接有三种常用的连接方式：搭接连接、机械连接和焊接。连接构造如图 4.19 所示。

剪力墙纵筋连接点距离楼板顶面不小于 500mm。

暗柱纵筋采用搭接连接时，搭接长度为 l_{lE}（l_l），搭接接头错开距离不小于 $0.3l_{lE}$（l_l），钢筋直径大丁 28mm 时不宜采用搭接连接。

暗柱纵筋采用机械连接时，机械连接接头错开距离为 35d；暗柱纵筋采用焊接连接时，焊接接头错开距离为 max（35d,500mm）。

（3）暗柱顶层钢筋构造

暗柱的顶层竖向钢筋锚固构造同剪力墙墙身钢筋构造，如图 4.20 所示。

剪力墙约束边缘构什、构造边缘构件中纵向钢筋在顶层楼板处做法同剪力墙墙身中竖向分布钢筋（带端柱边缘构件除外）。

1）当剪力墙顶部为屋面板、楼板时，竖向钢筋伸至板顶后弯折 12d；

2）当剪力墙顶部为边框梁时，竖向钢筋可伸入边框梁直锚，长度为 l_{aE}（l_a）；如边框梁高度不满足直猫要求，则伸至梁顶弯折不小于 12d；

3）当剪力墙顶部为暗梁时，竖向钢筋伸至梁顶弯折 12d。

2. 暗柱钢筋量计算

（1）暗柱纵筋绑扎连接长度

1）基础插筋长度：

$$低位长度=h_1+a+500+搭接长度$$

$$高位长度=h_1+a+500+搭接长度+1.3l_{lE}（l_l）$$

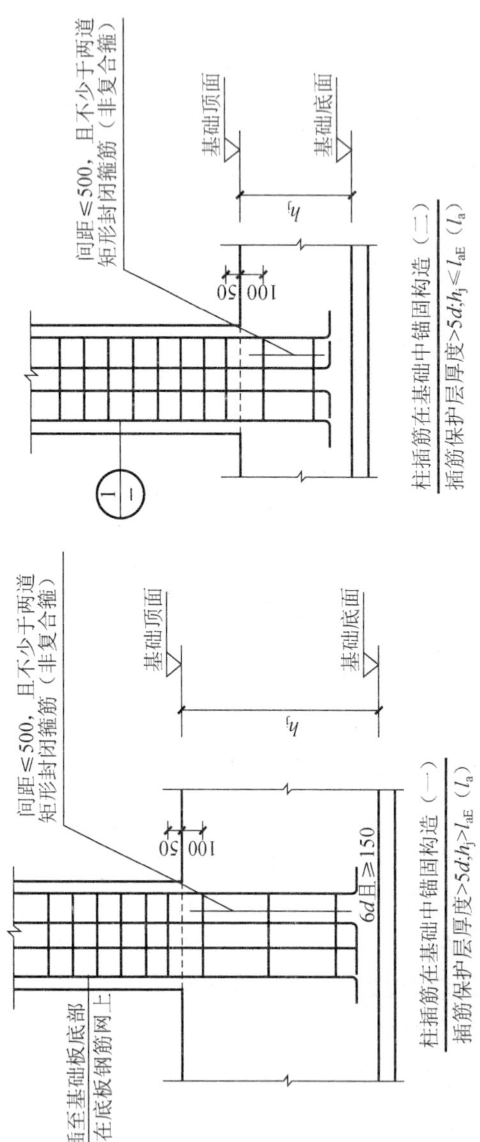

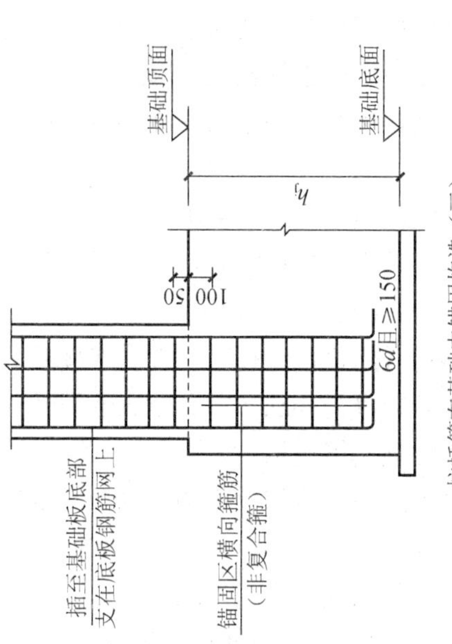

图 4.18 暗柱插筋构造要求

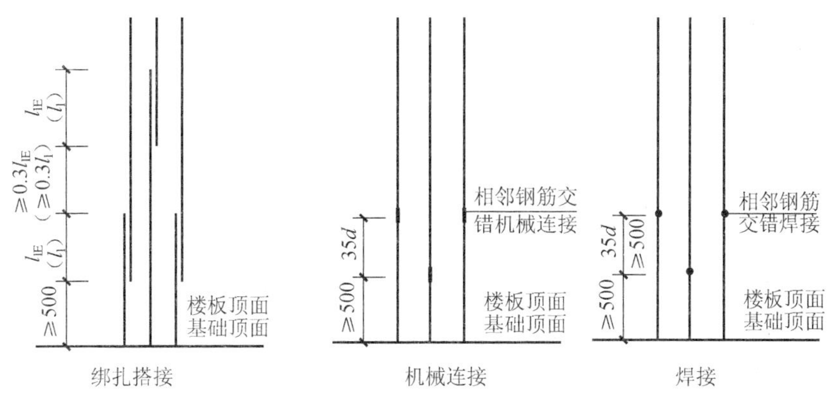

图 4.19　剪力墙边缘构件钢筋连接构造
（适用于约束边缘构件阴影部分和构造边缘构件的纵向钢筋）

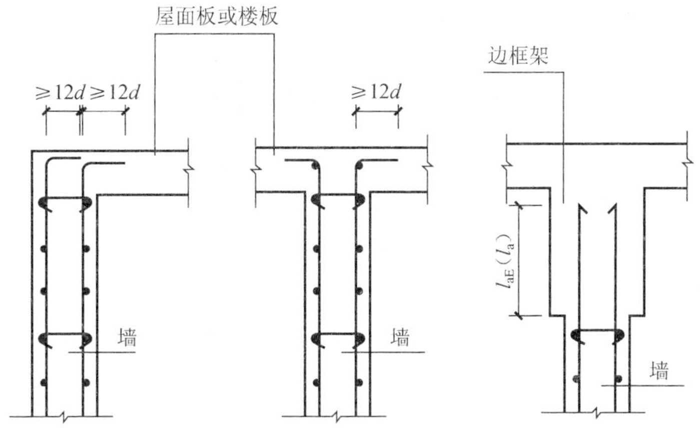

图 4.20　剪力墙竖向钢筋顶部构造

2）中间层钢筋长度：

低位长度=层高+搭接长度

高位长度=层高+搭接长度+1.3l_{lE}（l_l）

3）顶层钢筋长度：

低位长度=层高−500−定保护层厚度+12d

高位长度=层高−500−1.3l_{lE}（l_l）−定保护层厚度+12d

4）当暗柱顶部为边框梁时满足直锚条件也可采用直锚，此时的计算公式为

低位长度=层高−500−边框梁高+l_{aE}（l_a）

高位长度=层高−500−1.3l_{lE}（l_l）−边框梁高+l_{aE}（l_a）

（2）暗柱纵筋机械连接长度

1）基础插筋长度：

低位长度=h_1+a+500

高位长度=h_1+a+500+35d（如采用机械连接为 max（35d,500）

2）中间层钢筋长度：

低位长度＝层高

高位长度＝层高

3）顶层钢筋长度：

低位长度＝层高－500mm－定保护层厚度＋12d

高位长度＝层高－500mm－35d－定保护层厚度＋12d

4）当暗柱顶部为边框梁时满足直锚条件也可采用直锚，此时的计算公式为

低位长度＝层高－500mm－边框梁高＋l_{aE}（l_a）

高位长度＝层高－500mm－35d－边框梁高＋l_{aE}（l_a）

（3）暗柱箍筋量计算

单个箍筋长度计算与框架梁箍筋计算方式相同。

1）绑扎搭接时箍筋个数计算。

基础层：箍筋根数＝max[2,（基础厚－基础保护层）/500mm＋1]（取整）

底层、中间层、顶层：箍筋根数＝搭接范围箍筋根数＋非搭接范围箍筋根数

＝搭接范围/min（5d,100，标注间距）（取整）＋

（层高－搭接范围－50）/标注间距＋1（取整）

2）机械连接或焊接时箍筋个数计算。

基础层：箍筋根数＝max[2,（基础厚－基础保护层）/500＋1]（取整）

底层、中间层、顶层：箍筋根数＝（层高－50）/标注箍筋间距（取整）＋1

4.3.3 端柱钢筋计算

通常情况下端柱、小墙肢（截面高度不大于截面厚度 3 倍的矩形截面独立墙肢）的竖向钢筋及箍筋构造与框架柱相同，其中抗震竖向钢筋构造详见 11G101—1 P57 至 P62，箍筋构造详见 P61；非抗震竖向箍筋构造详见 11G101—1 P63 至 P64，箍筋构造详见 11G101—1 P66。钢筋计算方法同框架柱。

4.4 剪力墙墙梁钢筋工程量计算

【知识目标】 理解剪力墙梁的本质意义；熟悉剪力墙梁的种类及布置位置；熟悉墙梁的构造要求；掌握不同墙梁的计算方法和思路。

【能力目标】 具备辨别不同墙梁的能力；具备计算连梁、暗梁、边框梁钢筋的能力。

4.4.1 连梁钢筋量计算

连梁按照洞口位置分为端部洞口连梁和中部洞口连梁，按照洞口间距分为单洞口连梁

和双洞口连梁。在墙端部又分为直锚连梁钢筋构造和弯锚连梁钢筋构造两种情况，如图 4.21 所示。

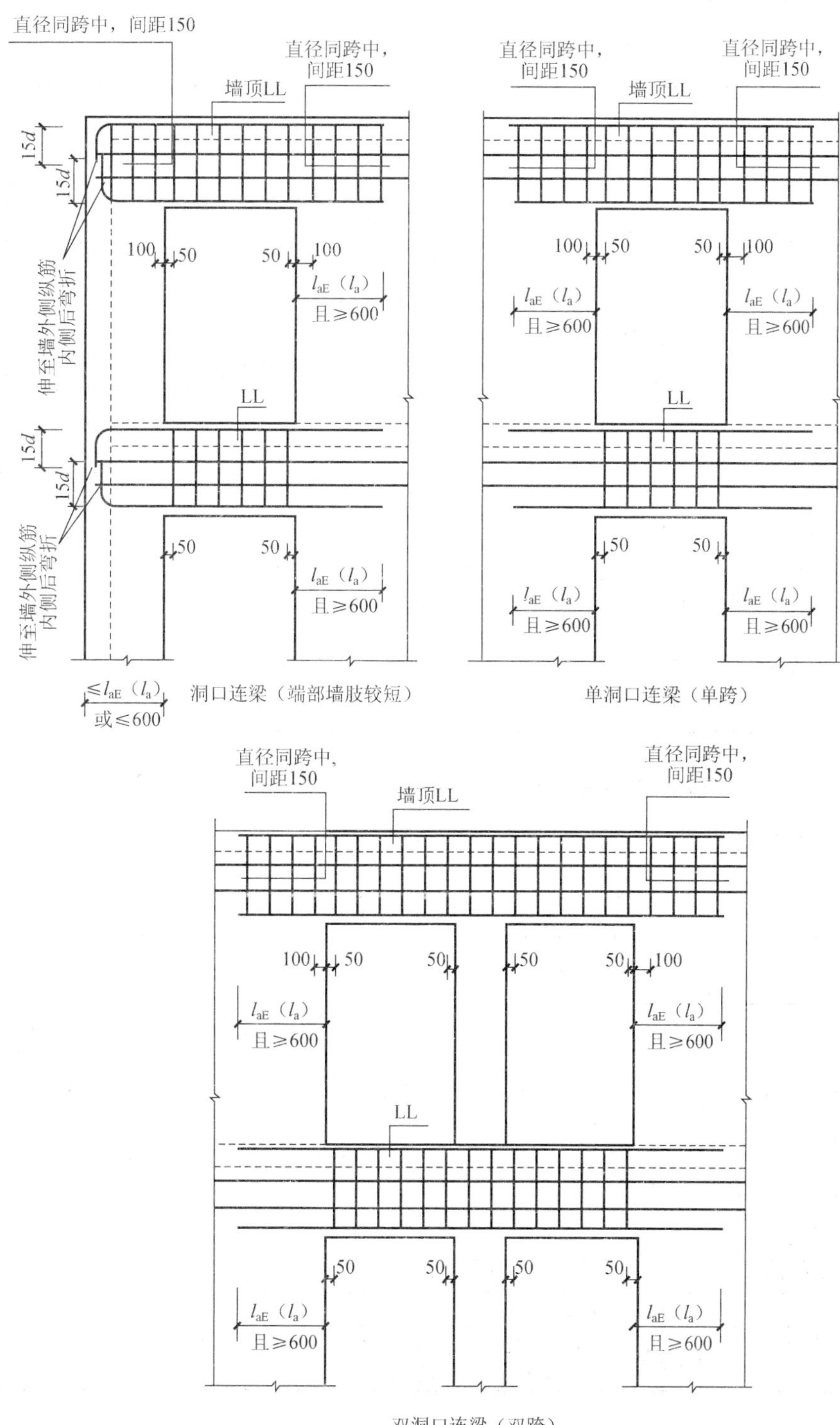

图 4.21　洞口连梁钢筋构造

1. 单洞口连梁在墙端部钢筋计算整体思路

单洞口连梁在墙端部钢筋计算方法见表 4.8。

表 4.8 单洞口连梁在墙端部钢筋计算表

<table>
<tr><td colspan="6">纵筋</td></tr>
<tr><td>连梁部位</td><td>锚固情况判断</td><td colspan="4">公 式</td></tr>
<tr><td rowspan="8">墙端部单洞口</td><td rowspan="4">直锚情况：
当端支座宽 h_c－保护层 C≥l_{aE}（l_a）为直锚</td><td rowspan="4">公式推导过程</td><td colspan="3">连梁纵筋长度＝伸入端支座长度＋单洞口净跨＋伸入中间支座内长度</td></tr>
<tr><td>伸入端支座内长度</td><td>单洞口净跨</td><td>伸入中间支座内长度</td></tr>
<tr><td>l_{aE}（l_a）</td><td>$L_净$</td><td>Max[l_{aE}（l_a）,600]</td></tr>
<tr><td colspan="3">连梁纵筋长度＝l_{aE}（l_a）＋$L_净$＋Max[l_{aE}（l_a）,600]</td></tr>
<tr><td rowspan="4">弯锚情况：
当端支座宽 h_c－保护层 C<l_{aE}（l_a）为弯锚</td><td rowspan="4">公式推导过程</td><td colspan="3">连梁纵筋长度＝伸入端支座长度＋单洞口净跨＋伸入中间支座内长度</td></tr>
<tr><td>伸入端支座内长度</td><td>单洞口净跨</td><td>伸入中间支座内长度</td></tr>
<tr><td>当端支座宽 h_c－保护层 C<l_{aE}（l_a）时取支座宽－保护层＋15d</td><td>$L_净$</td><td>Max[l_{aE}（l_a）,600]</td></tr>
<tr><td colspan="3">连梁纵筋长度＝（h_c－C＋15d）＋$L_净$＋Max[l_{aE}（l_a）,600]</td></tr>
</table>

<table>
<tr><td colspan="3">箍筋</td></tr>
<tr><td colspan="2">钢筋部位及其名称</td><td>计算公式</td></tr>
<tr><td colspan="2">单个箍筋长度计算</td><td>与框架梁箍筋计算相同</td></tr>
<tr><td rowspan="2">箍筋个数计算</td><td>中间层连梁钢筋</td><td>箍筋根数＝（洞口宽度－100）/间距＋1</td></tr>
<tr><td>顶层连梁钢筋</td><td>箍筋根数＝（洞口宽度－100）/间距＋1＋（左锚固－100）/150＋1＋（右锚固－100）/间距＋1</td></tr>
</table>

2. 单洞口连梁在墙中部钢筋计算整体思路

单洞口连梁在墙中部钢筋计算方法见表 4.9。

表 4.9 单洞口连梁在墙中部钢筋计算表

<table>
<tr><td colspan="6">纵筋</td></tr>
<tr><td>连梁部位</td><td>锚固情况判断</td><td colspan="4">公 式</td></tr>
<tr><td rowspan="4">墙中部单洞口</td><td rowspan="4">两端均为直锚</td><td rowspan="4">公式推导过程</td><td colspan="3">连梁纵筋长度＝伸入左中支座长度＋单洞口净跨＋伸入右中支座内长度</td></tr>
<tr><td>伸入左中支座长度</td><td>单洞口净跨</td><td>伸入右中支座内长度</td></tr>
<tr><td>Max[l_{aE}（l_a）,600]</td><td>$L_净$</td><td>Max[l_{aE}（l_a）,600]</td></tr>
<tr><td colspan="3">连梁纵筋长度＝$L_净$＋Max[l_{aE}（l_a）,600]×2</td></tr>
</table>

<table>
<tr><td colspan="3">箍筋</td></tr>
<tr><td colspan="2">钢筋部位及其名称</td><td>计算公式</td></tr>
<tr><td colspan="2">单个箍筋长度计算</td><td>与框架梁箍筋计算相同</td></tr>
<tr><td rowspan="2">箍筋个数计算</td><td>中间层连梁钢筋</td><td>箍筋根数＝（洞口宽度－100）/间距＋1</td></tr>
<tr><td>顶层连梁钢筋</td><td>箍筋根数＝（洞口宽度－100）/间距＋1＋（左锚固－100）/150＋1＋（右锚固－100）/间距＋1</td></tr>
</table>

3. 双洞口连梁在墙中部钢筋计算整体思路

双洞口连梁在墙中部钢筋计算表见表 4.10。

表 4.10　双洞口连梁在墙中部钢筋计算表

<table>
<tr><td colspan="6">纵筋</td></tr>
<tr><td>连梁部位</td><td>锚固情况判断</td><td colspan="4">公　　式</td></tr>
<tr><td rowspan="4">墙中部
单洞口</td><td rowspan="4">两端均为直锚</td><td rowspan="4">公式
推导
过程</td><td colspan="3">连梁纵筋长度=伸入左中支座长度+双洞口净跨+伸入右中支座内长度</td></tr>
<tr><td>伸入左中支座长度</td><td>双洞口净跨</td><td>伸入右中支座内长度</td></tr>
<tr><td>Max[l_{aE}（l_a）,600]</td><td>$L_{净}$</td><td>Max[l_{aE}（l_a）,600]</td></tr>
<tr><td colspan="3">连梁纵筋长度=$L_{净}$+Max[l_{aE}（l_a）,600]×2</td></tr>
<tr><td colspan="6">箍筋</td></tr>
<tr><td colspan="3">钢筋部位及其名称</td><td colspan="3">计算公式</td></tr>
<tr><td colspan="3">单个箍筋长度计算</td><td colspan="3">与框架梁箍筋计算相同</td></tr>
<tr><td rowspan="2">箍筋个数计算</td><td colspan="2">中间层连梁钢筋</td><td colspan="3">箍筋根数=（洞口宽度−100）/间距+1</td></tr>
<tr><td colspan="2">顶层连梁钢筋</td><td colspan="3">箍筋根数=（洞口宽度−100）/间距+1+（左锚固−100）/150+1+（右锚固−100）/间距+1</td></tr>
</table>

4.4.2　暗梁、边框梁钢筋计算

1. 暗梁边框梁钢筋构造

暗梁与边框梁的构造相同，钢筋计算方式也相同。暗梁、边框梁构造如图 4.22 所示。

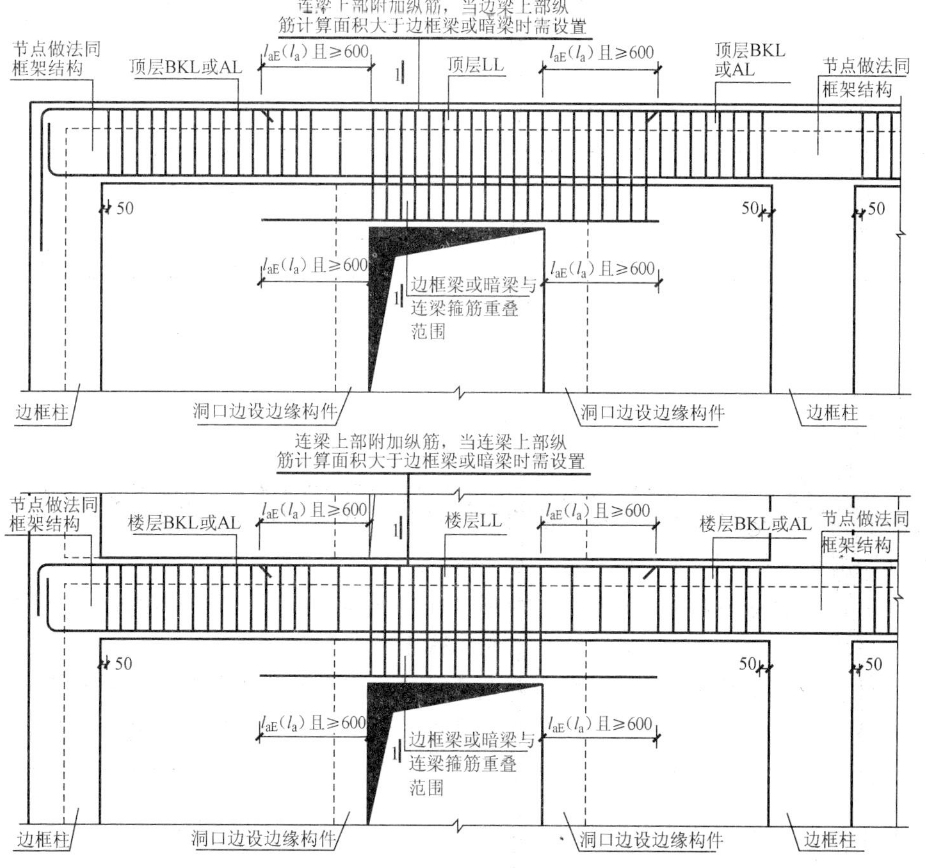

图 4.22　暗梁、边框梁与连梁重叠时钢筋构造规定

2. 暗梁、边框梁钢筋计算整体思路

暗梁、边框梁钢筋计算整体思路见表 4.11。

表 4.11　暗梁、边框梁钢筋计算方法表

纵筋					
部位	锚固情况判断	公　　式			
暗梁 边框梁	两端均为直锚 当端支座宽 h_c－保护层 $C \geq l_{aE}$（l_a）为直锚	公式推导过程	暗梁纵筋长度＝通跨＋伸入左端支座长度＋伸入右端支座长度		
			伸入左中支座长度	通跨净长	伸入右中支座内长度
			Max[l_{aE}（l_a）,$0.5h_c+5d$]	L_n	Max[l_{aE}（l_a）,$0.5h_c+5d$]
			暗梁纵筋长度＝L_n＋Max[l_{aE}（l_a）,$0.5h_c+5d$]×2		
	两端均为弯锚 当端支座宽 h_c－保护层 $C < l_{aE}$（l_a）为弯锚	公式推导过程	暗梁纵筋长度＝通跨＋伸入左端支座长度＋伸入右端支座长度		
			伸入左中支座长度	通跨净长	伸入右中支座内长度
			$h_c-C+15d$	L_n	$h_c-C+15d$
			暗梁纵筋长度＝L_n＋（$h_c-C+15d$）×2		
	一端直锚、一端弯锚	公式推导过程	暗梁纵筋长度＝通跨＋伸入左端支座长度＋伸入右端支座长度		
			伸入左中支座长度	通跨净长	伸入右中支座内长度
			Max[l_{aE}（l_a）,$0.5h_c+5d$]	L_n	$h_c-C+15d$
			暗梁纵筋长度＝L_n＋Max[l_{aE}（l_a）,$0.5h_c+5d$]＋（$h_c-C+15d$）		
箍筋					
钢筋部位及其名称			计算公式		
单个箍筋长度计算			与框架梁箍筋计算相同		
箍筋个数计算			箍筋根数＝（箍筋布置范围－100）/间距＋1 在计算箍筋范围时要考虑暗梁与连梁重叠部分连梁箍筋兼做暗梁箍筋		

4.5 剪力墙洞口补强钢筋工程量计算

【知识目标】 熟悉剪力墙洞口补强钢筋的作用；熟悉剪力墙不同洞口补强钢筋配置的构造要求。

【能力目标】 具备根据剪力墙洞口形状及大小选择适用补强钢筋构造的能力；具备计算剪力墙洞口补强钢筋长度的能力。

4.5.1 剪力墙矩形洞口补强钢筋

（1）当洞口宽≤800mm 时

当矩形洞口宽≤800mm 时，按图 4.23 配置洞口加强筋。

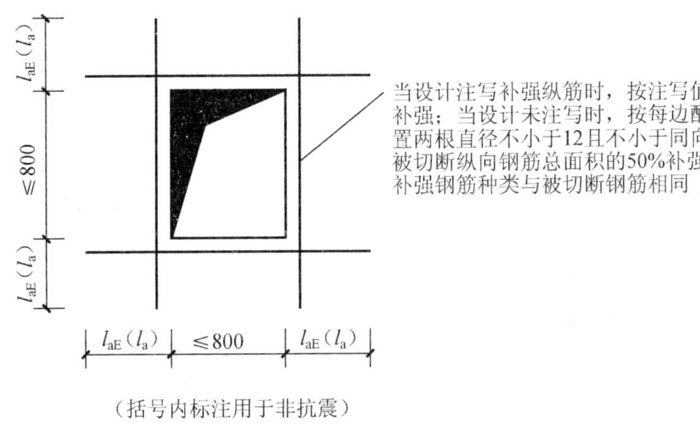

（括号内标注用于非抗震）

图 4.23 矩形洞宽和洞高均不大于 800 时洞口补强纵筋构造

1）长度计算

$$补强筋长度=洞口宽（或高）+锚固长度\ l_{aE}（l_a）\times 2$$

2）补强筋的根数计算。

① 当设计有规定时：按设计规定计算。

② 当设计无规定时，按每边配置两根直径不小于 12mm 且不下于同向被切断纵向钢筋总面积的 50%补强。补强钢筋种类与被切断钢筋相同。

（2）当洞口宽>800mm 时

当洞口宽大于 800mm 时，配置洞口加强按梁，如图 4.24 所示。

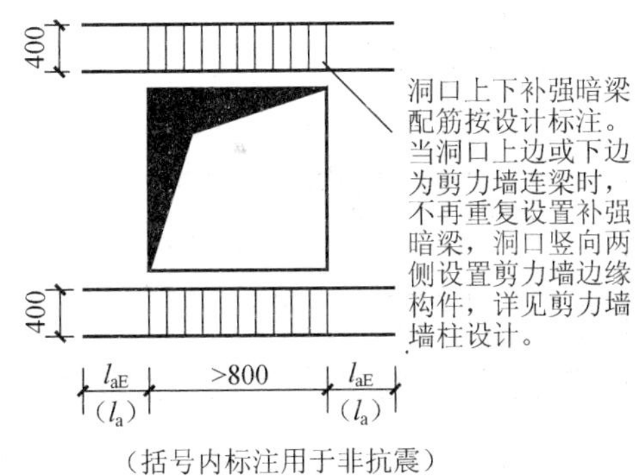

（括号内标注用于非抗震）

图 4.24 矩形洞口宽和高均大于 800 时洞口补强按梁构造

4.5.2 剪力墙图形洞口补强钢筋

（1）当洞口直径≤300mm 时

当圆形洞口直径≤300mm 时，洞口加强筋按图 4.25 配置。

补强钢筋长度=圆形洞口直径+锚固长度 l_{aE}（l_a）×2，补强钢筋根数按设计注写值计算。

（2）当洞口直径＞300mm 时

当圆形洞口直径大于 300mm 且小于等于 800mm 时，洞口加强筋按图 4.26 配置。

加强筋的长度和根数按设计给定的注写值进行计算。

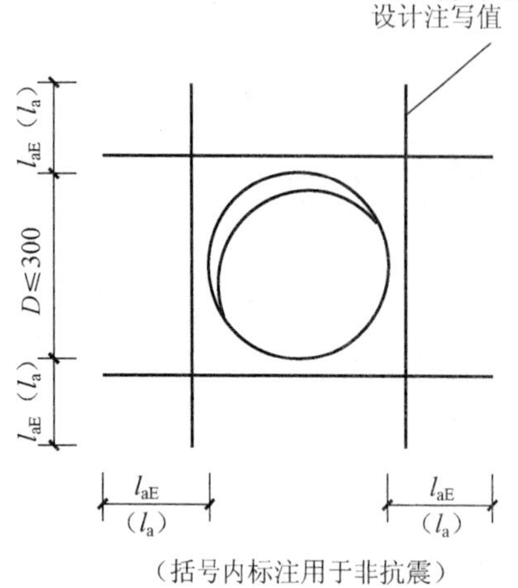

图 4.25　剪力墙圆形洞口直径不大于 300 时补强纵筋构造

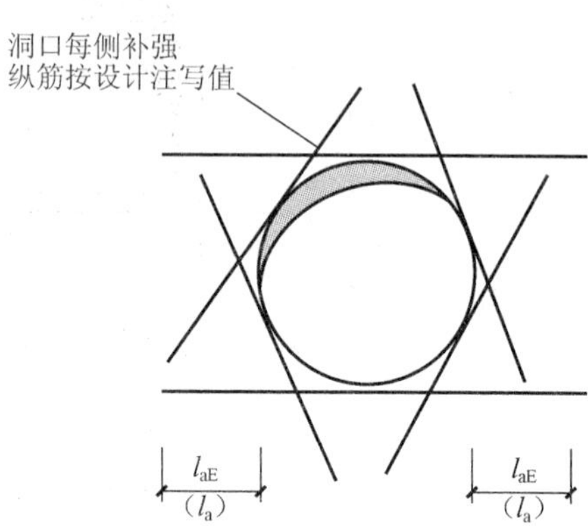

图 4.26　剪力墙圆形洞口直径大于 300 且小于等于 800 时补强纵筋构造

4.5.3　连梁中部开圆形洞口时

当连梁中部开圆形洞口时，洞口加强筋按图 4.27 要求配置。

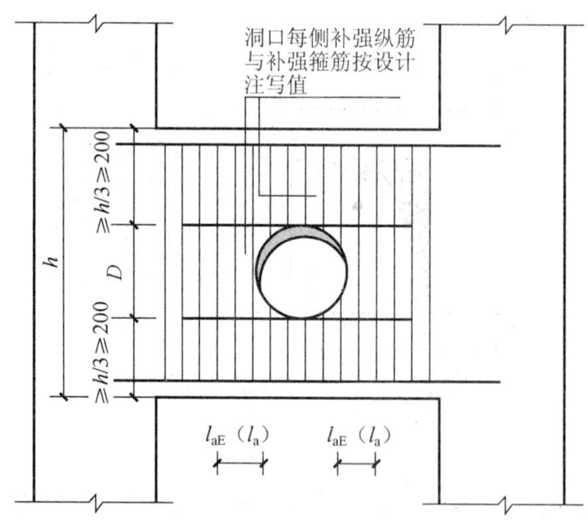

图 4.27　连梁中部圆形洞口补强钢筋构造

（圆形洞口预埋钢套管，括号内标注用于非抗震）

补强筋长度=圆形洞口直径+锚固长度 l_{aE}（l_a）×2，补强钢筋根数按设计注写值计算。

剪力墙钢筋工程量计算示例

已知条件：剪力墙连梁和端柱，结构抗震等级为一级，C30 混凝土，墙体保护层为 20mm，墙身保护层为 15mm，轴线居中，基础顶标高为－1.000，基础高度为 1000mm，墙体采用机械连接，墙体采用绑扎搭接，如图 4.28 所示。

要求：计算图中 Q1、GBZ1、LL1 的钢筋量。

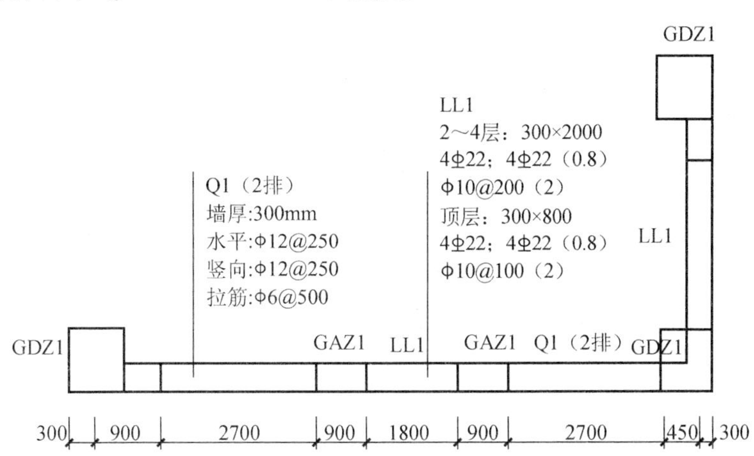

图 4.28 某工程剪力墙钢筋布置示意图

计算过程如下：

1. LL1 钢筋量计算

锚固长度：连梁纵筋的锚固为 l_{aE}＝22d＝748mm

剪力墙连梁锚入墙肢内的长度为 max（600,l_{aE}）＝748mm

纵筋长度＝1800＋2×748＝3296mm

共四层连梁，每层上下部钢筋为 8 根，因此，连梁纵筋的总根数为 32B22

箍筋长度：

2～4 层箍筋长度＝（300－2×15＋2000－2×15）×2＋2×11.9×10＝4718mm

2～4 箍筋根数＝[（1800－2×50）/200＋1]×3＝30 根

顶层箍筋长度＝（300－2×15＋800－2×15）×2＋2×11.9×10＝2318mm

顶层箍筋根数＝[（1800－2×50）/200＋1]＋[（748－100）/150＋1]×2＝22 根

2. 剪力墙身钢筋计算

（1）墙身水平钢筋（只考虑外侧钢筋，内侧钢筋课后完成）

水平钢筋有两种长度：

① 钢筋长度＝1200＋2700＋900－2×15＋15×12×2＝4779mm

根数＝[（4510＋1000－1200－50）/250＋1＋[（3600－200－50）/250＋1]×2＋[（4100－800－800－50）/250＋1]＝44 根

② 钢筋长度＝1200＋2700＋900＋1800＋900＋2700＋600－2×15＋2×15×12＝11130mm

根数＝（1000－40）/500＋1＋[（2000－250）/250]×3＋（800－250）/250

＝3＋21＋3＝27 根

（2）墙身竖向钢筋

Q1 竖向钢筋为 A12@250，竖向钢筋从基础插筋至顶层布置。

基础插筋：锚固长度 l_{aE}＝33d＝396mm

搭接长度＝1.2l_{aE}＝475mm

插筋采用弯锚形式：1.2l_{aE}＋1000－40＋6×12＝1507mm

中间层：11350＋1000＋3×1.2l_{aE}＝17775mm

顶层：4100－15＋12×12＝4229mm

根数：[（2700－250）/250＋1]×2＝22 根

3. 课后练习

构造边柱按照框架柱计算方法课后自行练习。

知识链接

剪力墙体系及框架剪力墙结构特点

1）剪力墙体系：剪力墙体系是利用建筑物的墙体（内墙和外墙）做成剪力墙来抵抗水平力。剪力墙一般为钢筋混凝土墙，厚度不小于 160mm。剪力墙的墙段长度不宜大于 8m，适用于小开间的住宅和旅馆等。在 180m 高度范围内都可以适用。剪力墙结构的优点是侧向刚度大，水平荷载作用下侧移小；缺点是剪力墙的间距小，结构建筑平面布置不灵活，不适用于大空间的公共建筑，另外结构自重也较大。因为剪力墙既承受垂直荷载，也承受水平荷载。对高层建筑主要荷载为水平荷载，墙体既受剪又受弯，所以称剪力墙。

2）框架-剪力墙结构：框架-剪力墙结构是在框架结构中设置适当剪力墙的结构。它具有框架结构平面布置灵活，空间较大的优点，又具有侧向刚度较大的优点。框架-剪力墙结构中，剪力墙主要承受水平荷载，竖向荷载主要由框架承担。框架-剪力墙结构可以适用于不超过 170m 高的建筑。横向剪力墙宜均匀对称布置在建筑物端部附近、平面形状变化处。纵向剪力墙宜布置在房屋两端附近。在水平荷载的作用下，剪力墙好比固定于基础上的悬臂梁，其变形为弯曲型变形，框架为剪切型变形。框架与剪力墙通过楼盖连系在一起，并通过楼盖的水平刚度使两者具有共同的变形。在一般情况下，整个建筑的全部剪力墙至少承受 80%的水平荷载。

项 目

现浇钢筋混凝土楼梯构件平法识图与钢筋计算

学习提示 楼梯是建筑物中楼层间相互联系的重要垂直交通设施之一，楼梯是由梯段、休息平台和栏杆扶手组成，如图 5.1 所示。在此我们只介绍钢筋混凝土楼梯，根据钢筋混凝土楼梯按照施工方法不同，主要有现浇整体式和预制装配式楼梯。现浇整体楼梯又分为板式楼梯和梁式楼梯，11G101—2 平法图集中只介绍了现浇混凝土板式楼梯的相关内容，因此在这里我们仅介绍现浇混凝土板式楼梯。（以下所指的楼梯均为现浇混凝土板式楼梯）。

知识目标 熟悉不同类型楼梯的特点；掌握楼梯的平法制图规则；熟悉不同类型楼梯的钢筋布置情况；熟悉不同梯段钢筋的构造要求；掌握楼梯构件钢筋计算方法。

能力目标 具备识读不同类型楼梯配筋图的信息标注的能力；具备计算不同类型楼梯钢筋的长度的能力。

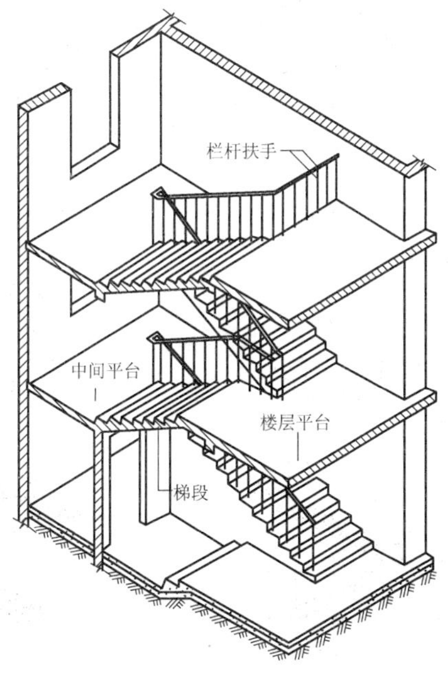

图 5.1 楼梯组成示意图

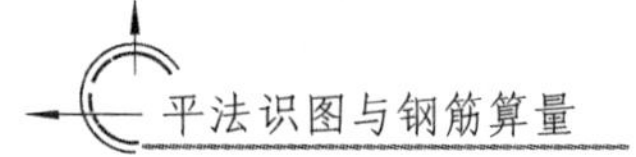

5.1 楼梯的分类

【知识目标】 熟悉楼梯不同形式；熟悉不同类型现浇混凝土板式楼梯梯段的样式。

【能力目标】 具备识读楼梯平面及剖面布置图的能力，从而判断不同类型的楼梯。

5.1.1 根据楼梯的形式划分

从楼梯的形式不同，可分为图 5.2 所示的几种。

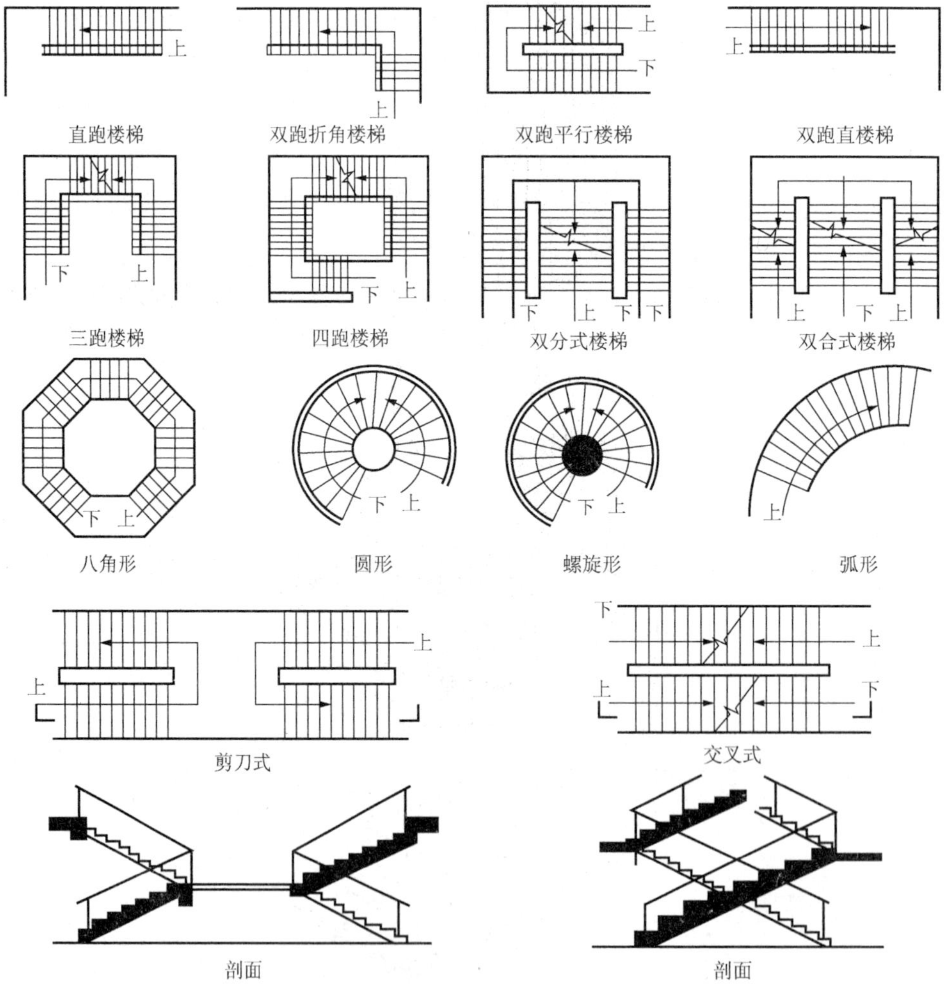

直跑楼梯　双跑折角楼梯　双跑平行楼梯　双跑直楼梯

三跑楼梯　四跑楼梯　双分式楼梯　双合式楼梯

八角形　圆形　螺旋形　弧形

剪刀式　交叉式

剖面　剖面

图 5.2　不同楼梯形式划分

5.1.2　根据板式楼梯梯板的截面形状及支承方式划分

现浇混凝土板式楼梯分为 AT、BT、CT、DT、ET、FT、GT、HT、ATa、ATb、ATc 型，共 11 种楼梯类型，如表 5.1 所示，每种类型示意图见图 5.3～图 5.13 所示。

表 5.1　现浇混凝土板式楼梯的划分

梯板代号	适用范围		是否参与结构整体抗震计算
	抗震构造措施	适用结构	
AT	无	框架、剪力墙、砌体结构	不参与
BT			
CT	无	框架、剪力墙、砌体结构	不参与
DT			
ET	无	框架、剪力墙、砌体结构	不参与
FT			
GT	无	框架结构	不参与
HT		框架、剪力墙、砌体结构	
ATa	有	框架结构	不参与
ATb			不参与
ATc			参与

注：1. ATa 低端设滑动支座支承在梯梁上；ATb 低端设滑动支座支承在梯梁的挑板上。

2. ATa、ATb、Atc 均用于抗震设计，设计者应指定楼梯的抗震等级。

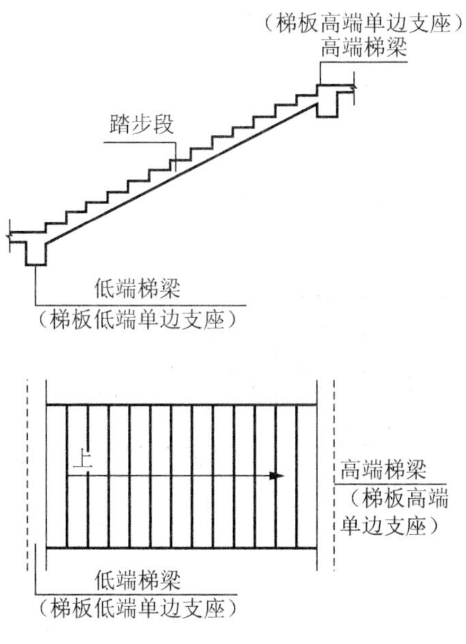

图 5.3　AT 型

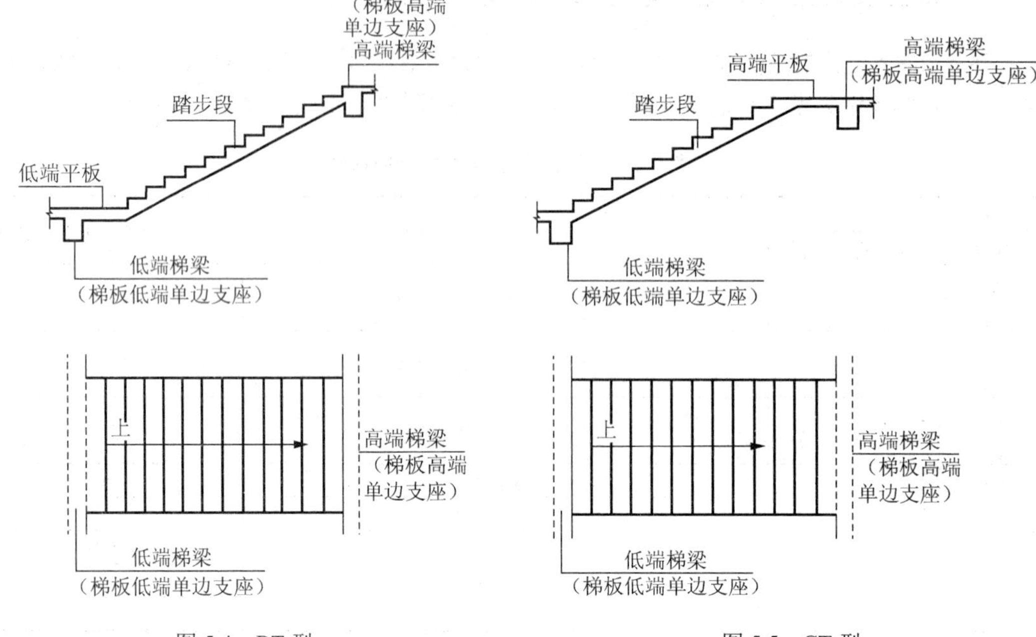

（梯板高端
单边支座）
高端梯梁
踏步段
低端平板
低端梯梁
（梯板低端单边支座）
上
高端梯梁
（梯板高端
单边支座）
低端梯梁
（梯板低端单边支座）

图 5.4　BT 型

高端梯梁
（梯板高端单边支座）
高端平板
踏步段
低端梯梁
（梯板低端单边支座）
上
高端梯梁
（梯板高端
单边支座）
低端梯梁
（梯板低端单边支座）

图 5.5　CT 型

高端梯梁
（梯板高端单边支座）
高端平板
踏步段
低端平板
低端梯梁
（梯板低端单边支座）
上
高端梯梁
（梯板高端单边支座）
低端梯梁
（梯板低端单边支座）

图 5.6　DT 型

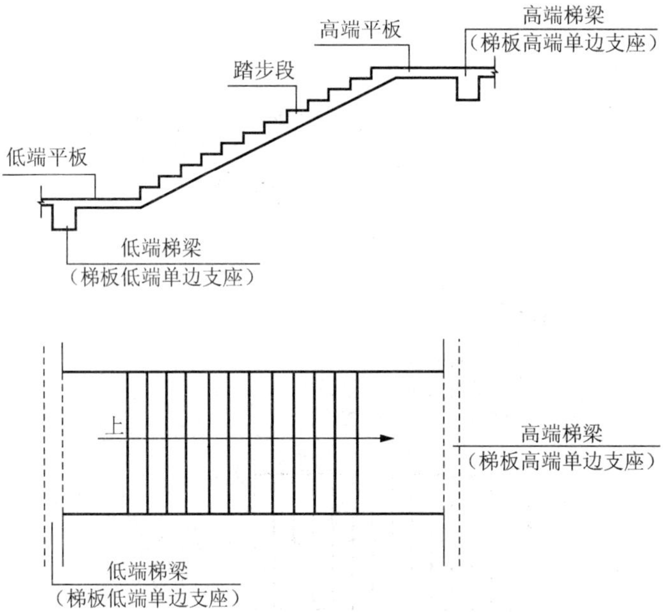

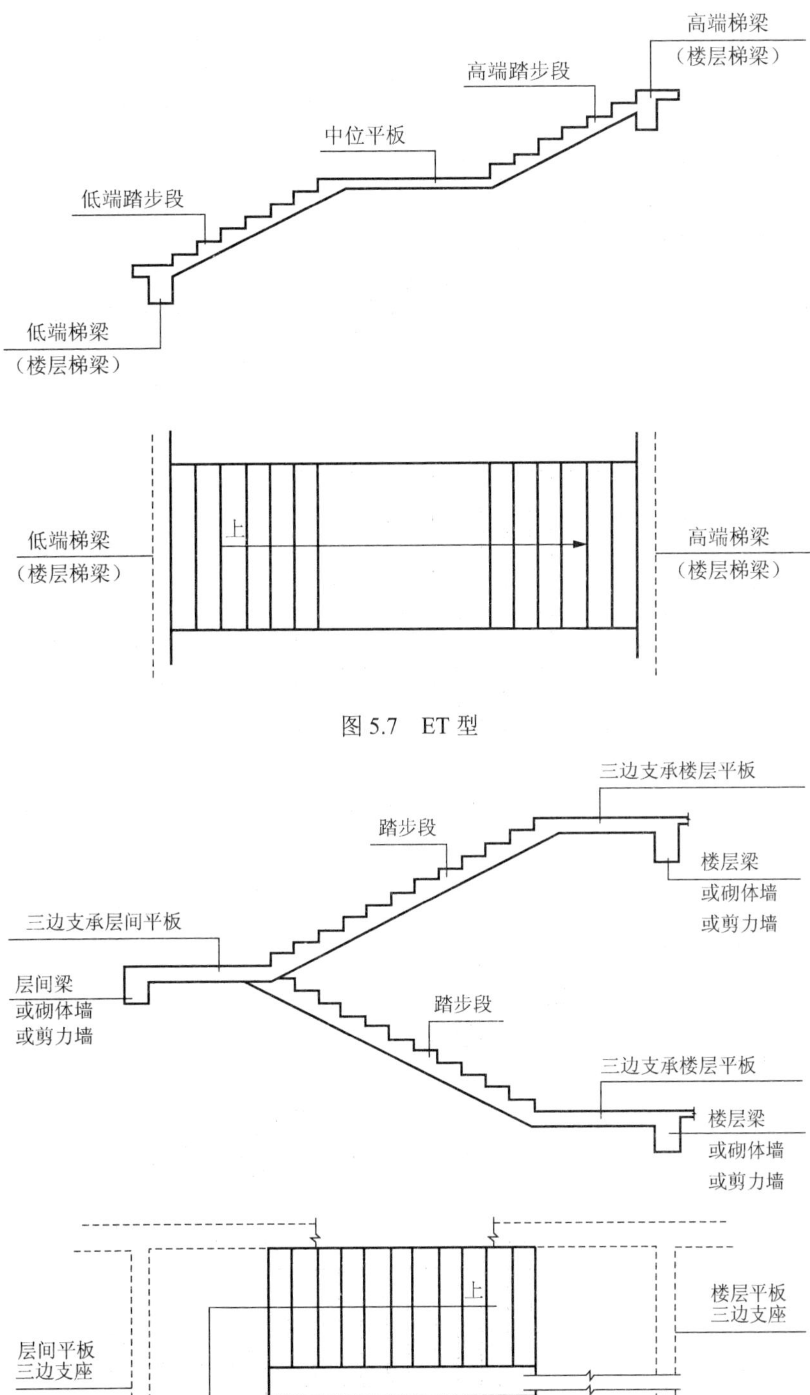

图 5.7 ET 型

图 5.8 FT 型

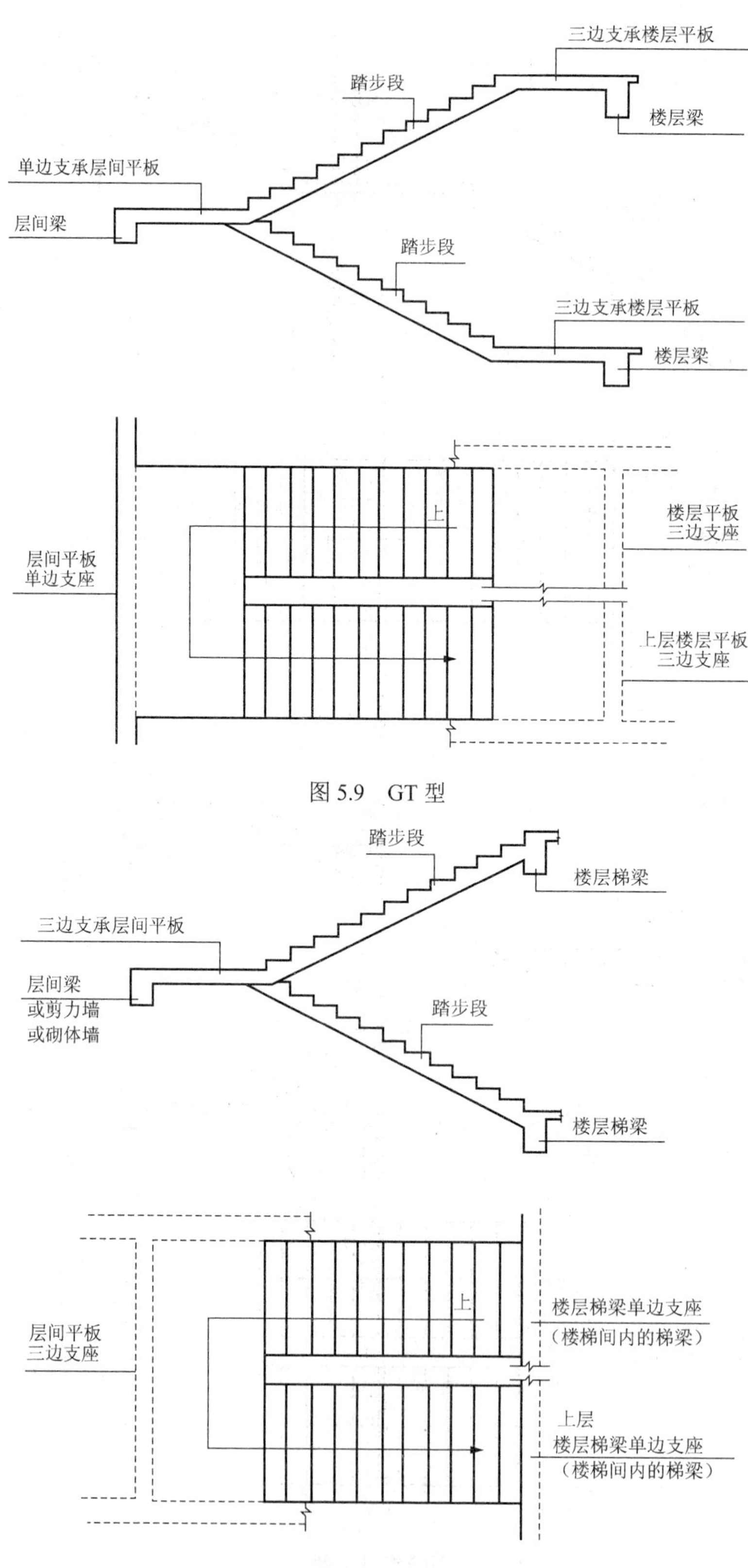

图 5.9　GT 型

图 5.10　HT 型

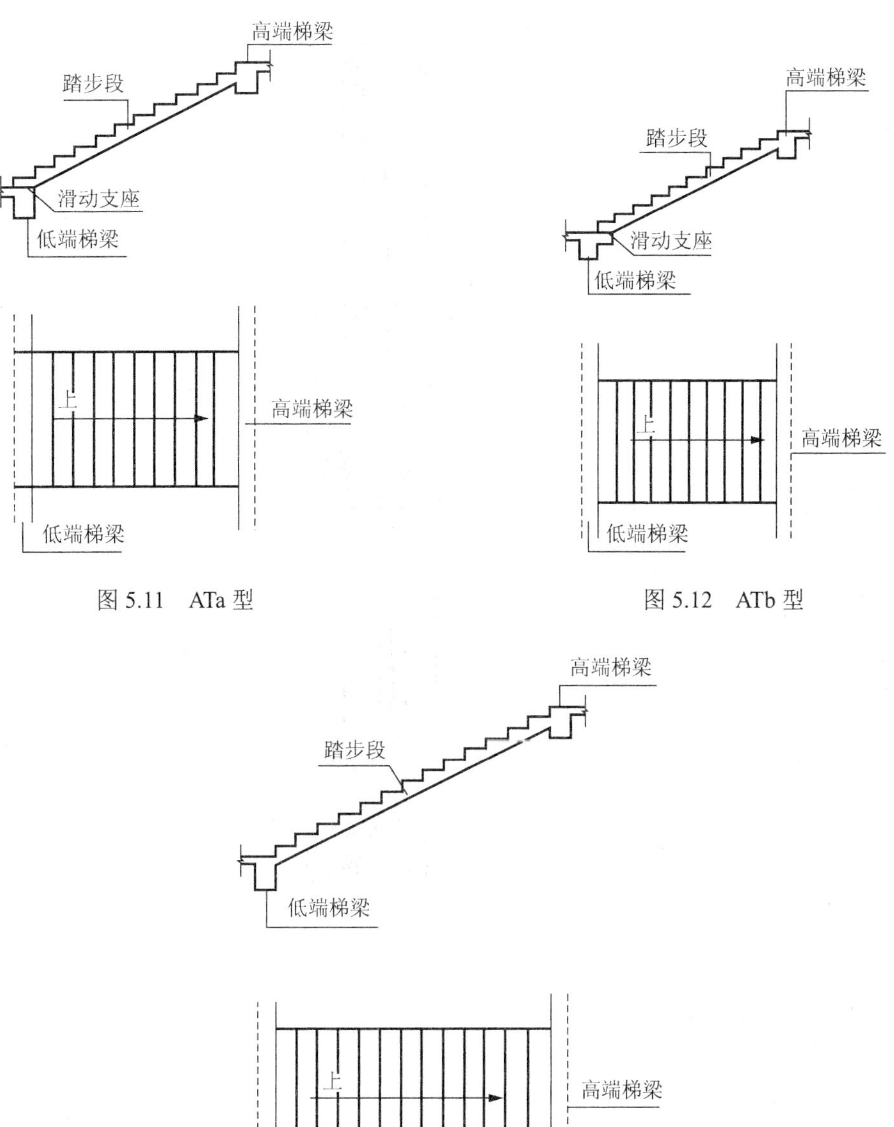

图 5.11　ATa 型

图 5.12　ATb 型

图 5.13　ATc 型

5.2 楼梯平法施工图识读

【知识目标】 掌握现浇混凝土板式楼梯构件平法制图规则；熟悉楼梯构件不同表示方法；熟悉梯板中钢筋的布置情况。

【能力目标】 具备识读现浇混凝土板式楼梯平法配筋图的能力；具备根据制图规则和标准构件详图分析楼梯构件配筋情况的能力。

5.2.1 现浇混凝土板式楼梯平法施工图的表示方法

现浇混凝土板式楼梯平法施工图有平面注写、剖面注写和列表注写三种表达方式，设计人员可以根据工程具体情况任选一种。

这里主要介绍梯板的表达方式，与楼梯相关的平台板、梯梁、梯柱的注写方式可参照前述柱、梁、板的制图规则。

1. 楼梯平面布置图的绘制

楼梯平面布置图，应按照楼梯标准层，采用适当比例集中绘制，需要时绘制其剖面图。为了方便施工，在集中绘制的板式楼梯平法施工图中，要注明各结构层的楼面标高、结构层高及相应的结构层号。

2. AT—ET 型板式楼梯的特征

1）AT—ET 型板式楼梯代号代表一段带上下支座的梯板。梯板的主体为踏步段，除踏步段之外，梯板可包括低端平板、高端平板以及中位平板。

2）AT—ET 各型梯板的截面形状为：AT 型梯板全部由踏步段构成；BT 型梯板由低端平板和踏步段构成；CT 型梯板由踏步段和高端平板构成；DT 型梯板由低端平板、踏步板和高端平板构成；ET 型梯板由低端踏步段、中位平板和高端踏步段构成。

3）AT—ET 型梯板的两端分别以（低端和高端）梯梁为支座，采用该组板式楼梯的楼梯间内部既要设置楼层梯梁，也要设置层间梯梁（其中 ET 型梯板两端均为楼层梯梁），以及与其相连的楼层平台板和层间平台板。

4）AT—ET 型梯板的型号、板厚、上下部纵向钢筋及分布钢筋等内容由设计者在平法施工图中注明。梯板上部纵向钢筋向跨内伸出的水平投影长度见相应的标准构造详图，设计不标注，但设计者应予以校核；档标准构造详图规定的水平投影长度不满足具体工程要求时，应由设计者另行注明。

3. FT—HT 型板式楼梯具的特征

1）FT—HT 每个代号代表两跑踏步段和连接它们的楼层平板及层间平板。

2）FT—HT 型梯板的构成。

FT—HT 型梯板的构成分为两类：

第一类：包括 FT 和 GT 型，由层间平板、踏步段和楼层平板构成。

第二类：HT 型，由层间平板和踏步段构成。

3）FT—HT 型梯板的支承方式。

FT—HT 型梯板的支承方式如下：

① FT 型：梯板一端的层间平板采用三边支承，另一端的楼层平板也采用三边支承。

② GT 型：梯板一端的层间平板采用单边支承，另一端的楼层平板采用三边支承。

③ HT 型：梯板一端的层间平板采用三边支承，另一端的梯板段采用单边支承（在梯梁上）。

4）FT—HT 型梯板在平法施工图中的标注。

FT—HT 型梯板的型号、板厚、上下部纵向钢筋及分布钢筋等内容由设计者在平法施工图中注明。FT—HT 型平台上部横向钢筋及其外伸长度，在平面图中原位标注。梯板上部纵向钢筋向跨内伸出的水平投影长度见标准构造详图，设计不注，但设计者应予以校核；档标准构造详图规定的水平投影长度不满足具体工程要求时，应由设计者另行注明。

4. ATa、ATb 型板式楼梯的特征

1）ATa、ATb 型为带滑动支座的板式楼梯，梯板全部由踏步段构成，其支承方式为梯板高端均支承在梯梁上，Ata 型梯板低端带滑动支座支承在梯梁上，ATb 型梯板低端带滑动支座支承在梯梁的挑板上。

2）ATa、ATb 型梯板采用双层双向配筋。梯梁支承在梯柱上时，其构造做法按照 11G101—1 中框架梁 KL；支承在梁上时，其构造做法按照 11G101—1 中非框架梁 L。

5. ATc 型板式楼梯具备的特征

1）ATc 型梯板全部由踏步段构成，其支承方式为梯板两端均支承在梯梁上。

2）ATc 楼梯休息平台与主体结构可整体连接，也可脱开连接。

3）ATc 型楼梯梯板厚度应按计算确定，且不宜小于 140mm；梯板采用双层配筋。

4）ATc 型梯板两侧设置边缘构件（暗梁），边缘构件的宽度取 1.5 倍板厚，边缘构件纵筋数量，当抗震等级为一、二级时不少于 6 根，当抗震等级为三、四级时不少于 4 根；纵筋直径为ϕ12 且不小于梯板纵向受力钢筋的直径；箍筋为ϕ6@200。

梯梁按双向受弯构件计算，当支承在梯柱上时，其构造做法按照 11G101—1 中框架梁 KL；支承在梁上时，其构造做法按照 11G101—1 中非框架梁 L。平台板按双层双向配筋。

6. 不同型号楼梯踏步板的高度值

楼地面、楼层平台板和层间平台板的建筑面层厚度常与楼梯踏步面层厚度不同，为使建筑面层做好后的楼梯踏步等高，各型号楼梯踏步板的第一级踏步高度和最后一级踏步高度需要相应增加或减少，见楼梯剖面图，若没有楼梯剖面图，取值方法见 11G101—2 图集。

5.2.2 平面注写方式

平面注写方式，系在楼梯平面布置图上注写截面尺寸和配筋具体数值的方式来表达楼梯施工图。包括集中标注和外围标注。

1. 楼梯集中标注的内容

楼梯集中标注的内容有五项，具体规定如下：

1）梯板类型代号与序号，如 ATxx。

2）梯板厚度，注写为 h=xxx。当为带平板的梯板且梯段板厚度和平板厚度不同时，可在梯段板厚度后面括号内以字母 P 打头注写平板厚度。

【例 5.1】 h = 130（P150）,130 表示梯段板厚度，150 表示梯板平板段的厚度。

3）踏步段总高度和踏步级数，之间以“/”分隔。

4）梯板支座上部纵筋，下部纵筋，之间以“；”分隔。

5）梯板分布筋，以 F 打头注写分布钢筋具体值，也可在图中统一说明。

【例 5.2】 平面图中梯板类型及配筋的完整标注示例如下（AT 型）:

AT1，h = 120 梯板的类型及编号，梯板板厚为 120mm

1800/12 踏步段总高度/踏步级数

⏀10@200；⏀12@150 上部纵筋；下部纵筋

FΦ8@250 梯板分布筋（此项可在图中统一说明）

2. 楼梯外围标注的内容

楼梯外围标注的内容，包括楼梯间的平面尺寸、楼层结构标高、层间结构标高、楼梯的上下方向、梯板的平面几何尺寸、平台板配筋、梯梁及梯柱配筋等。

5.2.3 剖面注写方式

剖面注写方式需在楼梯平法施工图中绘制楼梯平面布置图和楼梯剖面图，注写方式分平面注写、剖面注写两部分。

1）楼梯平面布置图注写内容，包括楼梯间的平面尺寸、楼层结构标高、层间结构标高、楼梯的上下方向、梯板的平面几何尺寸、梯板类型及编号、平台板配筋、梯梁及梯柱配筋等。

2）楼梯剖面图注写内容，包括梯板集中标注、梯梁梯柱编号、梯板水平及竖向尺寸、楼层结构标高、层间结构标高等。

3）梯板集中标注的内容有四项，具体规定如下：

① 梯板类型及编号，如 ATxx。

② 梯板厚度，注写为 h=xxx。当梯板由踏步段和平板构成，且踏步段梯板厚度和平板厚度不同时，可在梯板厚度后面括号内以字母 P 打头注写平板厚度。

③ 梯板配筋。注明梯板上部纵筋和梯板下部纵筋，用分号“；”将上部与下部纵筋的配筋值分隔开来。

④ 梯板分布筋，以 F 打头注写分布钢筋具体值，也可在图中统一说明。

【例 5.3】 剖面图中梯板配筋完整的标注示例如下：

AT1，h = 120 梯板的类型及编号，梯板板厚为 120mm

⏀10@200；⏀12@150 上部纵筋；下部纵筋

F⏀8@250 梯板分布筋（此项可在图中统一说明）

5.2.4　列表注写方式

列表注写方式，系用列表方式注写梯板截面尺寸和配筋具体数值的方式来表达楼梯施工图。

列表注写方式的具体要求同剖面注写方式，仅将剖面注写方式中的关于梯板配筋注写项改为列表注写即可。梯板列表格式见表 5.2 所示。

表 5.2　梯板列表格式

梯板编号	踏步段总高度/踏步级数	板厚 h	上部纵向钢筋	下部纵向钢筋	分布筋

5.3 楼梯构件的钢筋计算

【知识目标】 熟悉楼梯构件钢筋计算的整体思路和方法；熟悉不同类型现浇混凝土板式楼梯的上下部纵筋及分布筋的布置形式；掌握楼梯构件钢筋的计算方法。

【能力目标】 具备完整计算楼梯梯板、梯梁、平台板中的钢筋的能力。

5.3.1　楼梯钢筋计算准备

这里以书后所附图集中的楼梯为例来计算楼梯的钢筋，目前钢筋算量软件也是通过组成楼梯的单个构件的截面尺寸及钢筋信息来进行钢筋的汇总计算。

1. 分析组成楼梯的不同构件的尺寸、配筋情况及构件个数

根据结施 13 和结施 14 分析得到，该建筑物楼梯，需要计算的构件钢筋如下：

1）TB1 共 3 个；

2）TB2 共 1 个；

3）SB1 共 2 个；

4）SB2 共 2 个；

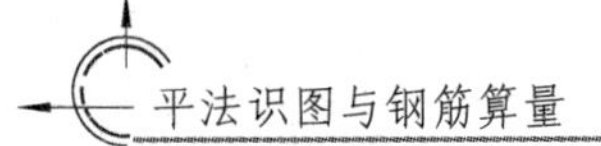

5）TL1 共 6 个；

6）TZ1 共 4 个。

2. 根据截面形状确定梯板类型

查阅 11G101—2 中钢筋构造详图（见图 5.14），根据 TB1 的截面形状可以判定 TB1 梯板属于 AT 型。

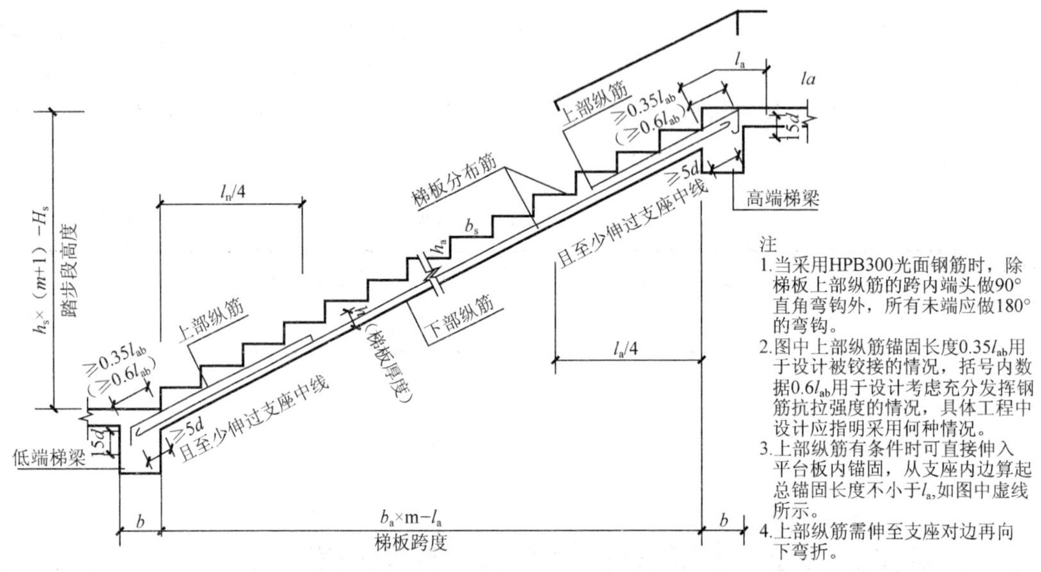

图 5.14　AT 型楼梯板配筋构造详图

查阅 11G101—2 中钢筋构造详图（见图 5.15），根据 TB2 的截面形状可以判定 TB2 梯板属于 CT 型。

5.3.2　楼梯构件钢筋计算

此处仅对 TB1 中的上部、下部纵筋及分布筋进行计算，而对 TB2、SB1、SB2、TL1 及 TZ1 不再进行计算演示，相关内容可参照柱、梁、板等构件的钢筋计算思路和方法进行。

前面已经分析了 TB1 共有 3 个，且截面尺寸及配筋均相同，计算一个 TB1 的钢筋后乘以 3 个即可得到所有 TB1 的钢筋量。

1. TB1 下部纵筋标注为Φ12@150

1）每道下部纵筋长度＝净长＋高端锚固长度＋低端锚固长度

＝水平投影净长×斜长系数＋max（TL1 宽度/2,5d）＋ max（TL1 宽度/2,5d）

＝3000×$\sqrt{5}$/2＋2×max（100,5×12）

＝3354＋200＝3554mm

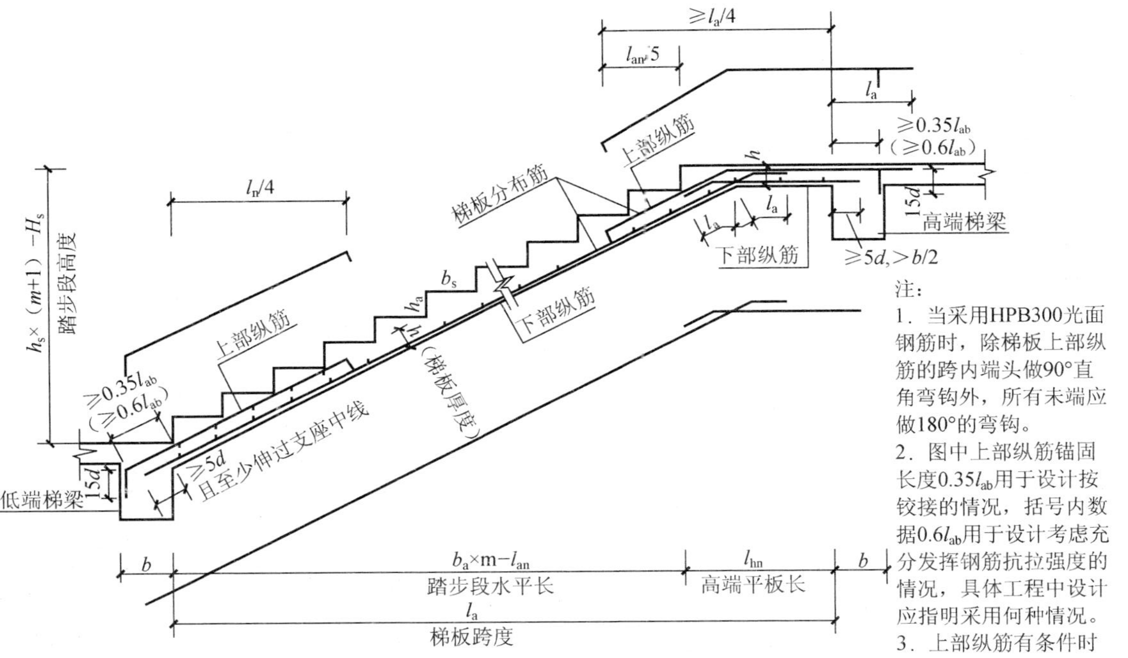

注：

1．当采用HPB300光面钢筋时，除梯板上部纵筋的跨内端头做90°直角弯钩外，所有末端应做180°的弯钩。

2．图中上部纵筋锚固长度0.35l_{ab}用于设计按铰接的情况，括号内数据0.6l_{ab}用于设计考虑充分发挥钢筋抗拉强度的情况，具体工程中设计应指明采用何种情况。

3．上部纵筋有条件时可直接伸入平台板内锚固，从支座内边算起总锚固长度不小于l_a，如图中虚线所示。

4．上部纵筋需伸至支座对边再向下弯折。

图 5.15　CT 型楼梯板配筋构造详图

2）道数＝（TB1 净宽－起步距离）/间距

＝（1800－100－125－150/2×2）/150

＝（1575－150）/150

＝1425/150＝11 道

3）TB1 下部纵筋长度＝每道下部纵筋长度×道数＝3554mm×11 道＝39094mm

2. TB1 上部纵筋标注为Φ10@150

1）每道上部纵筋长度＝高端上部纵筋长度＋低端上部纵筋长度

根据图纸可得，高端上部纵筋长度与低端上部纵筋长度相同；根据结构设计说明楼梯所用混凝土为 C30、三级抗震等级及Φ10 经查表的 $l_{ab}=30d=300$mm。

每道上部纵筋长度＝高（低）端上部纵筋长度×2

＝（净长＋锚固长度＋弯折长度＋弯钩长度）×2

＝[水平净长×斜长系数＋（$0.6l_{ab}$＋15d）＋（120－15）＋2×6.25d]×2

＝[750×$\sqrt{5}$/2＋（0.6×300＋150）＋105＋125]×2

＝[838.5＋330＋105＋125]×2＝1398.5×2＝2797mm

2）道数＝（TB1 净宽－起步距离）/间距

＝（1800－100－125－150/2×2）/150

＝（1575－150）/150

＝1425/150＝11 道

3）TB1 上部纵筋长度＝每道上部纵筋长度×道数＝2797mm×11 道＝30767mm

3. TB1 分布筋标注为Φ6@200

1）每道分布筋长度＝净长＋弯钩长度

＝TB1 净宽＋弯钩长度

＝（1800－100－125）＋2×6.25d

＝1575＋2×6.25×6

＝1575＋75＝1650mm

2）道数。

下部分布筋道数＝（分布筋布置范围－起步距离）/间距

＝（3000×$\sqrt{5}$/2－200/2×2）/200

＝（3354－200）/200＝3154/200＝17 道

上部分布筋道数＝（分布筋布置范围－起步距离）/间距×2 端

＝（750×$\sqrt{5}$/2－200/2×2）/200×2 端

＝（838.5－200）/200×2 端＝10 道

3）TB1 分布筋长度＝每道分布筋长度×道数

＝1650mm×（17 道＋10 道）＝44 550mm

楼梯的空间尺寸要求

1）住宅套内楼梯的梯段净宽，当一边临空时，不应小于 0.75m；当两侧有墙时，不应小于 0.9m。套内楼梯的踏步宽度不应小于 0.22m，高度不应大于 0.2m，扇形踏步转角距扶手边 0.25m 处，宽度不应小于 0.22m。

2）楼梯休息平台宽度应大于或等于梯段的宽度；楼梯踏步的宽度 b 和高度 h 的关系应满足：$2h + b = 600 - 620$mm；每个梯段的踏步一般不应超过 18 级，亦不应少于 3 级。

3）室内楼梯扶手高度自踏步前缘线量起不宜小于 0.9m。楼梯水平段栏杆长度大于 0.5m 时，其扶手高度不应小于 1.05m。

项　目

现浇钢筋混凝土基础构件平法识图与钢筋计算

学习提示　本项目内容分别介绍了五种现浇钢筋混凝土的基础形式，同学在学习时要搜集大量施工图纸来辨别不同基础形式的特点和区别，并且要学会举一反三，在头脑中逐步形成现浇钢筋混凝土基础构件的知识体系。

知识目标　熟悉不同形式的基础应用在不同的结构类型中；熟悉不同基础的制图规则；掌握不同形式基础构件的钢筋计算思路和方法；熟悉不同形式基础的钢筋构造要求；了解不同形式基础中钢筋的基本受力特点及作用。

能力目标　具备根据基础平面布置图及剖面图判定基础形式的能力；具备根据基础结构施工图纸及平法图集查阅钢筋标准构造详图的能力；具备计算不同形式基础构件钢筋工程量的能力。

6.1 熟悉基础的形式

【知识目标】 熟悉基础的不同形式；熟悉不同结构类型适用的不同基础形式；了解不同形式基础的外形特点。

【能力目标】 具备快速识读基础布置图的能力，具备根据不同基础特点判定其形式的能力。

基础这个词同学们并不陌生，建筑物的基础一般是在被埋在地下，与土层直接接触，基础承受其以上部分的荷载并与自身的荷载一起传递给了地基，地基再传递给大地，才使得一幢幢高大雄伟的建筑物矗立在我们面前。因此建筑物基础的质量必将对建筑物整体的可靠性起到了严重的影响作用，作为隐蔽工程的基础工程也一直是施工管理方面的重点。

地基是基础下面的土层，不是房屋建筑的组成部分。地基承受建筑物的全部荷载，其中，具有一定的地耐力，直接支承基础，持有一定承载能力的土层称为持力层；持力层以下的土层称为下卧层。

我们把基础按照不同角度的分类，具体如下：

1. 按使用的材料划分

按使用的材料分为灰土基础、砖基础、毛石基础、混凝土基础等。

（1）灰土基础

由石灰、土和水按比例配合，经分层夯实而成的基础。灰土强度在一定范围内随含灰量的增加而增加。但超过限度后，灰土的强度反而会降低。这是因为消石灰在钙化过程中会析水，增加了消石灰的塑性。

（2）砖基础

以砖为砌筑材料，形成的建筑物基础。是我国传统的砖木结构的基础建造方法，现代常与混凝土结构配合修建住宅、宿舍、办公等低层建筑，目前在城市新建工程中极为少见，如图 6.1 所示。

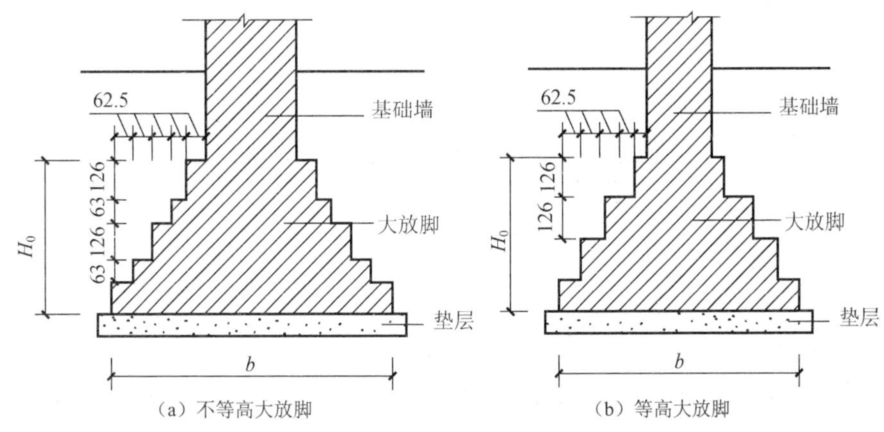

图 6.1　砖基础

（3）毛石基础

毛石基础是用强度等级不低于 MU30 的毛石，不低于 M5 的砂浆砌筑而形成。为保证砌筑质量，毛石基础每台阶高度和基础的宽度不宜小于 400mm，每阶两边各伸出宽度不宜大于 200mm。石块应错缝搭砌，缝内砂浆应饱满，且每步台阶不应少于两批毛石。毛石基础的抗冻性较好，在寒冷潮湿地区可用于 6 层以下建筑物基础，如图 6.2 所示。

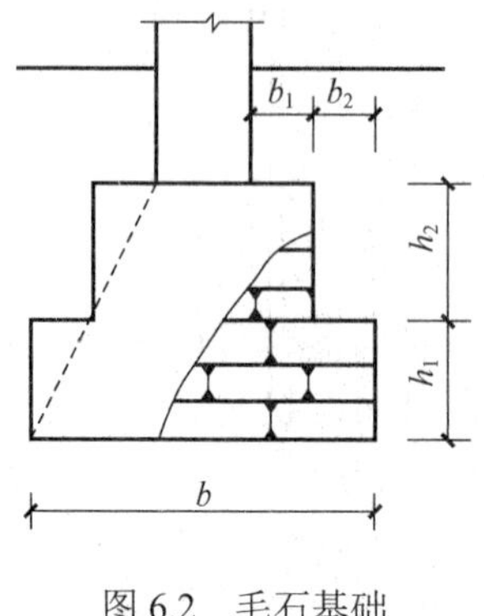

图 6.2　毛石基础

（4）混凝土基础

混凝土基础是以混凝土为主要承载体的基础形式，分无筋的混凝土基础和有筋的钢筋混凝土基础两种，如图 6.3 和图 6.4 所示。

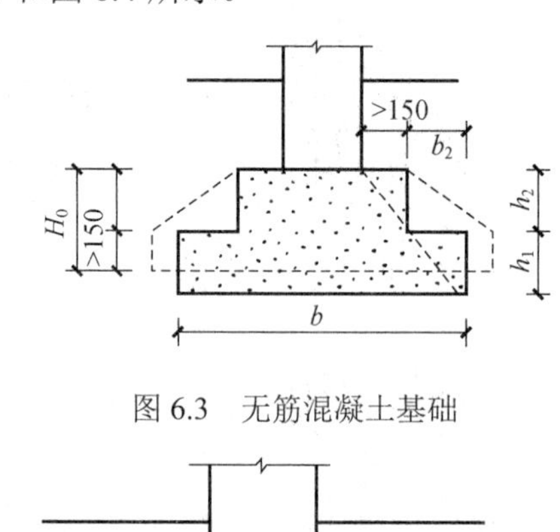

图 6.3　无筋混凝土基础

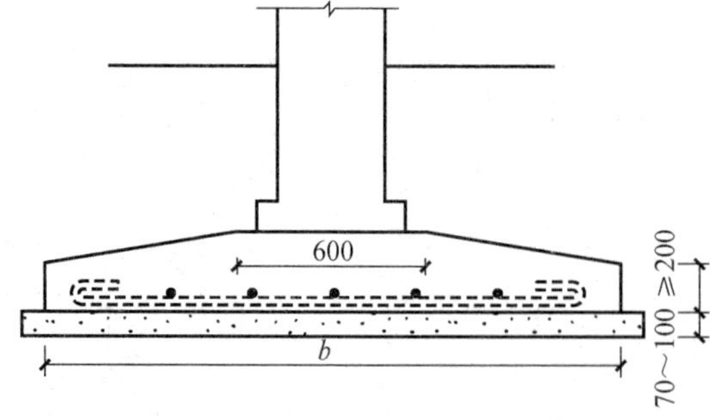

图 6.4　有筋混凝土基础

2. 按埋置深度划分

按埋置深度可分为浅基础和深基础。埋置深度不超过 5m 的基础称为浅基础，大于 5m 的基础称为深基础。

3. 按受力性能划分

按受力性能可分为刚性基础和柔性基础。

（1）刚性基础

刚性基础是指抗压强度较高，而抗弯和抗拉强度较低的材料建造的基础。所用材料有混凝土、砖、毛石、灰土、三合土等，一般可用于六层及其以下的民用建筑和墙承重的轻型厂房。基础底宽应根据材料的刚性角来决定，刚性角是基础放宽的引线与墙体垂直线之间的夹角。凡受刚性角限制的基础就是刚性基础，如图 6.5 所示。

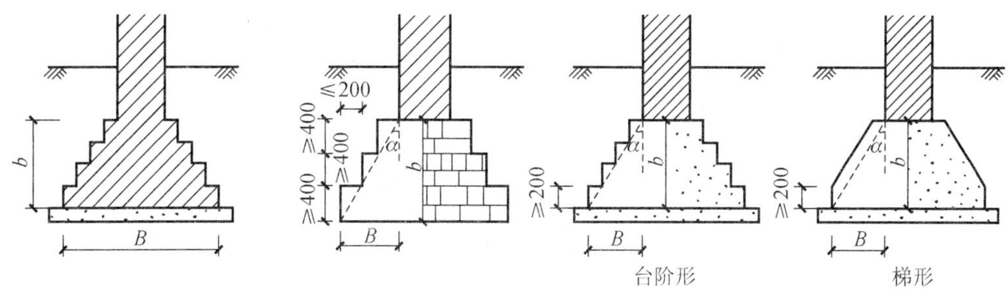

图 6.5　刚性基础

（2）柔性基础

用抗拉和抗弯强度都很高的材料建造的基础称为柔性基础。一般用钢筋混凝土制作。这种基础适用于上部结构荷载比较大、地基比较柔软、用刚性基础不能满足要求的情况，如图 6.6 所示。

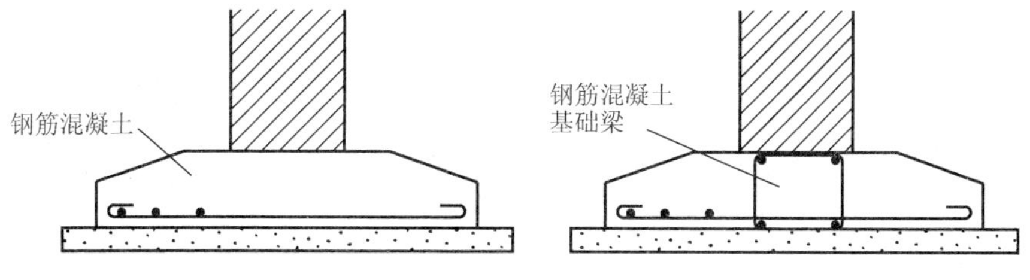

图 6.6　柔性基础

4. 按构造形式划分

按构造形式可分为条形基础、独立基础、满堂基础和桩基础。满堂基础又分为筏形基础和箱形基础。

（1）条形基础

基础是连续的带形，也称带形基础。有墙下条形基础和柱下条形基础。

1）墙下条形基础：一般用于多层混合结构的承重墙下，低层或小型建筑常用砖、混凝土等刚性条形基础。如上部为钢筋混凝土墙，或地基较差，荷载较大时，可采用钢筋混凝土条形基础，如图 6.7 所示。

2）柱下条形基础：因为上部结构为框架结构或排架结构，荷载较大或荷载分布不均匀，地基承载力偏低，为增加基底面积或增强整体刚度，以减少不均匀沉降，可将柱下基础沿一个方向连续设置成条形基础，如图 6.8 所示。

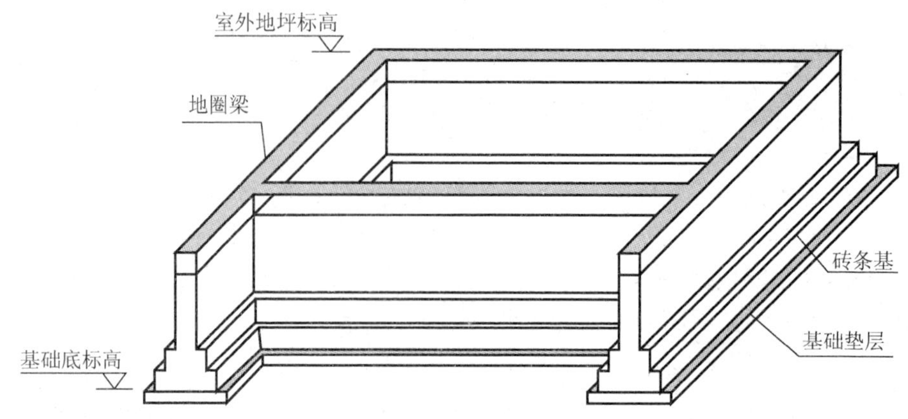

图 6.7　墙下条形基础

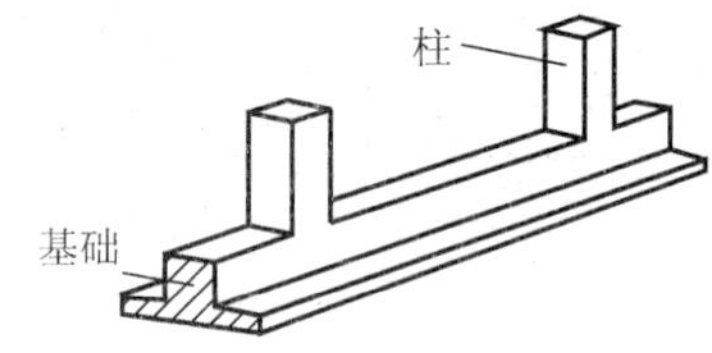

图 6.8　柱下条形基础

（2）独立基础

当建筑物上部为框架结构或单独柱子时，常采用独立基础；若柱子为预制时，则采用杯形基础形式，如图 6.9 所示。

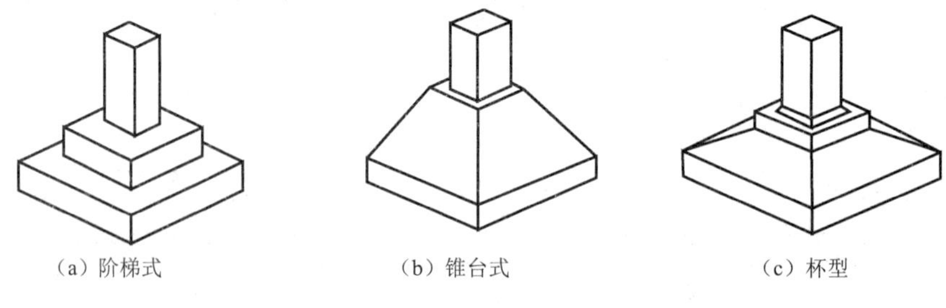

（a）阶梯式　（b）锥台式　（c）杯型

图 6.9　独立基础

（3）满堂基础

当上部结构传下的荷载很大、地基承载力很低、独立基础不能满足地基要求时，常将这个建筑物的下部做成整块钢筋混凝土基础，成为满堂基础。按构造又分为筏形基础和箱形基础两种，其中筏形基础又可分为平板式筏形基础和梁板式筏形基础，如图 6.10 所示。

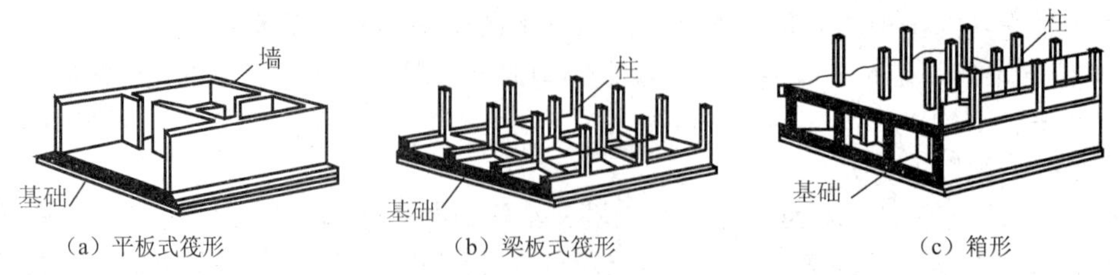

（a）平板式筏形　（b）梁板式筏形　（c）箱形

图 6.10　满堂基础

1）筏形基础：筏形基础形象于水中漂流的木筏。井格式基础下又用钢筋混凝土板连成一片，大大地增加了建筑物基础与地基的接触面积，换句话说，单位面积地基土层承受的荷载减少了，适合于软弱地基和上部荷载比较大的建筑物。

2）箱形基础：当筏形基础埋深较大，并设有地下室时，为了增加基础的刚度，将地下室的底板、顶板和墙浇制成整体箱形基础。箱形的内部空间构成地下室，具有较大的强度和刚度，多用于高层建筑。

（4）桩基础

当建造比较大的工业与民用建筑时，若地基的软弱土层较厚，采用浅埋基础不能满足地基强度和变形要求，常采用桩基。桩基的作用是将荷载通过桩传给埋藏较深的坚硬土层，或通过桩周围的摩擦力传给地基。按照施工方法可分为钢筋混凝土预制桩和灌注桩，如图 6.11 所示。

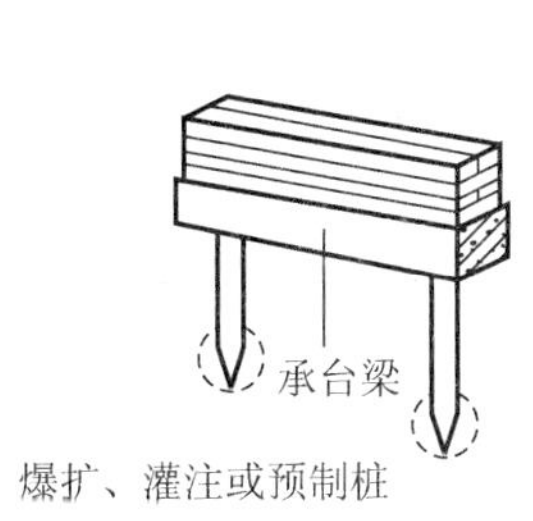

（a）墙下桩基础

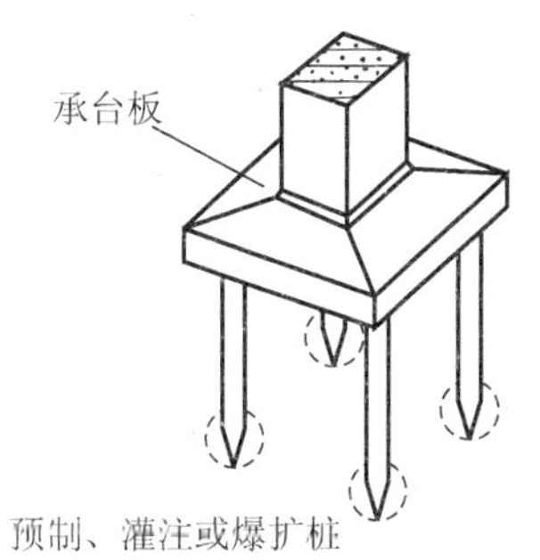

（b）柱下桩基础

图 6.11　桩基础

6.2 识读基础平法施工图

【知识目标】　熟悉不同形式基础的制图规则；熟悉不同形式基础的结构表达形式；熟悉不同形式基础构件钢筋布置情况。

【能力目标】　具备识读基础平法施工图的能力；具备根据制图规则和标准构件详图分析基础构件配筋要求的能力。

6.2.1　独立基础平法施工图制图规则

1. 独立基础平法施工图的表示方法

1）独立基础平法施工图有平面注写与截面注写两种表达方式，设计者可根据具体工程情况选择一种，或两种方式相结合进行独立基础的施工图设计。

2）当绘制独立基础平面布置图时，应将独立基础平面图与基础所支承的柱一起绘制。当设置基础联系梁时，可根据图面的疏密情况，将基础联系梁与基础平面布置图一起绘制，或将基础联系梁布置图单独绘制。

3）在独立基础平面布置图上应标注基础定位尺寸；当独立基础的柱中心线或杯口中心线与建筑轴线不重合时，应标注其定位尺寸。编号相同且定位尺寸相同的基础，可仅选择一个进行标注。

2. 独立基础编号

各种独立基础编号如表 6.1 所示。

设计时应注意，当独立基础截面形状为坡形时，当坡面应采用能保证混凝土浇筑、振捣密实的较缓坡度；当采用较陡坡度时，应要求施工采用在基础顶部坡面加模板等措施，以确保独立基础的坡面浇筑成型、振捣密实。

表 6.1　独立基础编号

类型	基础底板截面形状	代号	序号
普通独立基础	阶形	DJ_J	××
	坡形	DJ_P	××
杯口独立基础	阶形	BJ_J	××
	坡形	BJ_P	××

3. 独立基础的平面注写方式

（1）独立基础平面注写方式划分

独立基础的平面注写方式分为集中标注和原位标注两部分内容。

（2）独立基础和杯口基础的集中标注

普通独立基础和杯口基础的集中标注，系在基础平面图上集中引注：基础编号、截面竖向尺寸、配筋三项必注内容，以及基础地面标高（与基础地面基准标高不同时）和必要的文字注解两项选注内容。

素混凝土普通独立基础的集中标注，除无基础配筋内容外均与钢筋混凝土普通独立基础相同。

独立基础集中标注的具体内容，规定如下：

1）注写独立基础编号（必注内容），见表 6.1。

独立基础底板的截面形状通常有两种：

① 阶形截面编号加下标“J”，如 DJ_J××、B J_J××；

② 坡形截面编号加下标“P”，如 DJp××、B Jp××。

2）注写独立基础和杯口基础截面竖向尺寸（必注内容）。

下面按普通独立基础和杯口独立基础分别进行说明。

① 普通独立基础。注写 $h_1/h_2/\cdots$，具体标注为：

a. 当基础为阶形截面时，如图 6.12 所示。

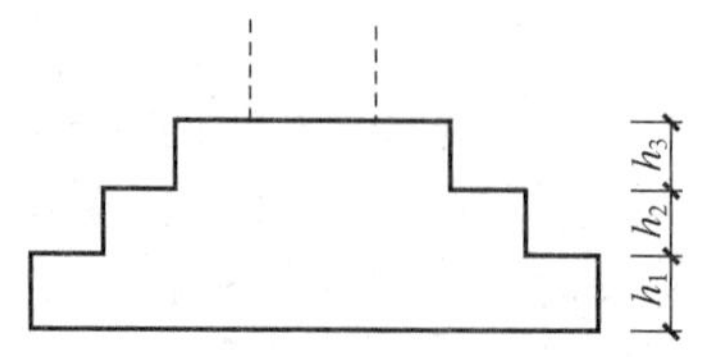

图 6.12　阶形截面普通独立基础竖向尺寸

【例 6.1】 当阶形截面普通独立基础 DJ_J××的竖向尺寸注写为 400/300/300 时，表示 h_1 = 400mm、h_2 = 300mm、h_3 = 300mm，基础底板总厚度为 1000mm。

例 6.1 及图 6.12 为三阶，当为更多阶时，各阶尺寸自下而上用“ / ”分隔顺写。

当基础为单阶时，其竖向尺寸仅为一个，且为基础总厚度，如图 6.13 所示。

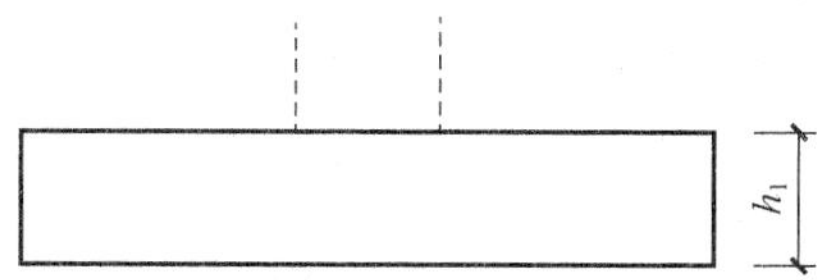

图 6.13　单阶普通独立基础竖向尺寸

b. 当基础为坡形截面时，注写为 h_1/h_2，如图 6.14 所示。

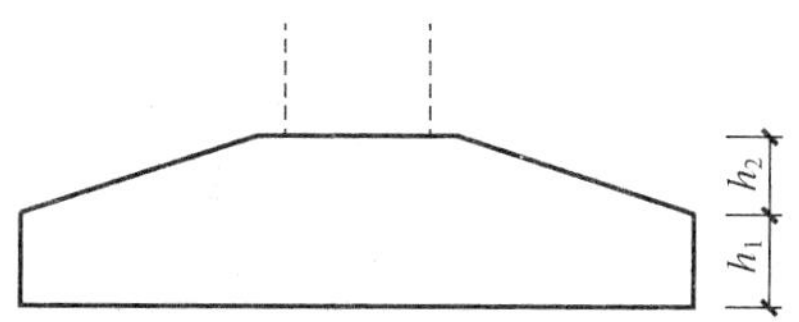

图 6.14　坡形截面普通独立基础竖向尺寸

【例 6.2】 当坡形截面普通独立基础 DJ_p××的竖向尺寸注写为 350/300 时，表示 h_1 = 350mm，h_2 = 300mm，基础底板总厚度为 650mm。

② 杯口独立基础。

a. 当基础为阶形截面时，其竖向尺寸分两组，一组表达杯口内，另一组表达杯口外，两组尺寸以“，”分隔，注写为：a_0/a_1，$h_1/h_2/\cdots$，如图 6.15～图 6.18 所示，其中杯口深度 a_0 为柱插入杯口的尺寸加 50mm。

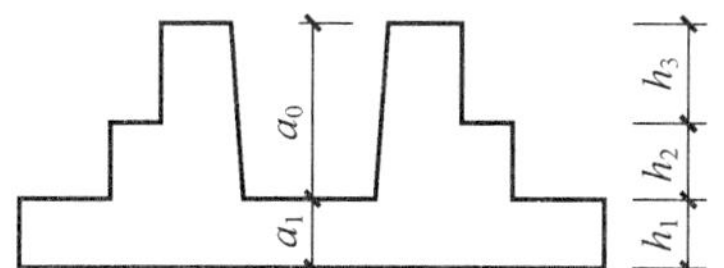

图 6.15　阶形截面杯口独立基础竖向尺寸（一）

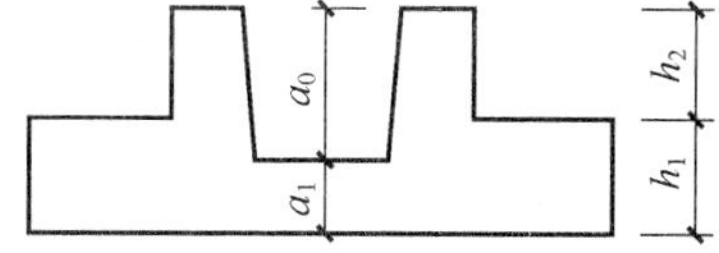

图 6.16　阶形截面杯口独立基础竖向尺寸（二）

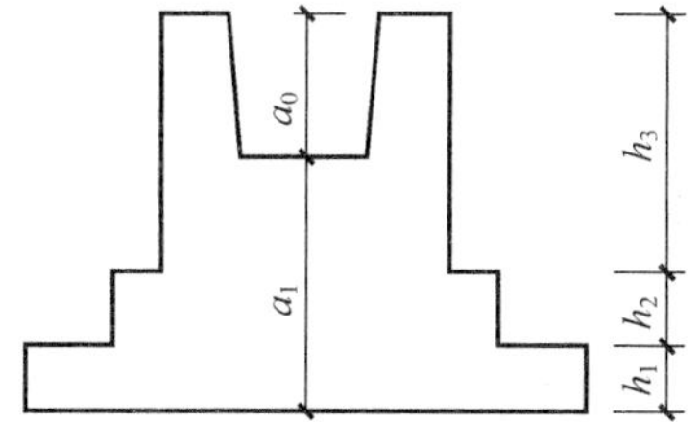

图 6.17　阶形截面高杯口独立基础竖向尺寸（一）

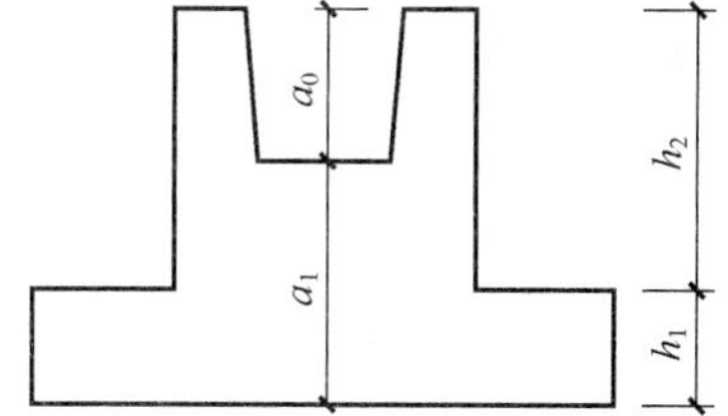

图 6.18　阶形截面高杯口独立基础竖向尺寸（二）

b. 当基础为坡形截面时，注写为：a_0/a_1，$h_1/h_2/h_3\cdots$，其含义如图 6.19 和图 6.20 所示。

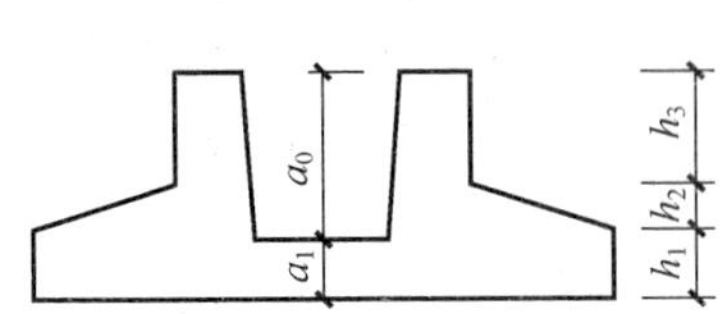

图 6.19　坡面截面杯口独立基础竖向尺寸

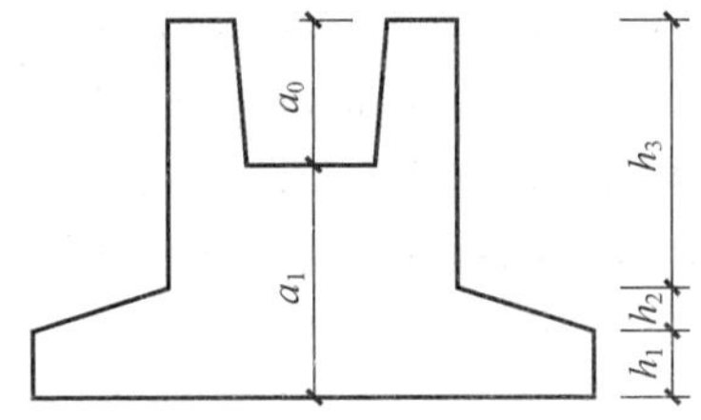

图 6.20　坡面截面高杯口独立基础竖向尺寸

3）注写独立基础配筋（必注内容）。

① 注写独立基础底板配筋。普通独立基础和杯口独立基础的底部双向配筋注写规定如下：

a. 以 B 代表各种独立基础底板的底部配筋。

b. X 向配筋以 X 打头、Y 向配筋以 Y 打头注写；当两向配筋相同时，则以 X&Y 打头注写。

【例 6.3】 当独立基础底板配筋标注为：B：X⏀16@150，Y⏀16@200；表示基础底板底部配置 HRB400 级钢筋，X 向直径为⏀16，分布间距 150mm；Y 向直径为⏀16mm，分布间距 200mm。如图 6.21 所示。

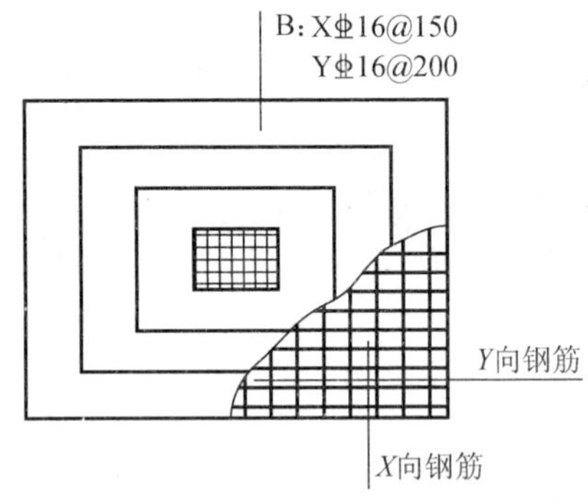

图 6.21　独立基础底板底部双向配筋示意

② 注写杯口独立基础顶部焊接钢筋网。以 Sn 打头引注杯口顶部焊接钢筋网的各边钢筋。

【例 6.4】 当杯口独立基础顶部钢筋网标注为：Sn2⏀14，表示杯口顶部每边配置 2 根 HRB400 级直径为⏀14mm 的焊接钢筋网。如图 6.22 所示。

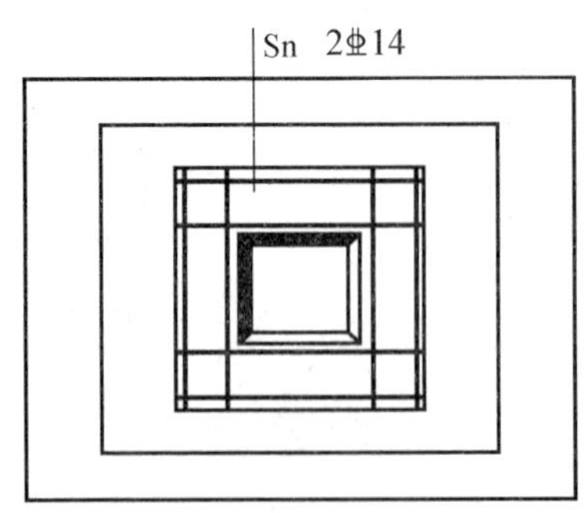

图 6.22　单杯口独立基础顶部焊接钢筋网示意

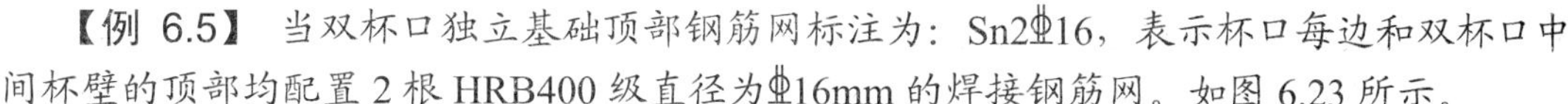

【例 6.5】 当双杯口独立基础顶部钢筋网标注为：Sn2Φ16，表示杯口每边和双杯口中间杯壁的顶部均配置 2 根 HRB400 级直径为Φ16mm 的焊接钢筋网。如图 6.23 所示。

注：高杯口独立基础应配置顶部钢筋网；非高杯口独立基础是否配置，应根据具体工程情况确定。

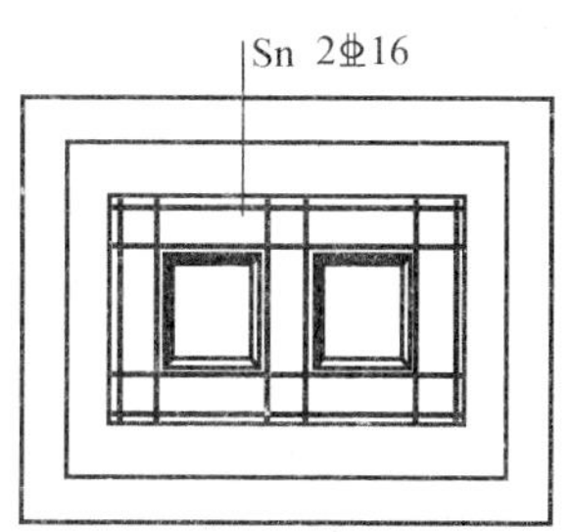

图 6.23　双杯口独立基础顶部焊接钢筋网示意

当双杯口独立基础中间杯壁厚度小于 400mm 时，在中间杯壁中配置构造钢筋见相应标准构造详图，设计不注。

③ 注写高杯口独立基础的杯壁外侧和短柱配筋。具体注写规定如下：

a. 以 O 代表杯壁外侧和短柱配筋。

b. 先注写杯壁外侧和短柱纵筋，再注写箍筋。注写为：角筋 / 长边中部筋 / 短边中部筋，箍筋（两种间距）；当杯壁水平截面为正方形时，注写为：角筋 / X 边中部筋 / Y 边中部筋，箍筋（两种间距，杯口范围内箍筋间距 / 短柱范围内箍筋间距）。

【例 6.6】 高杯口独立基础的杯壁外侧和短柱配筋标注为：Sn: 4Φ20Φ16@220/Φ16@220 ϕ110@150/300；表示高杯口独立基础的杯壁外侧和短柱配置 HRB400 级竖向钢筋和 HPB300 级箍筋。其竖向钢筋为：4 根直径 20mm 角筋、Φ16@220 长边中部筋和Φ16@200 短边中部筋；其箍筋直径为ϕ10mm，杯口范围间距 150mm，短柱范围间距 300mm。如图 6.24 所示。

c. 对于双高杯口独立基础的杯壁外侧配筋，注写形式与单高杯口相同，施工区别在于杯壁外侧配筋为同时环住两个杯口的外壁配筋。如图 6.25 所示。

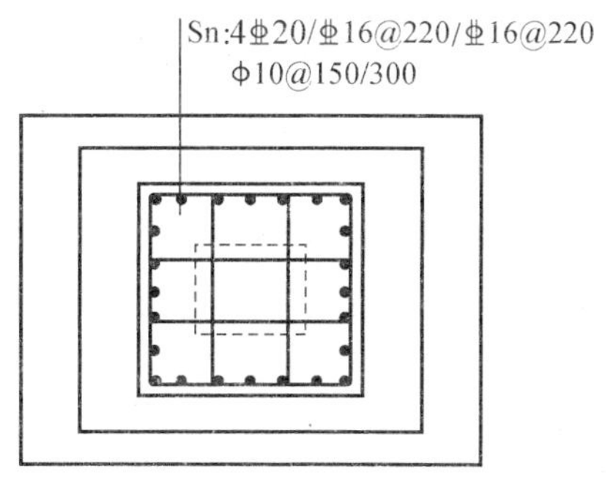

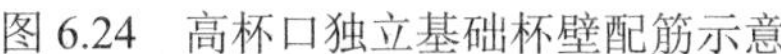

图 6.24　高杯口独立基础杯壁配筋示意

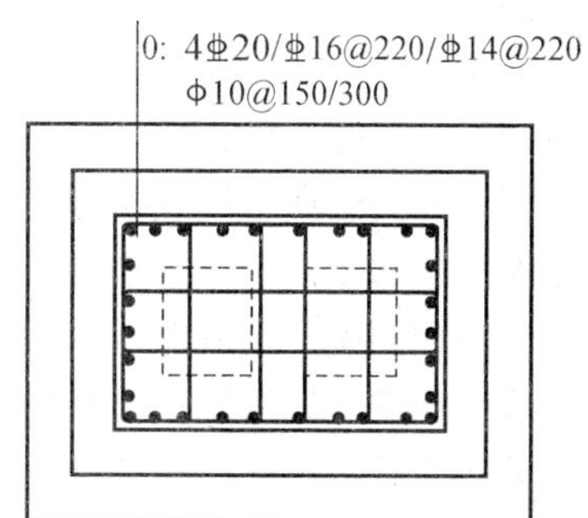

图 6.25　双高杯口独立基础杯壁配筋示意

当双高杯口独立基础中间杯壁厚度小于 400mm 时，在中间杯壁中配置构造钢筋见相应标准构造详图，设计不注。

④ 注写普通独立深基础短柱竖向尺寸及钢筋。当独立基础埋深较大，设置短柱时，短

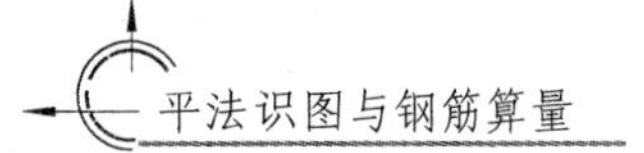

柱配筋应注写在独立基础中。具体注写规定如下：

a. 以DZ代表普通独立深基础短柱。

b. 先注写短柱纵筋，再注写箍筋，最后注写短柱标高范围。注写为：角筋 / 长边中部筋 / 短边中部筋，箍筋，短柱标高范围；当短柱水平截面为正方形时，注写为：角筋 / X边中部筋 / Y边中部筋，箍筋，短柱标高范围。

【例 6.7】 当短柱配筋标注为：

DZ：4⌀20/5⌀18/5⌀8

ϕ10@100

－2.500～－0.050

表示独立基础的短柱设置在－2.500～－0.050 高度范围内，配置 HRB400 级竖向钢筋和 HPB300 级箍筋，其竖向钢筋为：4⌀20 角筋、5⌀18x 边中部筋和 5⌀18y 边中部筋；其箍筋直径为ϕ10mm，间距 100mm。如图 6.26 所示。

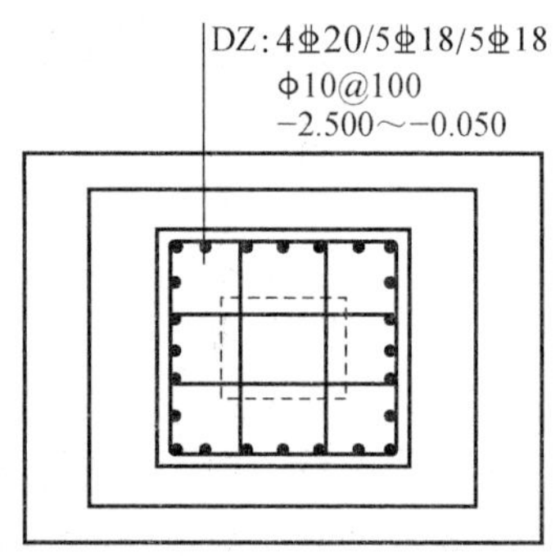

图 6.26 独立基础短柱配筋示意

4）注写基础底面标高（选注内容）。

当独立基础的底面标高与基础底面基准标高不同时，应将独立基础底面标高直接注写在“（ ）”内。

5）必要的文字注解（选注内容）。

当独立基础的设计有特殊要求时，宜增加必要的文字注解。例如，基础底板配筋长度是否采用减短方式等，可在该项内注明。

（3）钢筋混凝土和素混凝土独立基础的原位标注

钢筋混凝土和素混凝土独立基础的原位标注，系在基础平面布置图上标注独立基础的平面尺寸。对相同编号的基础，可选择一个进行原位标注；当平面图形较小时，可将所选定进行原位标注的基础按比例适当放大；其他相同编号者仅注编号。

原位标注的具体内容规定如下：

1）普通独立基础。原位标注 x、y，x_c、y_c（或圆柱直径 dc），x_i、y_i，i=1,2,3…。其中，x、y 为普通独立基础两向边长，x_c、y_c 为柱截面尺寸，x_i、y_i 为阶宽或坡形平面尺寸（当设置短柱时，尚应标注短柱的截面尺寸）。

对称阶形截面普通独立基础的原位标注，如图 6.27 所示；非对称阶形截面普通独立基础的原位标注，如图 6.28 所示；设置短柱独立基础的原位标注，如图 6.29 所示。

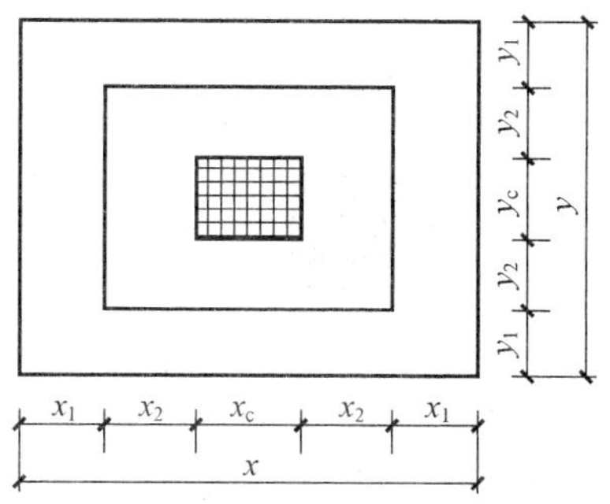

图 6.27　对称阶形截面普通独立基础原位标注

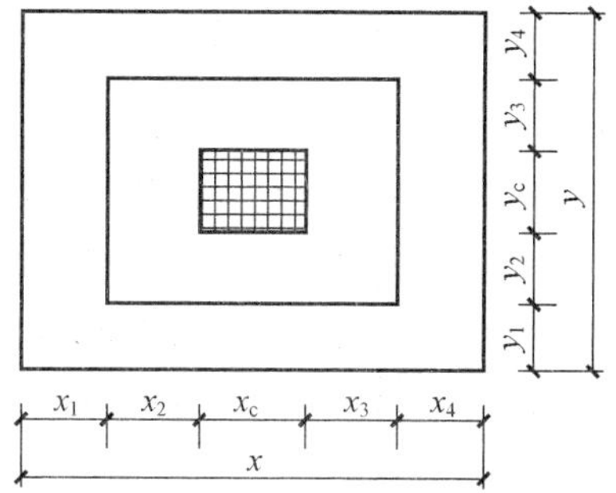

图 6.28　非对称阶形截面普通独立基础原位标注

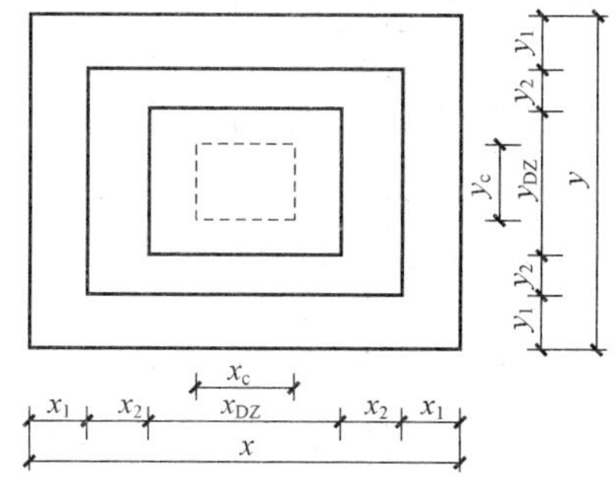

图 6.29　设置短柱独立基础原位标注

对称坡形截面普通独立基础的原位标注，如图 6.30 所示；非对称坡形截面普通独立基础的原位标注，见图 6.31。

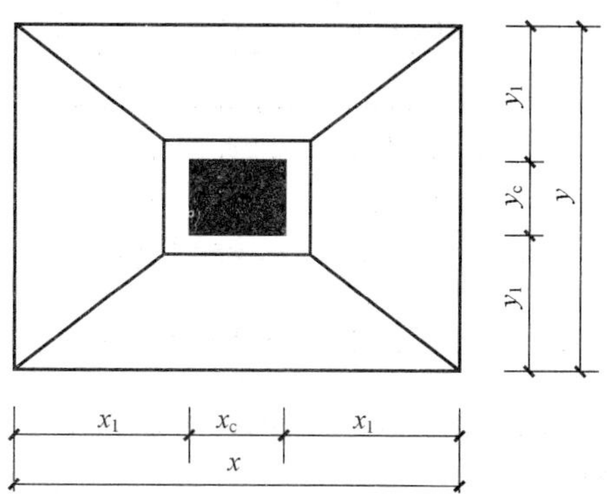

图 6.30　对称坡形截面普通独立基础原位标注

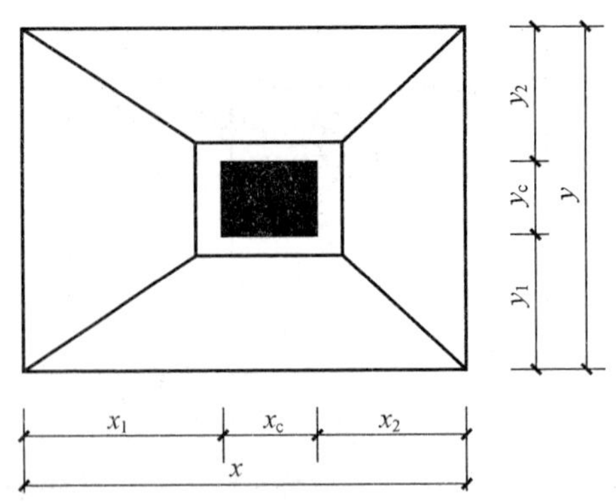

图 6.31　非对称坡形截面普通独立基础原位标注

2）杯口独立基础。原位标注 x、y，x_u、y_u，t_i，x_i、y_i，i=1, 2, 3…。其中，x、y 为杯口独立基础两向边长，x_u、y_u 为杯口上口尺寸，t_i 为杯壁厚度，x_i、y_i，为阶宽或坡形截面尺寸。杯口上口尺寸 x_u、y_u 按柱截面边长两侧双向各加 75mm；杯口下口尺寸按标准构造详图（为插入杯口的相应柱截面边长尺寸，每边各加 50mm），设计不注。

阶形截面杯口独立基础的原位标注，如图 6.32 和图 6.33 所示。高杯口独立基础原位标注与杯口独立基础完全相同。

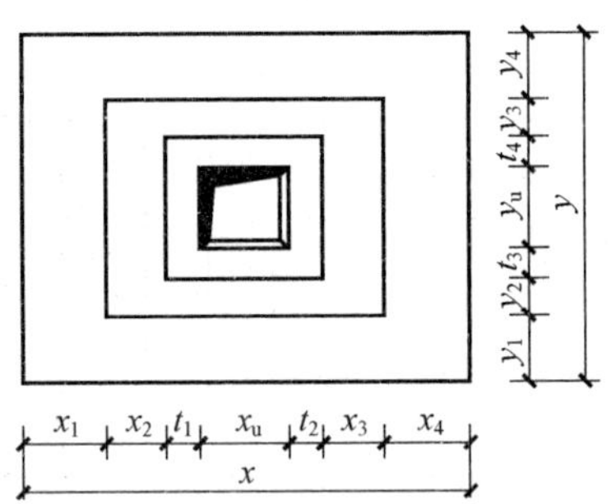

图 6.32　阶形截面杯口独立基础原位标注（一）

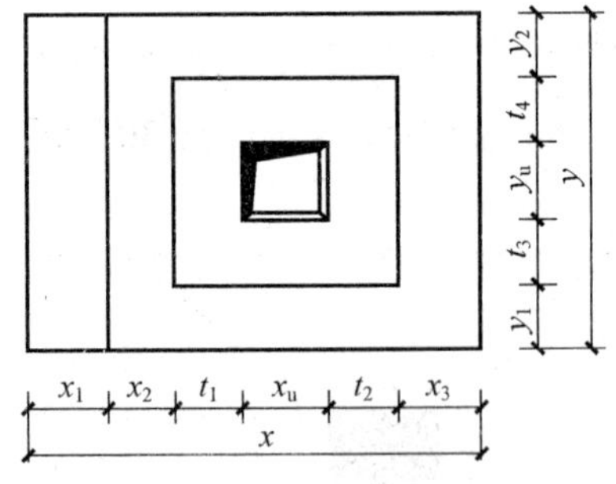

（本图所示基础底板的一边比其他三边多一阶）

图 6.33　阶形截面杯口独立基础原位标注（二）

坡形截面杯口独立基础的原位标注，如图 6.34 和图 6.35 所示。高杯口独立基础的原位标注与杯口独立基础完全相同。

设计时应注意：当设计为非对称坡形截面独立基础且基础底板的某边不放坡时，在采用双比例原位放大绘制的基础平面图上，或在圈引出来放大绘制的基础平面图上，应按实际放坡情况绘制分坡线，如图 6.35 所示。

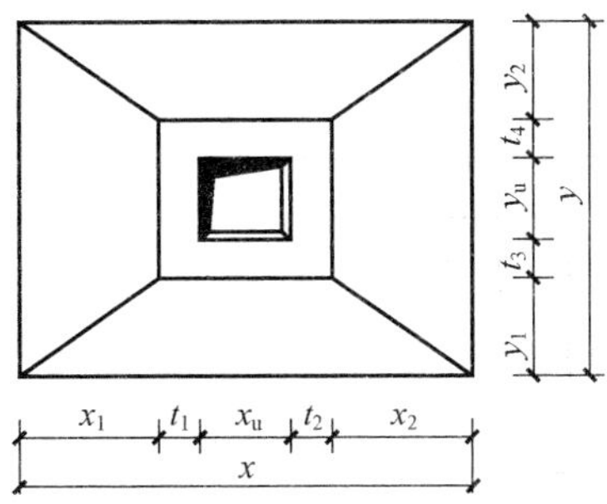

图 6.34　坡形截面杯口独立基础原位标注（一）

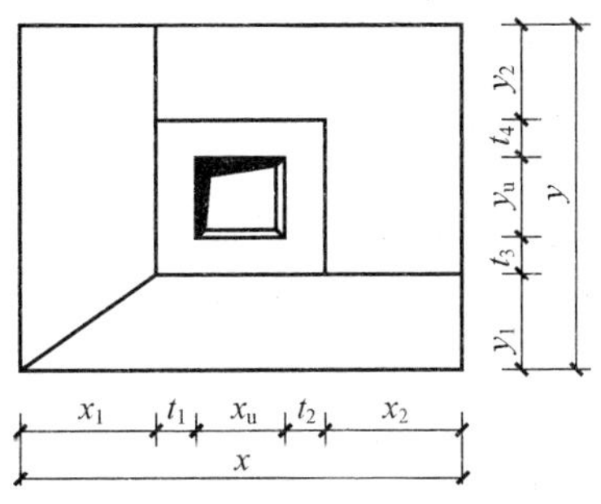

（本图所示基础底板有两边不放坡）

图 6.35　坡形截面杯口独立基础原位标注（二）

（4）普通独立基础平面注写方式的集中标注和原位标注

普通独立基础采用平面注写方式的集中标注和原位标注综合设计表达示意，如图 6.36 所示。

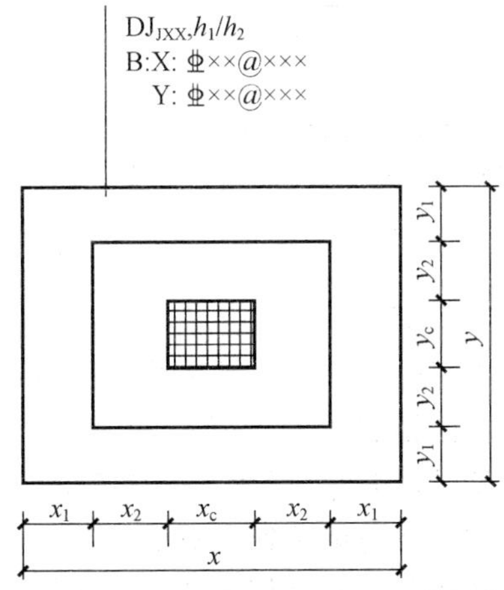

图 6.36　普通独立基础平面注写方式设计表达示意

设置短柱独立基础采用平面注写方式的集中标注和原位标注综合设计表达示意，如图 6.37 所示。

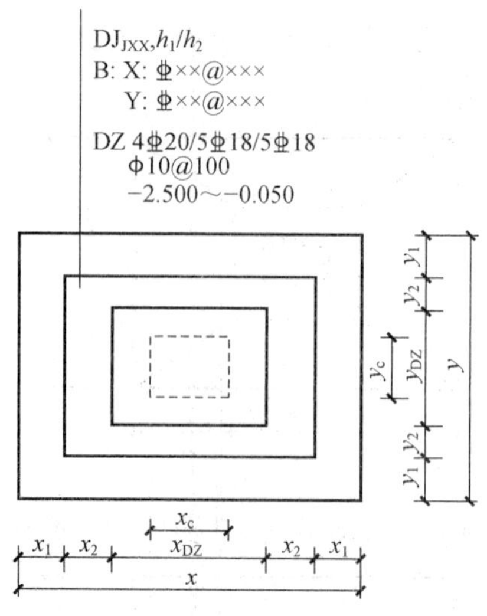

图 6.37　普通独立基础平面注写方式设计表达示意

（5）杯口独立基础平面注写方式的集中标注和原位标注

杯口独立基础采用平面注写方式的集中标注和原位标注综合设计表达示意，如图 6.38 所示。

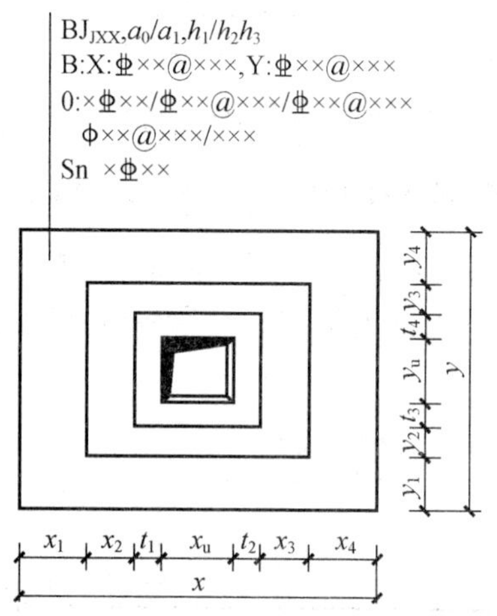

图 6.38　杯口独立基础平面注写方式设计表达示意

在图 6.38 中集中标注的第三、四行内容，系表达高杯口独立基础杯壁外侧的竖向纵筋和横向箍筋；当为非高杯口独立基础时，集中标注通常为第一、二、五行的内容。

（6）多柱独立基础配筋与基础梁的注写

独立基础通常为单柱独立基础，也可为多柱独立基础（双柱或四柱等）。多柱独立基础的编号、几何尺寸和配筋的标注方法与单柱独立基础相同。

当为双柱独立基础且柱距较小时，通常仅配置基础底部钢筋；当柱距较大时，除基础底部配筋外，尚需在两柱间配置基础顶部铜筋或设置基础梁；当为四柱独立基础时，通常可设置两道平行的基础梁，需要时可在两道基础梁之间配置基础顶部钢筋。

多柱独立基础顶部配筋和基础梁的注写方法规定如下。

1）注写双柱独立基础底板顶部配筋。双柱独立基础的顶部配筋，通常对称分布在双柱中心线两侧，注写为：双柱间纵向受力钢筋/分布钢筋。当纵向受力钢筋在基础底板顶面非满布时，应注明其总根数。

【例 6.8】 T:11⌀18@100⌀10@200；表示独立基础顶部配置纵向受力钢筋 HRB400 级，直径为⌀18mm 设置 11 根，间距 100mm；分布筋 HPB300 级，直径为⌀10mm，分布同距 200mm，如图 6.39 所示。

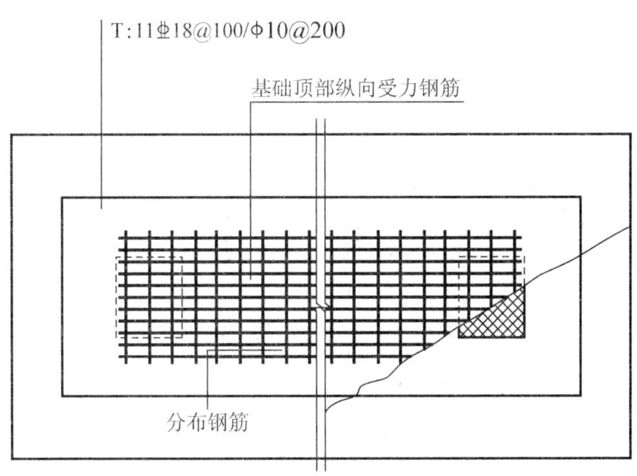

图 6.39　双柱独立基础顶部配筋示意

2）注写双柱独立基础的基础梁配筋，当双柱独立基础为基础底板与基础梁相结合时，注写基础梁的编号、几何尺寸和配筋。如 JLxx（1）表示该基础梁为 1 跨，两端无外伸；JLxx（1A）表示该基础梁为 1 跨，一端有外伸；JLxx（1B）表示该基础梁为 1 跨，两端均有外伸。

通常情况下，双柱独立基础宜采用端部有外伸的基础梁，基础底板则采用受力明确、构造简单的单向受力配筋与分布筋。基础梁宽度宜比柱截面宽出不小于 100mm（每边不小于 50mm）。

基础梁的注写规定与条形基础的基础梁注写规定相同，如图 6.40 所示。

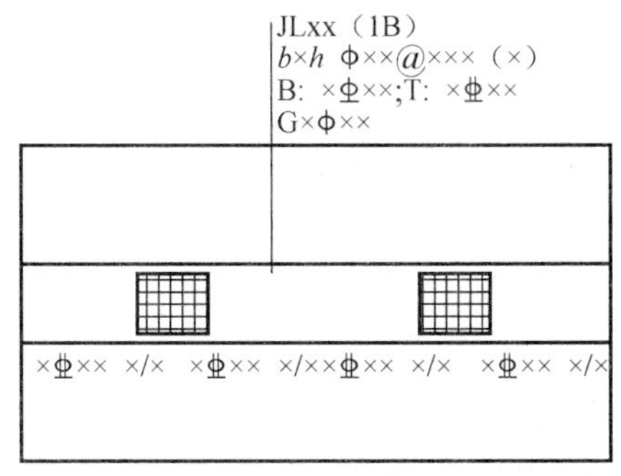

图 6.40　双柱独立基础的基础梁配筋注写示意

3）注写双柱独立基础的底板配筋。双柱独立基础底板配筋的注写，可以按条形基础底板的注写规定，也可以按独立基础底板的注写规定。

4）注写配置两道基础梁的四柱独立基础底板顶部配筋。当四柱独立基础已设置两道平行的基础梁时，根据内力需要可在双梁之间及梁的长度范围内配置基础顶部钢筋，注写为：梁间受力钢筋/分布钢筋。

【例 6.9】 T:⏀16@120/ϕ10@200：表示在四柱独立基础顶部两道基础梁之间配置受力钢筋 HRB400 级，直径为⏀16mm，间距 120mm；分布筋 HPB300 级，直径为ϕ10mm，分布间距 200mm，如图 6.41 所示。

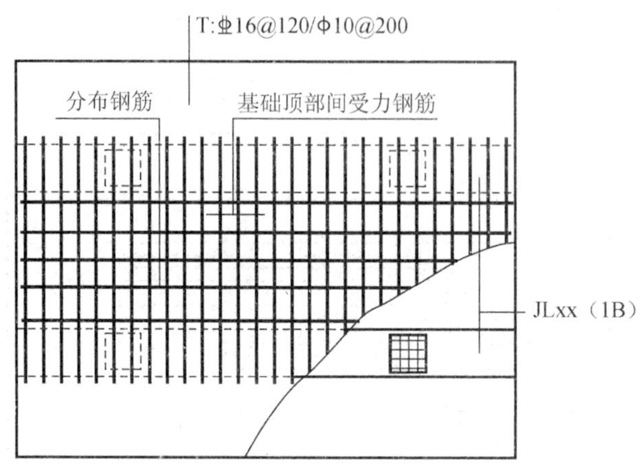

图 6.41　四柱独立基础底板顶部基础梁间配筋注写示意

平行设置两道基础梁的四柱独立基础底板配筋，也可按双梁条形基础底板配筋的注写规定。

4. 独立基础的截面注写方式

1）独立基础的截面注写方式，又可分为截面标注和列表注写（结合截面示意图）两种表达方式。

采用截面注写方式，应在基础平面布置图上对所有基础进行编号，见表 6.1。

2）对单个基础进行截面标注的内容和形式，与传统单构件正投影表示方法基本相同。对于已在基础平面布置图上原位标注清楚的该基础的平面几何尺寸，在截面图上可不再重复表达，具体表达内容可参照 11G101—3 平法图集中相应的标准构造。

3）对多个同类基础，可采用列表注写（结合截面示意图）的方式进行集中表达。表中内容为基础截面的几何数据和配筋等，在截面示意图上应标注与表中栏目相对应的代号。列表的具体内容规定如下：

① 普通独立基础。

普通独立基础列表集中注写栏目为：

a. 编号：阶形截面编号为 DJ_J××，坡形截面编号为 DJ_P××

b. 几何尺寸：水平尺寸 X、Y，X_c、Y_c（或圆柱直径 dc），X_i、Y_i，i=1，2，3…；竖向尺寸 $h_1/h_2/\cdots$。

c. 配筋：B：X：⏀xx@xxx，Y：⏀xx@xxx。

普通独立基础列表格式如表 6.2 所示。

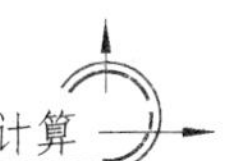

表 6.2　普通独立基础几何尺寸和配筋表

基础编号/截面号	截面几何尺寸				底部配筋（B）	
	X, Y	X_c, Y_c	X_i, Y_i	$h_1/h_2/\cdots$	X 向	Y 向

注：表中可根据实际情况增加栏目，例如:当基础底面标高与基础底面基准标高不同时，加注基础底面标高；当为双注独立基础时，加注基础顶部配筋或基础梁几何尺寸和配筋；当设置短柱时增加短柱尺寸及配筋等。

② 杯口独立基础。杯口独立基础列表集中注写栏目为：

a. 编号：阶形截面编号为 BJJxx，坡形截面编号为 BJpxx。

b. 几何尺寸：水平尺寸 X、Y，X_u、Y_u，t，X_i、Y_i，i=1，2，3…；竖向尺寸 a_0、a_1，$h_1/h_2/h_3\cdots$。

c. 配筋：B: X：Φxx@xxx，Y：Φxx@xxx，SnxΦxx，O：xΦ xx/Φxx@xxx/Φxx@xxx，Φxx@xxx/xxx。

杯口独立基础列表格式如表 6.3 所示。

表 6.3　杯口独立基础几何尺寸和配筋表

基础编号/截面号	截面几何尺寸				底部配筋（B）		杯口顶部钢筋网（Sn）	杯壁外侧配筋	
	X、Y	X_c、Y_c	X_i、Y_i	a_0、a_1，$h_1/h_2/h_3\cdots$	X 向	Y 向			

注：表中可根据实际情况增加栏目，如当基础底面标高与基础底面基准标高不同时，加注基础底面标高；或增加说明栏目等。

6.2.2　条形基础平法施工图制图规则

1. 条形基础平法施工图的表示方法

1）条形基础平法施工图，有平面注写与截面注写两种表达方式，设计者可根据具体工程情况选择一种，或将两种方式结合进行条形基础的施工图设计。

2）当绘制条形基础平面布置图时，应将条形基础平面与基础所支撑的上部结构的柱、墙一起绘制。当基础底面标高不同时，需注明与基础底面基准标高不同之处的范围和标高。

3）当梁板式基础梁中心或板式条形基础板中心与建筑定位轴线不重合时，应标注其偏心尺寸；对于编号相同的条形基础，可仅选择一个进行标注。

4）条形基础整体上可分为两类：

① 梁板式条形基础，该类基础使用于钢筋混凝土框架结构、框架-剪力墙结构、框支结构和钢结构。平法施工图将梁板式条形基础分解为基础梁和条形基础底板分别进行表达。

② 板式条形基础，适用于钢筋混凝土剪力墙结构和砌体结构。平法施工图仅表达条形基础底板。

2. 条形基础底板编号

条形基础编号分为基础梁和条形基础底板编号，如表 6.4 所示。

表 6.4　条形基础编号表

类型		代号	序号	跨数及有无外伸
基础梁		JL	xx	（xx）端部无外伸
条形基础底板	坡形	TJB_P	xx	（xxA）一端有外伸
	阶形	TJB_J	xx	（xxB）两端有外伸

3. 基础梁的平面注写方式

（1）基础梁的平面注写方式分类

基础梁 JL 的平面注写方式，分集中标注和原位标注两部分内容。

（2）基础梁的集中标注内容

基础梁的集中标注内容为：基础梁编号、截面尺寸、配筋三项必注内容，以及基础梁底面标高（与基础底面基准标高不同时）和必要的文字注解两项选注内容。具体规定如下：

1）注写基础梁编号（必注内容）。

2）注写基础梁截面尺寸（必注内容），注写 $b \times h$，表示梁截面宽度与高度。当为加腋梁时，用 $b \times h$　$Yc_1 \times c_2$ 表示，其中 c_1 为腋长，c_2 为腋高。

3）注写基础梁配筋（必注内容）。

① 注写基础梁箍筋：

a. 当具体设计仅采用一种箍筋间距时，注写钢筋级别、直径、间距与肢数（箍筋肢数写在括号内）。

b. 当具体设计采用两种箍筋时，用“/”分割不同箍筋，按照从基础梁两端向跨中的顺序注写。先注写第一段箍筋（在前面加注箍筋道数），在斜线后再注写第二道箍筋（不再加注箍筋道数）。

【例 6.10】 9⏀16@100/⏀16@200（6），表示配置两种 HRB400 级箍筋，直径均为⏀16mm，从梁两端起向跨内按间距 100mm 设置 9 道，梁其余部位的间距为 200mm，均为 6 肢箍。

② 注写基础梁底部、顶部及侧面纵向钢筋：

a. 以 B 打头，注写梁底部贯通纵筋（不应少于梁底部受力钢筋总截面面积的 1/3）。当跨中所注根数少于箍筋肢数时，需要在跨中增设梁底部架立筋以固定箍筋，采用“＋”将贯通筋与架立筋相连，架立筋注写在加号后面的括号内。

b. 以 T 打头，注写梁顶部贯通纵筋，注写时用分号“；”将底部与顶部贯通纵筋分隔开。

c. 当梁底部或顶部贯通纵筋多余一排时，用“/”将各排纵筋自上而下分开。

【例 6.11】 B:4⏀25；T:12⏀25 7/5，表示梁底部配置贯通纵筋为 4⏀25；梁顶部配置贯通纵筋上一排为 7⏀25，下一排为 5⏀25，共 12⏀25。

注：①基础梁的底部贯通纵筋，可在跨中 1/3 净跨长度范围内采用搭接连接，机械连接或焊接。②础梁的顶部贯通纵筋，可在距柱根 1/4 净跨长度范围内采用搭接连接，或在柱根附近采用机械连接或焊接，且严格控制接头百分率。

d. 以大写字母 G 打头注写梁两侧对称设置的纵向构造筋的总配筋值（当梁腹板净高 h_w 不小于 450mm 时，根据需要配置）。

【例 6.12】 G8⏀14，表示梁每个侧面配置纵向构造钢筋 4⏀14，共配置 8⏀14。

4）注写基础梁底面标高（选注内容）。当条形基础底面标高与基础底面基准标高不同

时，将条形基础底面标高注写在（ ）内。

5）必要的文字注解（选注内容）。当基础梁的设计有特殊要求时，宜增加必要的文字注解。

（3）基础梁 JL 的原位标注规定

1）原位标注基础梁端或梁在柱下区域的底部全部纵筋（包括底部非贯通纵筋）：

① 当梁端或梁在柱下区域的底部纵筋多余一排时，用“/”将各排纵筋自上而下分开。

② 当同排纵筋有两种直径时，用“＋”将两种直径的纵筋相连。

③ 当梁中间支座或梁在柱下区域两边的底部纵筋配置不同时，需在支座两边分别标注；当梁中间支座两边的底部纵筋相同时，可仅在支座的一边标注。

④ 当梁端（柱下）区域的底部全部纵筋与集中注写过的底部贯通纵筋相同时，可不再重复做原位标注。

2）原位注写基础梁的附加箍筋或吊筋。当两向基础梁十字交叉，但交叉位置无柱时，应根据抗力要求设置附加箍筋或吊筋。

3）原位注写基础梁外伸部位的变截面高度尺寸，当基础梁外伸部位采用变截面高度时，在该部位原位注写 $b\times h_1/h_2$，h_1 为根部截面高度，h_2 为尽端截面高度。

4）原位注写修正内容。当在基础梁上集中标注的某项内容（如截面尺寸、箍筋、底部与顶部贯通纵筋或架立筋、梁侧面纵向构造钢筋、梁底面标高等）不适用于某跨或外伸部位时，将其修正内容原位标注在该跨或该外伸部位。

4. 基础梁底部非贯通纵筋的长度规定

1）为施工方便凡基础梁柱下区域底部非贯通纵筋的伸出长度 a_0 值，当配置不多于两排时，在 11G101—3 平法图集标准构造详图中统一取值为自柱边向夸内伸出至 ln/3 位置；当非贯通纵筋配置多于两排时，从第三排起向跨内的伸出长度值应由设计者注明。ln 的取值规定为：边跨边支座的底部非贯通纵筋，ln 取本边跨的净跨长度值；对于中间支座的底部非贯通纵筋，ln 取支座两边较大一跨的净跨长度值。

2）基础梁外伸部位底部纵筋的伸出长度 a_0 值，在 11G101—3 平法图集标准构造详图中统一取值为：第一排伸出至梁端头后，全部上弯 12d；其他排钢筋伸至梁端头后截断。

5. 条形基础底板的平面注写方式

（1）条形基础底板的平面注写方式分类

条形基础底板 TJB_P、TJB_J 的平面注写方式，分集中标注和原位标注两部分内容。

（2）条形基础底板的集中标注内容

条形基础底板的集中标注内容为：条形基础底板编号、截面竖向尺寸、配筋三项必注内容，以及条形基础底板底面标高（与基础底面基准标高不同时）、必要的文字注解两项选注内容。

素混凝土条形基础底板的集中标注，除无底板配筋内容外与钢筋混凝土条形基础底板相同。具体规定如下：

1）注写条形基础底板编号（必注内容）。条形基础底板向两侧的截面形状通常有两种：

① 阶形截面，编号如下加下标“J”如 TJB_J xx（xx）；

② 坡形截面，编号如下加下标“P”如 TJBpxx（xx）

2）注写条形基础底板截面竖向尺寸（必注内容），注写 $h_1/h_2/\cdots$，具体标注为：

① 当条形基础底板为坡形截面时，注写 h_1/h_2，如图 6.42 所示。

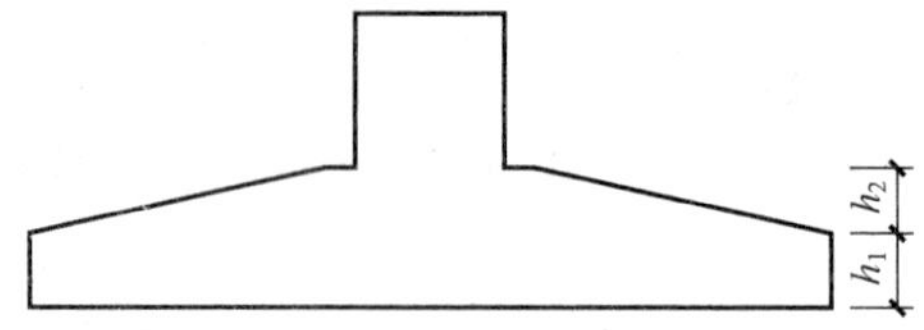

图 6.42　条形基础底板坡形截面竖向尺寸

【例 6.13】 当条形基础底板为阶形截面 TJB_J xx，其截面竖向尺寸注写为 300/250 时，表示 h_1＝300mm，h_2＝250mm，基础底板根部总厚度为 550mm。

② 当条形基础底板为阶形截面时，如图 6.43 所示。

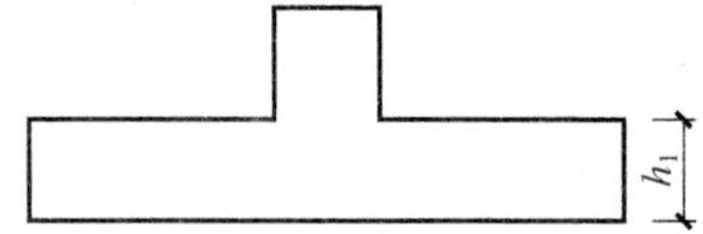

图 6.43　条形基础底板阶形截面竖向尺寸

【例 6.14】 当条形基础底板为阶形截面 TJB_J xx，其截面竖向尺寸注写为 300 时，表示 h_1 = 300mm，且为基础底板总厚度。

例 6.14 及图 6.43 为单阶，当为多阶时各阶尺寸自下而上以“/”分隔顺写。

3）注写条形基础底板底部及顶部配筋（必注内容）。

以 B 打头，注写条形基础底板底部的横向受力钢筋；以 T 打头，注写条形基础底板顶部的横向受力钢筋；注写时，用“/”分隔条形基础底板的横向受力钢筋与构造配筋，如图 6.44 和图 6.45 所示。

【例 6.15】 当条形基础底板配筋标注为：B: ⌀14@150/Φ8@250；表示条形基础底板底部配置 HRB400 级横向受力钢筋，直径为⌀14mm，分布间距 150mm；配置 HPB300 级构造钢筋，直径为Φ8，分布间距 250mm。如图 6.44 所示。

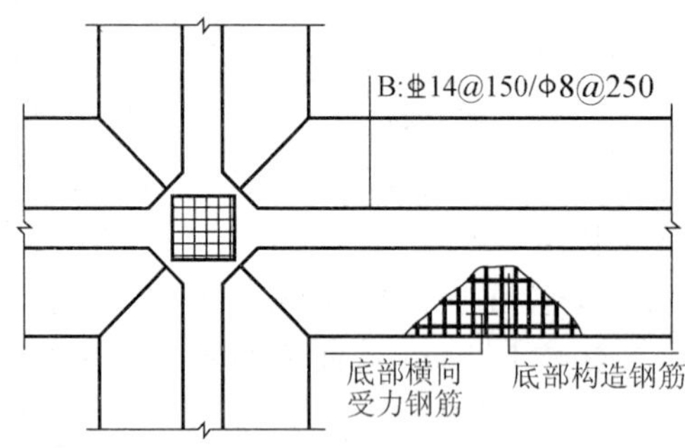

图 6.44　条形基础底板底部配筋示意

【例 6.16】 当为双梁（或双墙）条形基础底板时，除在底板底部配置钢筋外，一般尚需在两根梁或两道墙之间的底板顶部配置钢筋，其中横向受力钢筋的锚固从梁的内边缘（或墙边缘）算起，如图 6.45 所示。

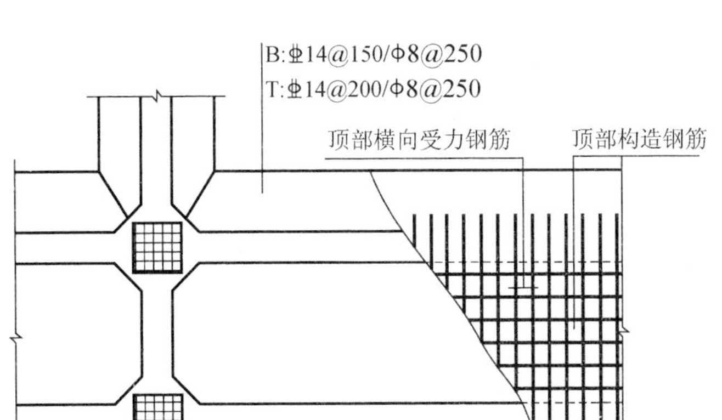

图 6.45　双梁条形基础底板顶部配筋示意

4）注写条形基础底板底面标高（选注内容）。当条形基础底板的底面标高与条形基础底板底面基准标高不同时，应将条形基础底板底面标高注写在“( )”内。

5）必要的文字注解（选注内容）。当条形基础底板有特殊要求时，应增加必要的文字注解。

（3）条形基础底板的原位标注规定

1）原位注写条形基础底板的平面尺寸。原位标注 b、b_i，i=1，2，…。其中，b 为基础底板总宽度，b_i 为基础底板台阶的宽度。当基础底板采用对称于基础梁的坡形截面或单阶形截面时，b_i 可不注，如图 6.46 所示。

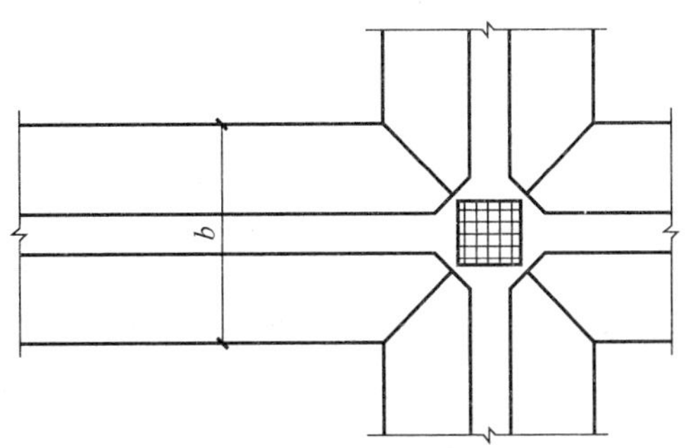

图 6.46　条形基础底板平面尺寸原位标注

素混凝土条形基础底板的原位标注与钢筋混凝土基础底板相同。

对于相同编号的基础底板，可仅选择一个进行标注。

基础也存在双墙共用同一基础底板的情况，当为双梁或为双墙且梁或墙荷载差别较大时，条形基础两侧可取不同的宽度，实际宽度以原位标注的基础底板两侧非对称的不同台阶 b_i 进行表达。

2）原位注写修正内容。当在条形基础底板上集中标注的某项内容，如底板截面竖向尺寸、底板配筋、底板底面标高等，不适用与条形基础底板的某跨或某外伸部分时，可将其修正内容原位标注在该跨或该外伸部位，施工时原位标注取值优先。

6. 条形基础的截面注写方式

（1）条形基础的截面注写方式分类

条形基础的截面注写方式，又可分为截面标注和列表注写（结合截面示意图）两种表达方式。

采用截面注写方式，应在基础平面布置图上对所有条形基础进行编号，见表 6.5 所示。

（2）条形基础截面注写的内容

对条形基础进行截面标注的内容和形式，与传统单构件正投影表示方法基本相同。对于已在基础平面布置图上原位标注清楚的该条形基础梁和条形基础底板的水平尺寸，可不在截面图上重复表达，具体表达内容可参照 11G101—3 平法图集中相应的标准构造。

（3）多个条形基础的列表注写

对多个条形基础可采用列表注写（结合截面示意图）的方式进行集中表达。表中内容为条形基础截面的几何数据和配筋，截面示意图上应标注与表中栏目相对应的代号，列表的具体内容规定如下：

1）基础梁。基础梁列表集中注写栏目为：

① 编号：注写 JLxx（xx）、JLxx（xxA）或 JLxx（xxB）。

② 几何尺寸：梁截面宽度与高度 $b\times h$。当为加腋梁时，注写 $b\times h$　$\mathrm{Y}c_1\times c_2$。

③ 配筋：注写基础梁底部贯通纵筋＋非贯通纵筋，顶部贯通纵筋，箍筋。当设计为两种箍筋时，箍筋注写为：第一种箍筋/第二种箍筋，第一种箍筋为梁端部箍筋，注写内容包括箍筋的箍数、钢筋级别、直径、间距与肢数。

基础梁列表格式如表 6.5 所示。

表 6.5　基础梁几何尺寸和配筋表

基础梁编号/截面号	截面几何尺寸		配筋	
	$b\times h$	加腋 $C_1\times C_2$	底部贯通纵筋＋非贯通纵筋，顶部贯通纵筋	第一种箍筋/第二种箍筋

注：表中可根据实际情况增加栏目，如增加基础梁底面标高等。

2）条形基础底板。条形基础底板列表集中注写栏目为：

① 编号：坡形截面编号为 $\mathrm{TJB_P}$xx（xx）、$\mathrm{TJB_P}$xx（xxA）或 $\mathrm{TJB_P}$xx（xxB），阶形截面编号为 $\mathrm{TJB_J}$xx（xx）、$\mathrm{TJB_J}$xx（xxA）或 $\mathrm{TJB_J}$xx（xxB）。

② 几何尺寸：水平尺寸 b、b_i，$i=1$，2，…；竖向尺寸 h_1/h_2。

③ 配筋：B：xx@xxx/ xx@xxx。

条形基础底板列表格式如表 6.6 所示。

表 6.6　条形基础底板几何尺寸和配筋表

基础底板编号/截面号	截面几何尺寸			底部配筋（B）	
	b	b_i	h_1/h_2	横向受力钢筋	纵向构造钢筋

注：表中可根据实际情况增加栏目，如增加上部配筋、基础底板底面标高（与基础底板板底面基准标高不一致时）等。

6.2.3 梁板式筏形基础平法施工图制图规则

1. 梁板式筏形基础平法施工图的表示方法

1）梁板式筏形基础平法施工图，系在基础平面布置图上采用平面注写方式进行表达。

2）当绘制基础平面布置图时，应将梁板式筏形基础与其所支承的柱、墙一起绘制。当基础底面标高不同时，需注明与基础底面基准标高不同之处的范围和标高。

3）通过选注基础梁底面与基础平板底面的标高高差来表达两者间的位置关系，可以明确其“高板位”（梁顶与板顶一平）、“低板位”（梁底与板底一平）以及“中板位”（板在梁的中部）三种不同位置组合的筏形基础，方便表达。

4）对于轴线未居中的基础梁，应标注其定位尺寸。

2. 梁板式筏形基础构件的类型与编号

梁板式筏形基础由基础主梁，基础次梁，基础平板等构成，编号如表 6.7 所示。

表 6.7 梁板式筏形基础构件编号

构件类型	代号	序号	跨数及有无外伸
基础主梁（柱下）	JL	xx	（xx）或（xxA）或（xxB）
基础次梁	JCL	xx	（xx）或（xxA）或（xxB）
梁板筏基础平板	LPB	xx	

注：1. （xxA）为一端有外伸，（xxB）为两端有外伸，外伸不计入跨数。例 JL7（5B）表示第 7 号基础主梁，5 跨，两端有外伸。

2. 梁板式筏形基础平板跨数及是否有外伸分别在 X、Y 两向的贯通纵筋之后表达。图面从左至右为 X 向，从下至上为 Y 向。

3. 基础主梁与基础次梁的平面注写方式。

（1）基础主梁与基础次梁平面注写方式

基础主梁 JL 与基础次梁 JCL 的平面注写，分集中标注与原位标注两部分内容。

（2）基础主梁与基础次梁的集中标注内容

基础主梁 JL 与基础次梁 JCL 的集中标注内容为:基础梁编号、截面尺寸、配筋三项必注内容，以及基础梁底面标高高差（相对于筏形基础平板底面标高）一项选注内容。具体规定如下：

1）注写基础梁的编号表 6.7。

2）注写基础梁的截面尺寸。以 $b \times h$ 表示梁截面宽度与高度；当为加腋梁时，用 $b \times h$ Y$c_1 \times c_2$ 表示，其中 c_1 为腋长，c_2 为腋高。

3）注写基础梁的配筋。

① 注写基础梁箍筋。

a. 当采用一种箍筋间距时，注写钢筋级别、直径、间距与肢数（写在括号内）。

b. 当采用两种箍筋时，用“/”分隔不同箍筋，按照从基础梁两端向跨中的顺序注写。先注写第 1 段箍筋（在前面加注箍数），在斜线后再注写第 2 段箍筋（不再加注箍数）。

【例 6.17】 9Φ16@100/Φ16@200（6），表示箍筋 HPB300 级钢筋，直径Φ16mm，从梁端向跨内，间距 100mm，设置 9 道，其余间距为 200mm，均为六肢箍。

② 注写基础梁的底部、顶部及侧面纵向钢筋。

a. 以 B 打头，先注写梁底部贯通纵筋（不应少于底部受力钢筋总截面面积的 1/3）。当跨中所注根数少于箍筋肢数时，需要在跨中加设架立筋以固定箍筋，注写时，用加号“＋”将贯通纵筋与架立筋相联，架立筋注写在加号后面的括号内。

b. 以 T 打头，注写梁顶部贯通纵筋值。注写时用分号“;”将底部与顶部钢筋分隔开。

【例 6.18】 B 4⏀32/T 2⏀32，表示梁的底部配置 4⏀32 的贯通纵筋，梁的顶部配置 2⏀32 的贯通纵筋。

c. 当梁底部或顶部贯通纵筋多余一排时，用“/”将各排纵筋自上而下分开。

【例 6.19】 梁底部贯通纵筋注写为 B 8⏀28 3/5，则表示上一排纵筋为 3 根，下一排纵筋为 5 根。

注：①基础主梁与基础次梁的底部贯通纵筋，可在跨中 1/3 净跨长度范围内采用搭接连接、机械连接或焊接；②基础主梁与基础次梁的顶部贯通纵筋，可在距支座 1/4 净跨长度范围内采用搭接连接，或在支座附近采用机械连接或焊接（均应严格控制接头百分率）

d. 以大写字母 G 打头注写基础梁两侧面对称设置的纵向构造钢筋的总配筋值（当梁腹板高度 h_w 不小于 450mm 时，根据需要配置）。

【例 6.20】 G8⏀16，表示梁的两个侧面共配置 8⏀16 的纵向构造钢筋，每各配置 4 根。

当需要配置抗扭纵向钢筋时，梁两个侧面设置抗扭纵向钢筋以 N 打头。

【例 6.21】 N8⏀16，表示梁的两个侧面共配置 8⏀16 的纵向抗扭钢筋沿截面周边均匀对称设置。

注：①当为梁侧面构造钢筋时，其搭接与锚固长度可取为 15d。②当为梁侧面受扭纵向钢筋时，其锚固长度为 l_a，搭接长度为 l_l；其锚固方式同基础梁上部纵筋。

4）注写基础梁底面标高高差（系指相对于筏形基础平板底面标高的高差值），该项为选注值。有高差时需将高差写入括号内（如“高板位”与“中板位”基础梁的底面与基础平板底面标高的高差值），无高差时不注（如“低板位”筏形基础的基础梁）。

（3）基础主梁与基础次梁的原位标注规定

1）注写梁端（支座）区域的底部全部纵筋，系包括已经集中注写过的贯通纵筋在内的所有纵筋：

① 当梁端（支座）区域的底部纵筋多于一排时，用斜线“/”将各排纵筋自上而下分开。

【例 6.22】 梁端（支座）区域底部纵筋注写为 10⏀25 4/6，则表示上一排纵筋为 4 根 25mm 的钢筋，下一排纵筋为 6 根 25mm 的钢筋。

② 当同排纵筋有两种直径时，用加号“＋”将两种直径的纵筋相联。

【例 6.23】 梁端（支座）区域底部纵筋注写为 4⏀28＋2⏀25，表示一排纵筋由两种不同直径钢筋组合。

③ 当梁中间支座两边的底部纵筋配置不同时，需在支座两边分别标注；当梁中间支座两边的底部纵筋相同时，可仅在支座的一边标注配筋值。

④ 当梁端（支座）区域的底部全部纵筋与集中注写过的贯通纵筋相同时，可不再重复做原位标注。

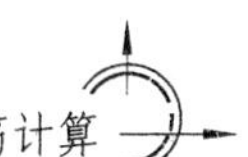

⑤ 加腋梁加腋部位钢筋，需在设置加腋的支座处以 Y 打头注写在括号内。

【例 6.24】 加腋梁端（支座）处注写为 Y4⏀25，表示加腋部位斜纵筋为 4 根 25mm 的钢筋。

施工及预算方面应注意：当底部贯通纵筋经原位修正注写后，两种不同配置的底部贯通纵筋应在两峨邻跨中配置较小一跨的跨中连接区域连接（即配置较大一跨的底部贯通纵筋需越过其跨数终点或起点伸至毗邻跨的跨中连接区域。具体位置见 11G101—3 平法图集标准构造详图）。

2）注写基础梁的附加箍筋或（反扣）吊筋。将其直接画在平面图中的主梁上，用线引注总配筋值（附加箍筋的肢数注在括号内），当多数附加箍筋或（反扣）吊筋相同时，可在基础梁平法施工图上统一注明，少数与统一注明值不同时，再原位引注。

附加箍筋或（反扣）吊筋的几何尺寸应按照 11G101—3 平法图集标准构造详图，结合其所在位置的主梁和次梁的截面尺寸确定。

3）当基础梁外伸部位变截面高度时，在该部位原位注写 $b\times h_1/h_2$，h_1 为根部截面高度，h_2 为尽端截面高度。

4）注写修正内容。当在基础梁上集中标注的某项内容（如梁截面尺寸、箍筋、底部与顶部贯通纵筋或架立筋、梁侧面纵向构造钢筋、梁底面标高高差等）不适用于某跨或某外伸部分时，则将其修正内容原位标注在该跨或该外伸部位，施工时原位标注取值优先。

当在多跨基础梁的集中标注中已注明加腋，而该梁某跨根部不需要加腋时，则应在该跨原位标注等截面的 $b\times h$，以修正集中标注中的加腋信息。

3. 基础梁底部非贯通纵筋的长度规定

1）为方便施工，凡基础主梁柱下区域和基础次梁支座区域底部非贯通纵筋的伸出长度 a_0 值，当配置不多于两排时，在 11G101—3 平法图集标准构造详图中统一取值为自支座边向跨内伸出至 ln/3 位置；当非贯通纵筋配置多于两排时，从第三排起向跨内的伸出长度值应由设计者注明。ln 的取值规定为：边跨边支座的底部非贯通纵筋，ln 取本边跨的净跨长度值；中间支座的底部非贯通纵筋，座两边较大一跨的净跨长度值。

2）基础主梁或基础次梁外伸部位底部纵筋的伸出长度 a_0 值在标准构造详图中中统一取值为：第一排伸出至梁端头后，全部上弯 $12d$ 其他排伸至梁端头后截断。

4. 梁板式筏形基础平板的平面注写方式

1）梁板式筏形基础平板 LPB 的平面注写，分板底部与顶部贯通纵筋的集中标注与板底部附加非贯通纵筋的原位标注两部分内容。当仅设置贯通纵筋而未设置附加非贯通纵筋时，则仅做集中标注。

2）梁板式筏形基础平板 LPB 贯通纵筋的集中标注，应在所表达的板区双向均为第一跨（X 与 Y 双向首跨）的板上引出（图面从左至右为 X 向，从下至上为 Y 向）。

板区划分条件：板厚相同、基础平板底部与顶部贯通纵筋配置相同的区域为同一板区。

集中标注的内容规定如下：

① 注写基础平板的编号见表 6.7。

② 注写基础平板的截面尺寸。注写 h=×××表示板厚。

③ 注写基础平板的底部与顶部贯通纵筋及其总长度。先注写 X 向底部（B 打头）贯通纵筋与顶部（T 打头）贯通纵筋及纵向长度范围；再注写 Y 向底部（B 打头）贯通纵筋与顶部（T 打头）贯通纵筋及纵向长度范围（图面从左至右为 X 向，从下至上为 Y 向）。

贯通纵筋的总长度注写在括号中，注写方式为“跨数及有无外伸”，其表达形式为：（××）（无外伸）、（××A）（一端有外伸）或（××B）（两端有外伸）。

注： 基础平板的跨数以构成柱网的主轴线为准；两主轴线之间无论有几道辅助轴线（例如框筒结构中混凝土内筒中的多道墙体），均可按一跨考虑。

【例 6.25】 X: B⏀22@150；T⏀20@150；（5B）

Y: B⏀20@200；T⏀18@200；（7A）

表示基础平板 X 向底部配置⏀22mm 间距 150mm 的贯通纵筋，顶部配置⏀20mm 间距 150mm 的贯通纵筋，纵向总长度为 5 跨两端有外伸；Y 向底部配置⏀20mm 间距 200mm 的贯通纵筋，顶部配置⏀18mm 间距 200mm 的贯通纵筋，纵向总长度为 7 跨一端有外伸。

当贯通筋采用两种规格钢筋“隔一布一”方式时，表达为ϕ xx/yy@xxx，表示直径 XX 的钢筋和直径 YY 的钢筋之间的间距为 xxx，直径为 XX 的钢筋、直径为 YY 的钢筋间距分别为 xxx 的 2 倍。

【例 6.26】 ⏀10/12@100 表示贯通纵筋为⏀10mm、⏀12mm 隔一布一，彼此之间间距为 100mm。

施工及预算方面应注意：当基础平板分板区进行集中标注，且相邻板区板底一平时，两种不同配置的底部贯通纵筋应在两毗邻板跨中配筋较小板跨的跨中连接区域连接（即配置较大板跨的底部贯通纵筋需越过板区分界线伸至毗邻板跨的跨中连接区域，具体位置见 11G101—3 平法图集标准构造详图）。

3）梁板式筏形基础平板 LPB 的原位标注，主要表达板底部附加非贯通纵筋。

① 原位注写位置及内容。板底部原位标注的附加非贯通纵筋，应在配置相同跨的第一跨表达（当在基础梁悬挑部位单独配置时则在原位表达）。在配置相同跨的第一跨（或基础梁外伸部位），垂直于基础梁绘制一段中粗虚线（当该筋通长设置在外伸部位或短跨板下部时，应画至对边或贯通短跨），在虚线上注写编号（如①、②等）、配筋值、横向布置的跨数及是否布置到外伸部位。

注：（xx）为横向布置的跨数，（xxA）为横向布置的跨数及一端基础梁的外伸部位，（xxB）为横向布置的跨数及两端基础梁外伸部位。

板底部附加非贯通纵筋向两边跨内的伸出长度值注写在线段的下方位置。当该筋向两侧对称伸出时，可仅在一侧标注，另一侧不注；当布置在边梁下时，向基础平板外伸部位一侧的伸出长度与方式按标准构造，设计不注。底部附加非贯通筋相同者，可仅注写一处，其他只注写编号。

横向连续布置的跨数及是否布置到外伸部位，不受集中标注贯通纵筋的板区限制。

【例 6.27】 在基础平板第一跨原位注写底部附加非贯通纵筋；⏀18@300（4A），表示在第一跨至第四跨板且包括基础梁外伸部位横向配置处⏀18@300 底部附加非贯通纵筋。

原位注写的底部附加非贯通纵筋与集中标注的底部贯通钢筋，宜采用“隔一步一”的

方式布置，即基础平板（X 向或 Y 向）底部附加非贯通纵筋与贯通纵筋间隔布置，其标注间距与底部贯通纵筋相同（两者实际组合后的间距为各自标注间距的 1/2）。

【例 6.28】 原位注写的基础平板底部附加非贯通纵筋为⑤⌀22@300（3），该 3 跨范围集中标注的底部贯通纵筋为 B⌀22@300，在该 3 跨支座处实际横向设置的底部纵筋合计为⌀22@150。其他与⑤号筋相同的底部附加非贯通纵筋可仅注编号⑤。

【例 6.29】 原位注写的基础平板底部附加非贯通纵筋为②⌀25@300（4），该 4 跨范围集中标注的底部贯通纵筋为 B⌀22@300，表示该 4 跨支座处实际横向设置的底部纵筋为⌀25mm 和⌀22mm 间隔布置，彼此间距为 150mm。

② 注写修正内容。当集中标注的某些内容不适用于梁板式筏形基础平板某板区的某一板跨时，应由设计者在该板跨内注明，施工时应按注明内容取用。

③ 当若干基础梁下基础平板的底部附加非贯通纵筋配置相同时（其底部、顶部的贯通纵筋可以不同），可仅在一根基础梁下做原位注写，并在其他它梁上注明“该梁下基础平板底部附加非贯通纵筋同 XX 基础梁”。

5. 应在图中注明的其他内容

1）当在基础平板周边沿侧面设置纵向构造钢筋时，应在图中注明。

2）应注明基础平板外伸部位的封边方式，当采用 U 形钢筋封边时应注明其规格、直径及间距。

3）当基础平板外伸变截面高度时，应注明外伸部位的 h_1/h_2，h_1 为板根部截面高度，h_2 为板尽端截面高度。

4）当基础平板厚度大于 2m 时，应注明具体构造要求。

5）当在基础平板外伸阳角部位设置放射筋时，应注明放射筋的强度等级、直径、根数以及设置方式等。

6）当在板的分布范围内采用拉筋时，应注明拉筋的强度等级、直径、双向间距等。

7）应注明混凝土垫层厚度与强度等级。

8）结合基础主梁交叉纵筋的上下关系，当基础平板同一层面的纵筋相交叉时，应注明何向纵筋在下，何向纵筋在上。

6.2.4　平板式筏形基础平法施工图制图规则

1. 平板式筏形基础平法施工图的表示方法

1）平板式筏形基础平面施工图，系在基础平面布置图上采用平面注写方式表达。

2）当绘制基础平面布置图时，应将平板式筏形基础与其所支承的柱、墙一起绘制。当基础底面标高不同时，需注明与基础底面基准标高不同之处的范围和标高。

2. 平板式筏形基础构件的类型与编号

平板式筏形基础可划分为柱下板带和跨中板带；也可不分板带，按基础平板进行表达。平板式筏形基础构件编号如表 6.8 所示。

表 6.8　平板式筏型基础构件编号表

构件类型	代号	序号	跨数及有无外伸
柱下板带	Z×B	xx	（xx）或（xx A）或（xx B）
跨中板带	KZB	xx	（xx）或（xx A）或（xx B）
平板筏基础平板	BPB	xx	

注：1.（xx A）为一端有外伸，（xx）为两端有外伸，外伸不计入跨数。例如 ZXB7（5B）表示第 7 号柱下板带，5 跨，两端有外伸。

2. 平板式筏形基础平板，其跨数及是否有外伸分别在 X，Y 两向的贯通纵筋之后表达。图面从左至右为 X 向，从下至上为 Y 向。

3. 柱下板带、跨中板带的平面注写方式

1）柱下板带 ZXB（视其为无箍筋的宽扁梁）与跨中板带 KZB 的平面注写，分板带底部与顶部贯通纵筋的集中标注与板带底部附加非贯通纵筋的原位标注两部分内容。

2）柱下板带与跨中板带的集中标注，应在第一跨（X 向为左端跨，Y 向为下端跨）引出。具体规定如下：

① 注写编号见表 6.8。

② 注写截面尺寸，注写 b=××××表示板带宽度（在图注中注明基础平板厚度）。确定柱下板带宽度应根据规范要求与结构实际受力需要。当柱下板带宽度确定后，跨中板带宽度亦随之确定（即相邻两平行柱下板带之间的距离）。当柱下板带中心线偏离柱中心线时，应在平面图上标注其定位尺寸。

③ 注写底部与顶部贯通纵筋。注写底部贯通纵筋（B 打头）与顶部贯通纵筋（T 打头）的规格与间距，用分号“；”将其分隔开。柱下板带的柱下区域，通常在其底部贯通纵筋的间隔内插空设有（原位注写的）底部附加非贯通纵筋。

【例 6.30】 B⌀22@300; T⌀25@150 表示板带底部配置⌀22mm 间距 300mm 的贯通纵筋，板带顶部配置⌀25mm 间距 150mm 的贯通纵筋。

注：①柱下板带与跨中板带的底部贯通纵筋，可在跨中 1/3 净跨长度范围内采用搭接连接、机械连接或焊接；②柱下板带及跨中板带的顶部贯通纵筋，可在柱网轴线附近 1/4 净跨长度范围内采用搭接连接、机械连接或焊接。

3）柱下板带与跨中板带原位标注的内容，主要为底部附加非贯通纵筋。具体规定如下：

① 注写内容：以一段与板带同向的中粗虚线代表附加非贯通纵筋；柱下板带：贯穿其柱下区域绘制；跨中板带：横贯柱中线绘制。在虚线上注写底部附加非贯通纵筋的编号（如①、②等）、钢筋级别、直径、间距，以及自柱中线分别向两侧跨内的伸出长度值。当向两侧对称伸出时，长度值可仅在一侧标注，另一侧不注。外伸部位的伸出长度与方式按标准构造，设计下注明对同一板带中底部附加非贯通筋相同者，可仅在一根钢筋上注写，其他可仅在中粗虚线上注写编号。

原位注写的底部附加非贯通纵筋与集中标注的底部贯通纵筋，宜采用“隔一布一”的方式布置，即柱下板带或跨中板带底部附加非贯通纵筋与贯通纵筋交错插空布置，其标注间距与底部贯通纵筋相同（两者实际组合后的间距为各自标注间距的1/2）。

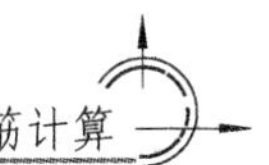

【例 6.31】 柱下区域注写底部附加非贯通纵筋③⏀22@300，集中标注的底部贯通纵筋也为 B⏀22@300，表示在柱下区域实际设置的底部纵筋为⏀22@150。其他部位与③号筋相同的附加非贯通纵筋仅注编号③。

【例 6.32】 柱下区域注写底部附加非贯通纵筋②⏀25@300，集中标注的底部贯通纵筋为 B⏀22@300，表示在柱下区域实际设置的底部纵筋为⏀25mm 和⏀22mm 间隔布置，彼此之间间距为 150mm。

当跨中板带在轴线区域不设置底部附加非贯通纵筋时，则不做原位注写。

② 注写修正内容。当在柱下板带、跨中板带上集中标注的某些内容（如截面尺寸、底部与顶部贯通纵筋等）不适用于某跨或某外伸部分时，则将修正的数值原位标注在该跨或该外伸部位，施工时原位标注取值优先。

4）柱下板带 ZXB 与跨中板带 KZB 的注写规定，同样适用于平板式筏形基础上局部有剪力墙的情况。

4. 平板式筏形基础平板 BPB 的平面注写方式

1）平板式筏形基础平板 BPB 的平面注写，分板底部与顶部贯通纵筋的集中标注与板底部附加非贯通纵筋的原位标注两部分内容。当仅设置底部与顶部贯通纵筋而未设置底部附加非贯通纵筋时，则仅做集中标注。

基础平板 BPB 的平面注写与柱下板带 ZXB、跨中板带 KZB 的平面注写为不同的表达方式，但可以表达同样的内容。当整片板式筏形基础配筋比较规律时，宜采用 BPB 表达方式。

2）平板式筏形基础平板 BPB 的集中标注，除注写编号外，所有规定均与梁板式筏形基础平板相同。

当某向底部贯通纵筋或顶部贯通纵筋的配置，在跨内有两种不同间距时，先注写跨内两端的第一种间距，并在前面加注纵筋根数（以表示其分布的范围）；再注写跨中部的第二种间距（不需加注根数）；两者用“/”分隔。

【例 6.33】 X: B12⏀22@150/200; T10⏀20@150/200 表示基础平板 X 向底部配置⏀22 的贯通纵筋，跨两端间距为 150mm 配 12 根，跨中间距为 200mm；X 向顶部配置⏀20mm 的贯通纵筋，跨两端间距为 150mm 配 10 根，跨中间距为 200mm。

3）平板式筏形基础平板 BPB 的原位标注，主要表达横跨柱中心线下的底部附加非贯通纵筋。注写规定如下：

① 原位注写位置及内容。

在配置相同的若干跨的第一跨下，垂直于柱中线绘制一段中粗虚线代表底部附加非贯通纵筋。当柱中心线下的底部附加非贯通纵筋（与柱中心线正交）沿柱中心线连续若干跨配置相同时，则在该连续跨的第一跨下原位注写，且将同规格配筋连续布置的跨数注在括号内；当有些跨配置不同时，则应分别原位注写。外伸部位的底部附加非贯通纵筋应单独注写（当与跨内某筋相同时仅注写钢筋编号）。

当底部附加非贯通纵筋横向布置在跨内有两种不同间距的底部贯通纵筋区域时，其间距应分别对应为两种，其注写形式应与贯通纵筋保持一致，即先注写跨内两端的第一种间距，并在前面加注纵筋根数；再注写跨中部的第二种间距（不需加注根数）；两者用“/”分隔。

② 当某些柱中心线下的基础平板底部附加非贯通纵筋横向配置相同时（其底部、顶部的贯通纵筋可以不同），可仅在一条中心线下做原位注写，并在其他柱中心线上注明“该柱中心线下基础平板底部附加非贯通纵筋同 XX 柱中心线”。

4）平板式筏形基础平板 BPB 的平面注写规定，同样适用于平板式筏形基础上局部有剪力墙的情况。

5. 平板式筏形基础应在图中注明的其他内容

1）注明板厚。当整片平板式筏形基础有不同板厚时，应分别注明各板厚值及其各自的分布范围。

2）当在基础平板周边沿侧面设置纵向构造钢筋时，应在图注中注明。

3）应注明基础平板外伸部位的封边方式，当采用 U 形钢筋封边时，应注明其规格、直径及间距。

4）当基础平板外伸变截面高度时，应注明外伸部位的 h_1/h_2，h_1 为板根部截面高度，h_2 为板尽端截面高度。

5）当基础平板厚度大于 2m 时，应注明设置在基础平板中部的水平构造钢筋网。

6）当在基础平板外伸阳角部位设置放射筋时，应注明放射筋的强度等级、直径、根数以及设置方式等。

7）当在板的分布范围内采用拉筋时，应注明拉筋的强度等级、直径、双向间距等。

8）应注明混凝土垫层厚度与强度等级。

9）当基础平板同一层面的纵筋相交叉时，应注明何向纵筋在下，何向纵筋在上。

6.2.5 桩基承台平法施工图制图规则

1. 桩基承台平法施工图的表示方法

1）桩基承台平法施工图，有平面注写与截面注写两种表达方式，设计者可根据具体工程情况选择一种，或将两种方式相结合进行桩基承台施工图设计。

2）当绘制桩基承台平面布置图时，应将承台下的桩位和承台所支承的柱、墙一起绘制。当设置基础联系梁时，可根据图面的疏密情况，将基础联系梁与基础平面布置图一起绘制，或将基础联系梁布置图单独绘制。

3）当桩基承台的柱中心线或墙中心线与建筑定位轴线不重合时，应标注其定位尺寸；编号相同的桩基承台，可仅选择一个进行标注。

2. 桩基承台编号

桩基承台分为独立承台和承台梁，其编号如表 6.9 和表 6.10 所示。

表 6.9　独立承台编号表

类型	独立承台截面形状	代号	序号	说明
独立承台	阶形	CT_J	xx	单阶截面即为平板式独立承台
	坡形	CT_P	xx	

注：杯口独立承台代号可为 BCT_J 和 BCT_P，设计注写方式可参照杯口独立基础，施工详图应由设计者提供。

表 6.10　承台梁编号表

类型	代号	序号	跨数及有无外伸
承台梁	CTL	xx	（xx）端部无外伸 （xxA）一端有外伸 （xxB）两端有外伸

3. 独立承台的平面注写方式

（1）独立承台的平面注写方式分类

独立承台的平面注写方式，分为集中标注和原位标注两部分内容。

（2）独立承台的集中标注内容

独立承台的集中标注，系在承台平面上集中引注：独立承台编号、截面竖向尺寸、配筋三项必注内容，以及承台板底面标高（与承台底面基准标高不同时）和必要的文字注解两项选注内容。具体规定如下：

1）注写独立承台编号（必注内容）见表 6.9。

独立承台的截面形式通常有两种：

① 阶形截面，编号加下标“J”，如 CT_Jxx；

② 坡形截面，编号加下标“P”，如 CT_Pxx。

2）注写独立承台截面竖向尺寸（必注内容）。即注写 $h_1/h_2/\cdots$，具体标注为：

① 当独立承台为阶形截面时，如图 6.47 和图 6.48 所示。图 6.47 为两阶，当为多阶时各阶尺寸自下而上用“/”分隔顺写。当阶形截面独立承台为单阶时，截面竖向尺寸仅为一个，且为独立承台总厚度，如图 6.48 所示。

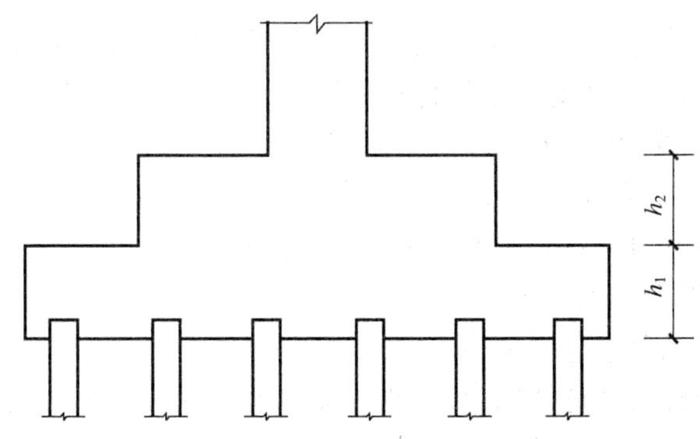

图 6.47　阶形截面独立承台竖向尺寸

② 当独立承台为坡形截面时，截面竖向尺寸注写为 h_1/h_2，如图 6.49 所示。

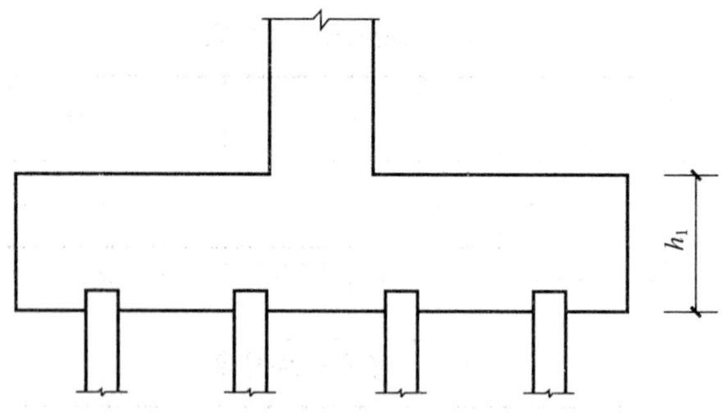

图 6.48　单阶截面独立承台竖向尺寸

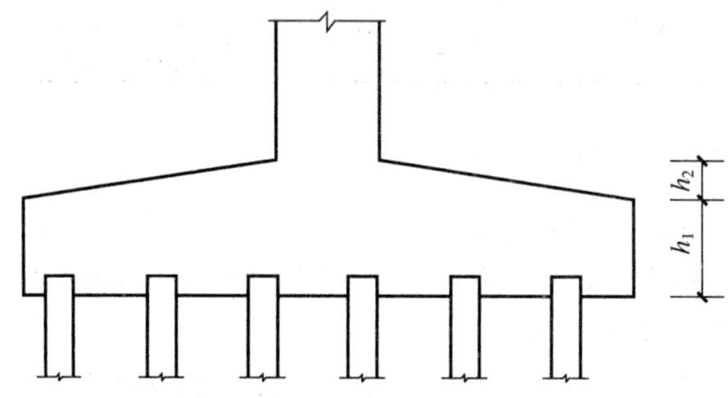

图 6.49　坡形截面独立承台竖向尺寸

3）注写独立承台配筋（必注内容）。底部与顶部双向配筋应分别注写，顶部配筋仅用于双柱或四柱等独立承台，当独立承台顶部无配筋时则不注顶部。注写规定如下：

① 以 B 打头注写底部配筋，以 T 打头注写顶部配筋。

② 矩形承台 X 向配筋以 X 打头，Y 向配筋以 Y 打头；当两向配筋相同时，则以 X&Y 打头。

③ 当为等边三桩承台时，以“△”打头，注写三角布置的各边受力钢筋（注明根数并在配筋值后注写“x3”），在“/”后注写分布钢筋。

【例 6.34】 △××Φ××@×××× 3/φ××@×××.

根数　直径　间距　分布筋

④ 当为等腰三桩承台时，以“△”打头注写等腰三角形底边的受力钢筋＋两对称斜边的受力钢筋（注明根数并在两对称配筋值后注写“×2”），在“/”后注写分布钢筋，

【例 6.35】 △××Φ××@×××+××Φ××@×××× 2/φ××@×××。

根数　直径　间距　分布筋

⑤ 当为多边形（五边形或六边形）承台或异形独立承台，且采用 X 向和 Y 向正交配筋时，注写方式与矩形独立承台相同。

⑥ 两桩承台可按承台梁进行标注。

4）注写基础底面标高（选注内容）。当独立承台的底面标高与桩基承台底面基准标高不同时，应将独立承台底面标高注写在括号内。

5）必要的文字注解（选注内容）。当独立承台的设计有特殊要求时，宜增加必要的文字注解。例如，当独立承台底部和顶部均配置钢筋时，注明承台板侧面是否采用钢筋封边

以及采用何种形式的封边构造等。

（3）独立承台的原位标注内容

独立承台的原位标注，系在桩基承台平面布置图上标注独立承台的平面尺寸，相同编号的独立承台，可仅选择一个进行标注，其他仅注编号。注写规定如下：

1）矩形独立承台：原位标注 X、Y、X_c、Y_c（或圆柱直径 dc），X_i、Y_i、a_i、b_i，i=1、2、3…。

其中，X、Y 为独立承台两向边长，X_c、Y_c 为柱截面尺寸，X_i、Y_i 为阶宽或坡形平面尺寸，a_i、b_i 为桩的中心距及边距（a_i、b_i 根据具体情况可不注）。如图 6.50 所示。

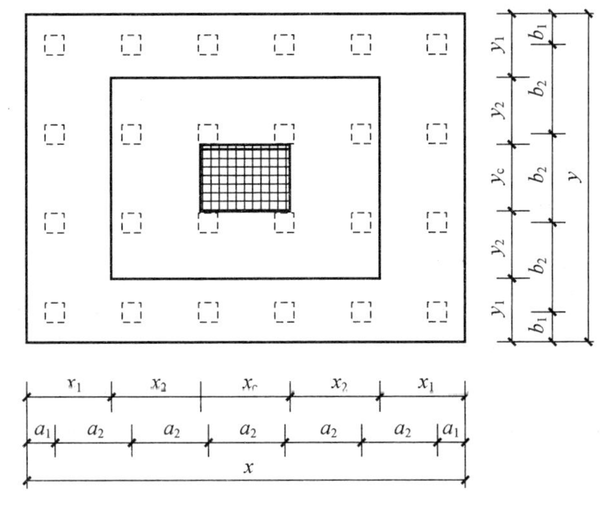

图 6.50　矩形独立承台平面原位标注

2）三桩承台。结合 X、Y 双向定位，原位标注 X 或 Y，X_c、Y_c（或圆柱直径 dc），X_i、Y_i，i=1、2、3…，a。其中，X 或 Y 为三桩独立承台平面垂直于底边的高度，X_c、Y_c 为柱截面尺寸，X_i、Y_i 为承台分尺寸和定位尺寸，a 为桩中心距切角边缘的距离。

等边三桩独立承台平面原位标注，如图 6.51 所示。

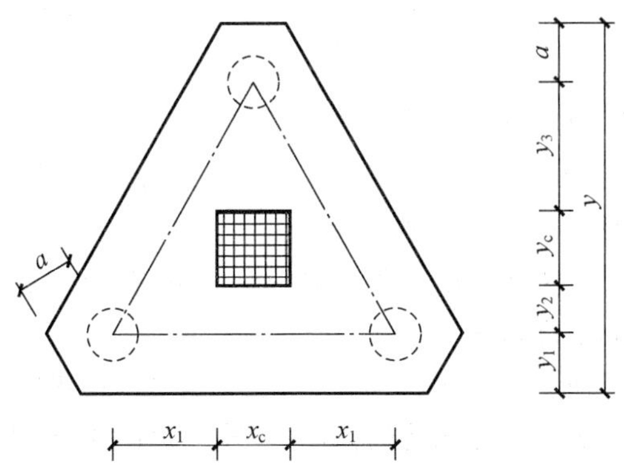

图 6.51　等边三桩独立承台平面原位标注

等腰三粧独立承台平面原位标注，如图 6.52 所示。

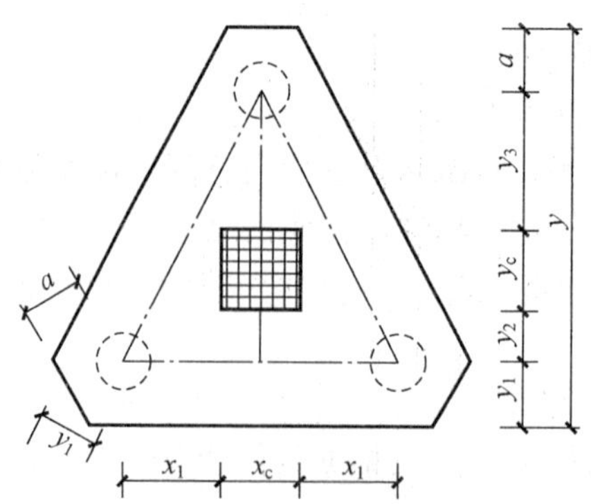

图 6.52　等腰三桩独立承台平面原位标注

3）多边形独立承台。结合 X、Y 双向定位，原位标注 X 或 Y，X_c、Y_c（或圆柱直径 dc），X_i、Y_i，a_i，i=1，2，3…。

4. 承台梁的平面注写方式

（1）承台梁平面注写方式分类

承台梁 CTL 的平面注写方式，分集中标注和原位标注两部分内容。

（2）承台梁集中标注内容

承台梁的集中标注内容为：承台梁编号、截面尺寸、配筋三项必注内容，以及承台梁底面标高（与承台底面基准标高不同时）、必要的文字注解两项选注内容。具体规定如下：

1）注写承台梁编号（必注内容）表 6.10。

2）注写承台梁截面尺寸（必注内容）。即注写 $b \times h$，表示梁截面宽度与高度。

3）注写承台梁配筋（必注内容）。

① 注写承台梁箍筋：

a. 当具体设计仅采用一种箍筋间距时，注写钢筋级别直径、间距与肢数（箍筋肢数写在括号内）。

b. 当具体设计采用两种箍筋间距时，用“/”分隔不同箍筋的间距。此时，设计应指定其中一种箍筋间距的布置范围。

② 注写承台梁底部、顶部及侧面纵向钢筋：

a. 以 B 打头，注写承台梁底部贯通纵筋。

b. 以 T 打头，注写承台梁顶部贯通纵筋。

【例 6.36】 B:5⌀25；T:7⌀25，表示承台梁底部配置贯通纵筋 5 根 25mm 的钢筋，梁顶部配置贯通纵筋 7 根 25mm 的钢筋。

c. 当梁底部或顶部贯通纵筋多于一排时，用“/”将各排纵筋自上而下分开。

d. 以大写字母 G 打头注写承台梁侧面对称设置的纵向构造钢筋的总配筋值（当梁腹板净高 h_w≥450mm 时，根据需要配置）。

【例 6.37】G8⌀14，表示梁每个侧面配置纵向构造钢筋 4 根 14mm 的钢筋，共配置 8⌀14。

4）注写承台梁底面标高（选注内容）。当承台梁底面标高与桩基承台底面基准标高不同时，将承台梁底面标高注写在括号内。

5）必要的文字注解（选注内容）。当承台梁的设计有特殊要求时，宜增加必要的文字注解。

（3）承台梁的原位标注规定

1）原位标注承台梁的附加箍筋或（反扣）吊筋。当需要设置附加箍筋或（反扣）吊筋时，将附加箍筋或（反扣）吊筋直接画在平面图中的承台梁上，原位直接引注总配筋值（附加箍筋的肢数注在括号内）。当多数梁的附加箍筋或（反扣）吊筋相同时，可在桩基承台平法施工图上统一注明，少数与统一注明值不同时，再原位直接引注。

2）原位注写承台梁外伸部位的变截面高度尺寸。当承台梁外伸部位采用变截面高度时，在该部位原位注写 $b \times h_1/h_2$，h_1 为根部截面高度，h_2 为尽端截面高度。

3）原位注写修正内容。当在承台梁集中标注的某项内容（如截面尺寸、箍筋、底部与顶部贯通纵筋或架立筋、梁侧面纵向构造钢筋、梁底面标高等）不适用于某跨或某外伸部位时，将其修正内容原位标注在该跨或该外伸部位，施工时原位标注取值优先。

5. 桩基承台的截面注写方式

1）桩基承台的截面注写方式，可分为截面标注和列表注写（结合截面示意图）两种表达方式。

采用截面注写方式，应在桩基平面布置图上对所有桩基进行编号。

2）桩基承台的截面注写方式，可参照独立基础及条形基础的截面注写方式，进行施工图的表达。

6.3 基础构件钢筋计算

【知识目标】 掌握不同形式基础钢筋的计算思路和方法；掌握不同形式基础的组成部分及钢筋的计算；结合柱、梁、板等构件钢筋计算方法融入基础构件钢筋计算。

【能力目标】 具备根据不同基础形式计算基础钢筋工程量的能力；具备根据基础施工图纸和标准构造详图分析构件钢筋构造要求的能力。

由于基础的形式很多，且每个建筑物的基础形式相对比较单一，当然也有很多不同基础形式组合存在的情况，我们在此不能对不同形式的基础的钢筋计算过程逐一讲解，仅以书后所附图集的基础构件钢筋计算的过程进行梳理和解释，希望大家从中学会计算的思路和方法，以实现知识体系的融会贯通，提高学习效果。

1. 识读基础图纸，确定基础形式

在初步阅读了结构设计总说明之后，找到图纸结施-2 的基础平面布置图和结施-3 的基础详图两张图纸，这两张图纸将作为我们进行基础钢筋计算的重要依据。

通过对结施-2 和结施-3 的识读，根据前述内容我们不难判定此基础形式为独立基础，且为坡形独立基础，为加强基础的整体性，防止基础间的不均匀沉降，这些独立基础之间用基础连梁进行了联系。从图纸中我们看到独立基础共有 5 种，分别为 J-1、J-2、J-3、J-4 和 J-5，其中 J-1 共有 4 个；J-2 共有 12 个；J-3 共有 9 个；J-4 共有 4 个；J-5 共有 2 个。基础连梁共有 DLL 和 DLL1 两种截面尺寸和配筋。

2. 确定计算思路

通过前面分析，我们得到此基础的钢筋工程量计算思路比较清晰且简单，应为独立基础钢筋工程量与基础连梁钢筋工程量之和。具体为：

J-1 钢筋工程量×4 个＋J-2 钢筋工程量×12 个＋J-3 钢筋工程量×9 个＋J-4 钢筋工程量×4 个＋J-5 钢筋工程量×2 个＋DLL 钢筋工程量＋DLL1 钢筋工程量

3. 识读独立基础平法施工图

此处以独立基础 J-1 为例进行钢筋工程量计算，其他同理不再赘述。

根据对所附图集结施-3 的识读，我们得到了关于 J-1 的有关信息，具体如下：

1）J-1 为坡形独立基础。

2）截面尺寸为 2800×2800。

3）基础底板总厚度为 750mm，其中 h_1＝350，h_2＝400。

4）基础底板 X 方向和 Y 方向均配置了Φ16@150 的钢筋，基础底板顶部未配置钢筋。

4. 独立基础钢筋计算

（1）J-1 独立基础底板 X 方向钢筋计算

① X 方向长度计算。根据平法图集 11G101—3 中独立基础底板配筋长度减短 10%构造要求，“1.当独立基础底板长度大于等于 2500mm 时，底板配筋长度可取相应方向底板长度的 0.9 倍。2.当非对称独立基础底板长度大于等于 2500mm 时，但改基础某侧从柱中心至基础底板边缘的距离小于 1250mm 时，钢筋在该侧不应减短。”

本例中 X 方向长度为 2800mm，且大于 2500mm，所以钢筋长度应取底板长度的 0.9 倍。

$$X 方向长度＝2800×0.9＝2520mm$$

② X 方向道数计算。根据平法图集 11G101—3 中独立基础底板配筋构造要求，如图 6.53 所示。

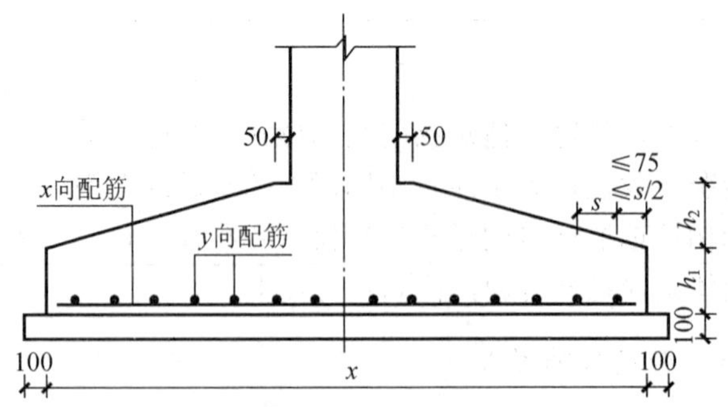

图 6.53　独立基础底板配筋构造

X 方向钢筋道数＝（底板 Y 方向尺寸－起步距离×2 端）/X 方向钢筋间距＝（2800－75×2 端）/150＝2650/150＝19 根

③ J-1 的 X 方向钢筋工程量＝X 方向长度×X 方向道数＝2520mm×19 根＝47 880mm

（2）J-1 独立基础底板 Y 方向钢筋计算

① Y 方向长度计算

$$Y\text{方向长度}=2800\times0.9=2520\text{mm}$$

② Y 方向道数计算

$$Y\text{方向道数}=(2800-75\times2\text{端})/150=2650/150=19\text{根}$$

③ J-1 的 Y 方向钢筋工程量＝Y 方向长度×Y 方向道数＝2520mm×19 根＝47880mm

（3）J-1 独立基础底板钢筋计算

J-1 独立基础底板钢筋＝X 方向钢筋工程量＋Y 方向钢筋工程量＝47 880＋47 880＝95 760mm

5. 基础连梁 DLL 的钢筋计算

参考书后所附图集结施—3 中识读 DLL 的相关信息。

1）截面尺寸 300×750。

2）上部和下部的贯通钢筋均为 4Φ22。

3）侧部钢筋为 6Φ12。

4）箍筋为Φ8@200。

5）拉筋为Φ8@400，共三道。

由于项目 2 中已经对梁的钢筋计算进行了较为详细的介绍，故此处关于对 DLL 和 DLL1 中钢筋的计算过程不再赘述，学习中可参考项目 2 内容深入研究思考。

附录　工程信息表

建筑施工图

	办公楼				工号		图号	
					分号		页号	1
序号	图纸名称	图号	重复使用图纸号		实际张数	折合标准张	备　注	
			院内	院外				
1	封皮、目录				1	0.5		
2	施工图设计说明	建施-说1			1	1.0		
3	工程营造做法表	建施-说2			1	1.0		
4	总平面图	建施-总1			1	1.0		
5	一层平面图	建施-1			1	1.50		
6	二层平面图	建施-2			1	1.25		
7	三层平面图	建施-3			1	1.25		
8	屋顶平面图	建施-4			1	1.25		
9	①－⑰ 立面图	建施-5			1	1.25		
10	⑰－① 立面图	建施-6			1	1.25		
11	Ⓓ－Ⓐ 立面图　1-1 剖立面图	建施-7			1	1.0		
12	Ⓐ－Ⓓ 立面图　详图 (1/12)	建施-8			1	1.0		
13	楼梯详图	建施-9			1	1.0		
14	墙身详图 ①	建施-10			1	1.0		
15	墙身详图 ② 洗手间详图 淋浴间详图	建施-11			1	1.0		
16	墙身详图 ③	建施-12			1	1.0		
17	墙身详图 ④	建施-13			1	1.0		
18	门窗立面图及门窗表	建施-14			1	1.0		
					20	19.75		

制 表		校 正		审 核		日 期	年 月 日

施工图设计说明

1　通用说明

1.1 本说明为建筑施工图设计说明，本说明与施工图互为补充。
1.2 有关施工质量、操作规程、验收标准，均以国家委、部和本市颁发的有关验收规范为准。
1.3 施工单位应事先熟悉图纸，经我院各专业负责人向施工单位进行技术交底后方能施工。当图纸有不明或作法不当之处应提前与我院联系解决，不得自行变更作法。

2　设计依据

2.1 民用建筑设计通则GB 50352-2005
2.2 建筑设计防火规范版GBJ16-87 (2001)
2.3 建筑内部装修设计防火规范GB50222-95
2.4 屋面工程质量验收规范DB50207-2002
2.5 部队提供的有关资料
2.6 办公建筑设计规范JGJ67-89

3　工程概况说明

3.1 本工程为办公楼工程。共三层，总建筑面积2740平方米。
3.2 建筑物檐口高度11.32米。室内外高差为 0.600m。
3.3 本工程一层室内地面±0.000相当于西侧原建办公楼一层地面±0.000。
3.4 本工程地震设计烈度为七度（0.5g）。

4　砖砌体、混凝土工程

4.1 按总平面规定的位置放线，经有关单位核对无误后方能开始刨槽。
4.2 内外墙体采用轻集料混凝土小型空心砌块。页岩砖强度等级为MU5，砌筑砂浆强度等级为M5。
4.3 房心土、还槽土除注明者外，可用筛除其中掺杂的垃圾、草根、杂物的原槽土或粘土逐步填垫夯实。
4.4 砌体墙上的孔洞应在砌筑时预留，不准事后剔凿。
4.5 木门窗洞口木砖应距洞口上下各四皮砖、中间距离不大于700mm位置留置。其它材质门窗洞口按图示位置预留捞卡，或参照有关产品样本。
4.6 通风道及附墙烟囱应按图纸排列施工，并采用市建委批准的标准图集。其接口周围要求灌浆严密，施工后应按[1989建质管] 736号文的规定逐个进行试烟。
4.7 凡室内墙体需砌圆角的阳角处应在砌筑时预留，不得事后剔凿。
4.8 楼板预留孔洞要求位置准确，严禁剔凿。孔洞应采用套管穿孔并用C20细石混凝土浇灌严密并做闭水试验，要求24小时无渗漏为合格。
4.9 凡在结构构件中（如梁、板、挑檐）用于安装建筑配件的预埋件均在结构专业图纸中表示。
4.10 墙体防潮层做法详结施。

5　地面工程

5.1 凡厕所、浴室地面的标高均应低于相邻房间地面20mm，并向地漏处找泛水。按[1990建质管] 31号文的要求做地面蓄水试验，经检查无渗漏、无积水为合格。
5.2 踢脚板除图中注明处外，建筑踢脚板高度为120mm。

6　室内外装饰工程

6.1 室内外装饰工程施工的环境温度应符合下列规定：
6.1.1 刷浆、饰面和高级抹灰，及其混色油漆工程不应低于5℃。
6.1.2 中级和普通抹灰，及其混色油漆工程以及玻璃工程不应低于0℃。
6.1.3 用胶粘剂粘贴的罩面板工程不应低于10℃。
6.1.4 涂刷清漆不应低于8℃。
6.2 室内砌体墙阳角处均做1:2.5水泥砂浆20厚护角，做于洞口时抹过墙角各120mm，做于门窗口时一侧抹过120mm另一面压入框料灰口线内。其高度在门窗处为门窗的高度，在洞口、楼梯间阳角处为通高。
6.3 未注明的室内水泥砂浆窗台板其1:2.5水泥砂浆抹面凸出内墙面10mm、高30mm、探出窗口两侧30mm。
6.4 窗台、散水、台阶、女儿墙压顶按流水方向必须做到内高外低、内平外坡（女儿墙压顶的流水方向为朝向屋面）。做到不积水，杜绝倒水现象。
6.5 室外窗套、压顶、腰线等凡突出墙面60mm以下者，按上面做流水坡度，下面必须做滴水线。雨罩、挑檐、遮阳板、窗楣等凡突出墙面60mm以上者，板上面按图纸要求抹出流水坡度，板下按规定位置做滴水槽。
6.6 外檐抹灰、涂料、板材的颜色，应由施工单位按照设计的要求事先提供样板或样品，经设计人与基建单位共同确定。
6.7 外檐粉刷涂料的施工，应满足涂料规定的水泥抹面基层干燥时间，不应雨中施工。
6.8 外檐所有装饰线角、门窗套口、柱饰、山花等均采用GRC系列成品，并根据建筑施工图的位置要求由二次装 修选用，粉饰颜色同墙面。

7　屋面工程

7.1 坡屋面选用红色陶土瓦，坡度详见设计图纸
7.2 屋面应按《屋面工程技术规范》GB50345-2004施工。平屋面排水坡度≥2%，靠近檐沟、天沟500mm范围内坡度加大为15%。
7.3 檐沟、天沟最小坡度：
卷材平屋面檐沟、天沟≥10‰。
砂浆或块石面层檐沟≥5‰。
7.4 屋面采用焦渣找坡必须经过筛分，粒径控制在5mm-40mm，其中不应含有有机物、石块、土块、矿渣块和未燃尽煤块。
7.5 屋面突出部位及转角处的找平层必须抹成平缓的半弧形，半径控制在100mm-120mm，弧度要求一致。
7.6 泛水处混凝土护坡均采用C20细石混凝土，并与水平面成60°角。
7.7 卷材天沟在防水层下面加铺卷材一层，雨水口周围加铺卷材二层。

8　门窗油漆及玻璃工程

8.1 油漆：
8.1.1 油漆工程混凝土和抹灰基层的含水率不得大于8%。
8.1.2 冬季施工室内油漆工程应在采暖条件下进行，室温保持均衡不得突然变化。
8.1.3 凡预留木砖和木活隐蔽靠墙处均刷（煮）沥青二道防腐。
8.1.4 门窗及露明木活等木装修均刷底子油一道，调和漆二道（中等作法）。
8.1.5 金属材料必须除锈并刷防锈漆一道，调和漆二道。
8.1.6 所有油漆颜色由设计人员提出基本色调，施工单位作出样板，由我院会同建设单位共同决定。
8.1.7 混凝土表面和抹灰表面涂饰前应干燥洁净。不得有起皮、松散等缺陷，粗糙处应磨光，缝隙和小孔洞等应用腻子补平。
8.2 门窗隔断上的玻璃除图说规定外，凡无注明要求者按下列要求安装：
8.2.1 开启的窗扇每块玻璃面积≤0.35平方米、固定窗每块玻璃面积≤0.45平方米时，可采用3mm厚玻璃。超过上述规定应采用5mm玻璃。
8.2.2 外檐玻璃均采用素片玻璃。
8.3 门窗：
8.3.1 木门采用红白松，油漆为中等做法。
8.3.2 门窗樘口尺寸按洞口尺寸每侧所预留15mm空隙是按一般工程20mm外粉刷饰面考虑的，凡20mm以上外饰面（如镶贴水磨石预制板或大理石贴面时）应相应调整樘口尺寸。有吊顶处之门应结合吊顶标高及节点情况确定门樘口尺寸的高度和立框构造。
8.3.3 门窗上的五金均采用国产优质品，由建设单位与设计人协商决定。
8.3.5 外檐窗采用气密性良好的门窗，气密性等级应在 级以上 $(41.5m^3/(m.h)>ql<0.5m^3/(m.h))$。
8.3.6 所有内外檐门窗均须要现场实测洞口尺寸，按立面示意的分格制做。

10　杂项工程：

10.1 外墙雨水管采用φ100UPVC圆形雨水管颜色为白色。出水嘴处设UPVC天漏罩，安装时应注意与屋面防水层交接严密避免渗漏现象。雨水管安装应弹立线做到垂直、牢固，雨水管的卡箍可用钻孔埋设或膨胀螺栓固定，不得用木楔直接顶入砖缝。
10.2 楼梯栏杆扶手参照98J8-37-2。材质为不锈钢，楼梯栏杆水平长度超过500mm时，高度为1100mm。
10.3 室外散水选用98J9-69-3宽为 600mm。
10.4 强、弱电设备箱暗装位置，建筑图未注明尺寸详电气专业图纸。
10.5 洗手间、淋浴间排气道平面尺寸为240X320选用津04SJ108。
10.6 地面、楼面暖管沟槽位置尺寸做法详暖通专业图纸。
10.7 卫生间地面的标高应低于相邻房间20mm。
10.8 洗手间、淋浴间排气道平面尺寸为240X320选用津04SJ108。
10.9 地面、楼面暖管沟槽位置尺寸做法详暖通专业图纸。
10.10 卫生间地面的标高应低于相邻房间20mm。配电间楼地面的标高于相邻房间160mm。
10.12 外墙空调机管留洞为DN80洞中距侧墙为150，采用壁挂室内机时洞中距楼地面为2100，采用落地柜机时洞中距楼地面为200，洞中距侧面墙为200，并应与电源插座设在房间的同一侧，洞口应内高外低，高差为 20mm。
10.11 滴水线除注明者外，参照98J3（一）-6-C、98J3（一）-14-C。
10.13 无雨水管处的空调安装冷凝水竖管，采用UPVC冷凝水竖管φ50。
10.14 所有坡屋顶钢筋混凝土结构板上预留胡子筋双向φ6@200φ50高。

工程主持人		月　日	工称名称		工号	
主任工程师		月　日				
专业负责人		月　日	工程项目	办公楼	分号	
审　　核		月　日				
校　　正		月　日				
设　　计		月　日	图　名	施工图设计说明	图号	建施-说1
制　　图		月　日				

工程营造做法表

位置	名称	工程做法	厚度	适用范围	说明
地面1	玻化砖 (规格 500×500)	1.铺8～10厚玻化砖，干水泥擦缝 2.撒素水泥面(洒适量清水) 3.20厚1:4干硬性水泥砂浆结合层 4.刷素水泥浆结合层一道 5. 60厚C15混凝土垫层 6. 150厚3:7灰土垫层 7.素土夯实		乒乓球室 台球室 健身房 器械库房 阅览室书库 办公室	用于配电间时无1～4两项
地面2	磨光花岗岩面砖 (规格 600×600)	1.铺18～20厚花岗岩，干水泥擦缝 2.撒素水泥面(洒适量清水) 3.30厚1:4干硬性水泥砂浆结合层 4.刷素水泥浆结合层一道 5. 60厚C15混凝土垫层 6. 150厚3:7灰土垫层 7.素土夯实		门厅、走廊、楼梯间	
地面3	防滑地砖 (规格 300×300)	1.8-10厚防滑地砖，干水泥擦缝 2.撒素水泥面（撒适量清水） 3.20厚1:4干硬性水泥砂浆结合层 4.素水泥浆结合层一道 5.60厚（最高处）C20细石混凝土（内掺有机防水剂配比详见产品说明书）从门口处向地漏找坡，最低处不小于30厚。 6.聚氨酯涂膜防水涂层不小于三遍2厚，防水层周边卷起高150。 7.40厚C20细石混凝土随打随抹平，四周抹小八字角 8.150厚3：7灰土 9.素土夯实		洗手间 淋浴间	
楼面1	玻化砖 (规格 500×500)	1.铺8～10厚玻化砖，干水泥擦缝 2.撒素水泥面（洒适量清水） 3.20厚1：4干硬性水泥砂浆结合层 4.20厚1：3水泥砂浆找平层 5.现浇钢筋混凝土楼板		办公室	
楼面2	磨光花岗岩面砖 (规格 600×600)	1.18-20厚花岗岩铺面，灌稀水泥浆擦缝，花岗岩颜色待定。 2.撒素水泥面（洒适量清水） 3.30厚1：4干硬性水泥砂浆结合层 4.撒素水泥浆一道 5.现浇钢筋混凝土楼板		走廊、楼梯间	
楼面3	防滑地砖 (规格 300×300)	1.8-10厚防滑底地砖，干水泥擦缝，尺寸颜色待定。 2.撒素水泥面（撒适量清水） 3.20厚1：4干硬性水泥砂浆结合层 4.60厚C20细石混凝土向地漏处找坡，最薄处不小于30厚 5. 聚氨酯涂膜防水涂层不小于三遍2厚，防水层周边卷起高150。 6.20厚1：3水泥砂浆找平层，四周抹小八字角 7.现浇钢筋混凝土楼板			
楼面4	细石混凝土抹平	1.C20厚40细石混凝土随打随抹平 2.填碎砖120厚 3. 现浇钢筋混凝土楼板		用于配电间	
内墙1	乳胶漆	1.刷白色内墙涂料 2.6厚1：1：6水泥石灰膏砂浆抹面 3.8厚1：1：6水泥石灰膏砂浆打底扫毛 4.刷混凝土界面处理剂一道（随刷随抹底灰）		乒乓球室 台球室 健身房 器械库房 阅览室书库	办公室 门厅、走廊，楼梯间

工程营造做法表

位置	名称	工程做法	厚度	适用范围	说明
内墙2	釉面瓷砖墙面 (规格 200×300)	1.白水泥擦缝 2.贴5-8厚釉面砖（在釉面砖粘贴面上随粘随刷一道混凝土界面处理剂，增强粘结力或在面砖上涂抹专用粘结剂然后粘贴） 3.8厚1：0.5：2.5水泥石灰膏砂浆 4.8厚1：0.5：4水泥石灰膏砂浆打底 5.刷界面剂一道		洗手间 淋浴间	
内墙3	水泥砂浆墙面	1.8厚1：2.5水泥砂浆抹面 2.刷混凝土界面处理剂一道（随刷随抹底灰）		用于配电间	
顶棚1	乳胶漆面	1.刷乳胶漆 2.5厚1：0.3：2.5水泥石灰膏砂浆抹面 3.5厚1：0.3：3水泥石灰膏砂浆打底扫毛 4.刷素水泥沙浆一道 5.钢筋混凝土楼板		办公室、走廊 楼梯间	
顶棚2	PVC条板吊顶	1.PVC条板，规格颜色选样 2.ϕ6螺栓吊杆，双向吊点中距900～1200一个 3.大龙骨60×30×1.5(吊点附吊挂)中距1200 4.条板龙骨 5.钢筋混凝土板内预留ϕ6铁环，双向吊点中距900～1200		洗手间 淋浴间	
顶棚3	矿棉吸音板吊顶	1.龙骨档内填50厚保温岩棉，用玻璃丝布包好 2.参照98J7(三)-33		办公室、走廊	
踢脚1	地砖踢脚	1.18~10厚地砖踢脚板稀水泥擦缝. 2.5厚1：1水泥细砂浆结合层 3.12厚1：3水泥细砂浆打底扫毛 4.刷界面处理剂一道		办公室等	
踢脚2	花岗石踢脚	1.稀水泥擦缝 2.18-20厚花岗石稀水泥擦缝 3.20厚1：2水泥砂浆打底灌贴 4.刷界面处理剂一道		门厅、走廊 楼梯间	
外墙1	喷（刷）外墙涂料	1.喷（刷）外墙涂料 2.6厚1：2.5水泥砂浆找平层 3.6厚1：1：6水泥砂浆刮平扫毛 4.6厚1：0.5：4水泥砂浆打底扫毛 5.刷加气混凝土界面处理剂一遍			分格缝及颜色见立面图
外墙2	GRC外檐饰线	1.选用成品GRC产品，由二次装修选样			见立面图示意
外墙3	蘑菇石	1.1：1水泥细砂浆勾缝压实（密缝做法不勾缝设计时说明） 2.60C 20宽缝隙用细石混凝土填实（每层《200高） 3.花岗岩蘑菇石100厚，上、下侧面刻槽打孔用ϕ12挂钩与横向钢筋钩牢，料石下缝座1：2水泥砂浆 4.墙身欲埋ϕ10锚固筋（长210，入墙180）双向@500与纵向ϕ12钢筋焊牢，按料石高度尺寸，在竖筋与墙面之间设横向ϕ12钢筋与纵筋绑扎		勒脚	
屋面1	陶瓦坡屋面（有保温）	1.陶土平瓦 2.20X25挂瓦条，8X30顺水条中距500，水泥钉固定 3. 30厚C20细石混凝土随打随抹平 4.SBS防水层一道，厚度不小于3mm 5.冷底子油一道 6.20厚1：3水泥砂浆找平层 7. 60厚挤塑型聚苯保温板(XPS) 8.钢筋混凝土屋面板		坡屋面	防水等级三级

工程营造做法表

位置	名称	工程做法	厚度	适用范围	说明
屋面2	SBS防水屋面(有保温)	1.刷着色涂料保护层 2.SBS防水层一道，厚度不小于3mm 3. 20厚1：3水泥砂浆找平层 4. 60厚挤塑型聚苯保温板(XPS) 5.钢筋混凝土层面板		气窗屋面	防水等级三级
屋面3	防水不保温屋面	1.刷着色涂料保护层 2. 2厚聚氨脂防水涂膜 3. 20厚1：3水泥砂浆找平层，向墨水孔处找2%泛水 4.钢筋混凝土板	22MM	雨蓬顶面	

室名做法表

房间名称 \ 位置		楼、地面	墙面	顶棚	踢脚
一层平面	门厅	地面2	内墙1	顶棚1	踢脚2
	楼梯间　走道	地面2	内墙1	顶棚1	踢脚2
	乒乓球室　台球室	地面1	内墙1	顶棚1	踢脚1
	健身房　器械库房	地面1	内墙1	顶棚1	踢脚1
	阅览室　书库	地面1	内墙1	顶棚1	踢脚1
	办公室	地面1	内墙1	顶棚1	踢脚1
	男女洗手间及其前室	地面3	内墙2	顶棚2	
	淋浴间及其前室	地面3	内墙2	顶棚2	
	配电间	地面1(见说明)	内墙3	楼板底不做处理	
二层平面	办公室	楼面1	内墙1	顶棚1	踢脚1
	楼梯间　走道	楼面2	内墙1	顶棚1	踢脚2
	男女洗手间及其前室	楼面3	内墙2	顶棚2	
	配电间	楼面4	内墙3	楼板底不做处理	
三层平面	办公室	楼面1	内墙1	顶棚3	踢脚1
	楼梯间　走道	楼面2	内墙1	顶棚3	踢脚2
	男女洗手间及其前室	楼面3	内墙2	顶棚2	
	配电间	楼面4	内墙3	楼板底不做处理	
雨蓬				顶棚1	
挑檐				顶棚1	

工程主持人	月日	工称名称		工号	
主任工程师	月日				
专业负责人	月日	工程项目	办公楼	分号	
审核	月日				
校正	月日				
设计	月日	图名	工程营造做法表	图号	建施-说2
制图	月日				

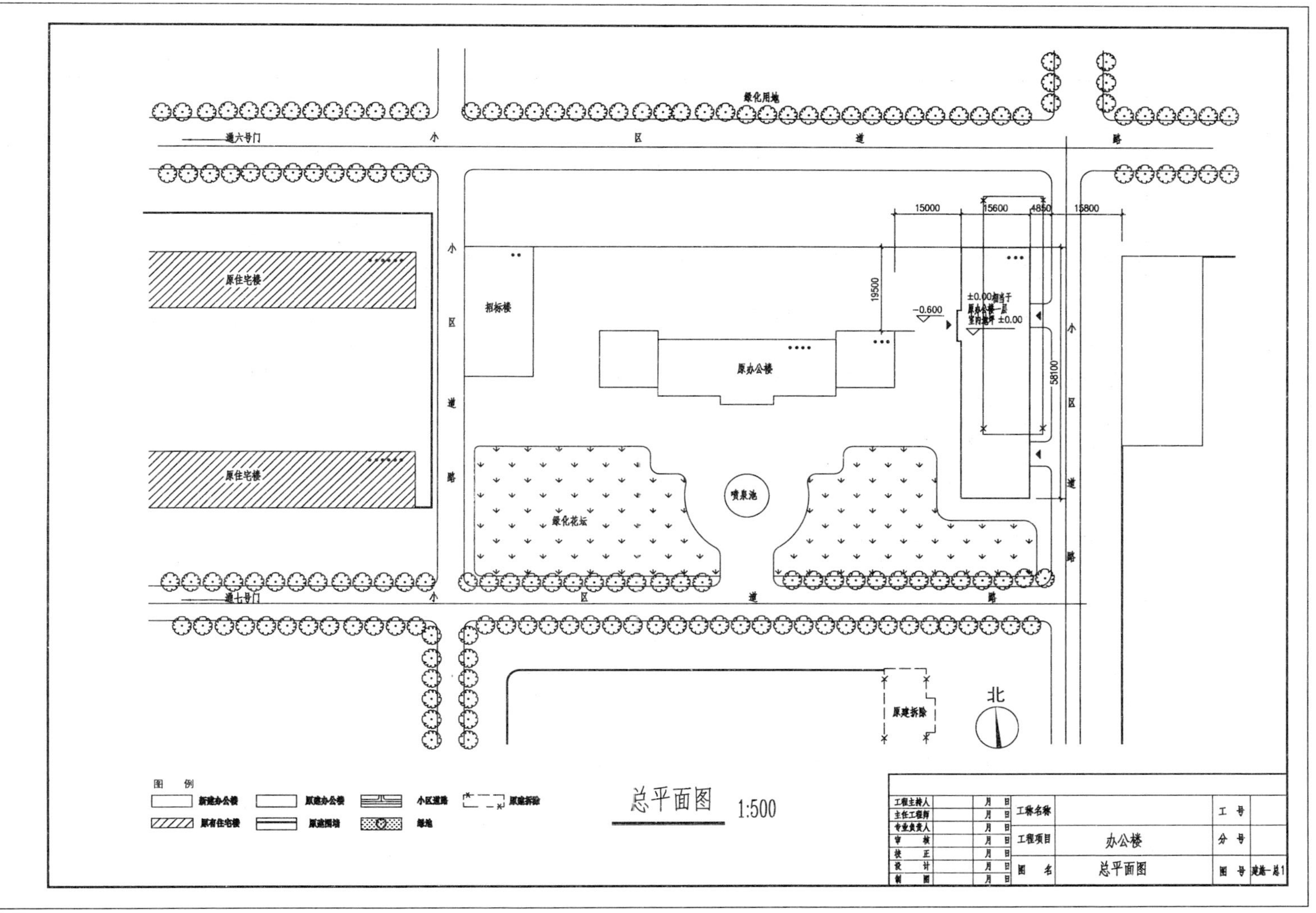
总平面图
1:500
北
原住宅楼
原住宅楼
原办公楼
喷泉池
19500
15000
5600
4800
58100
15800
-0.600
±0.00
工程名称
工程项目
图名
办公楼
总平面图
工号
分号
图号
建施-总1

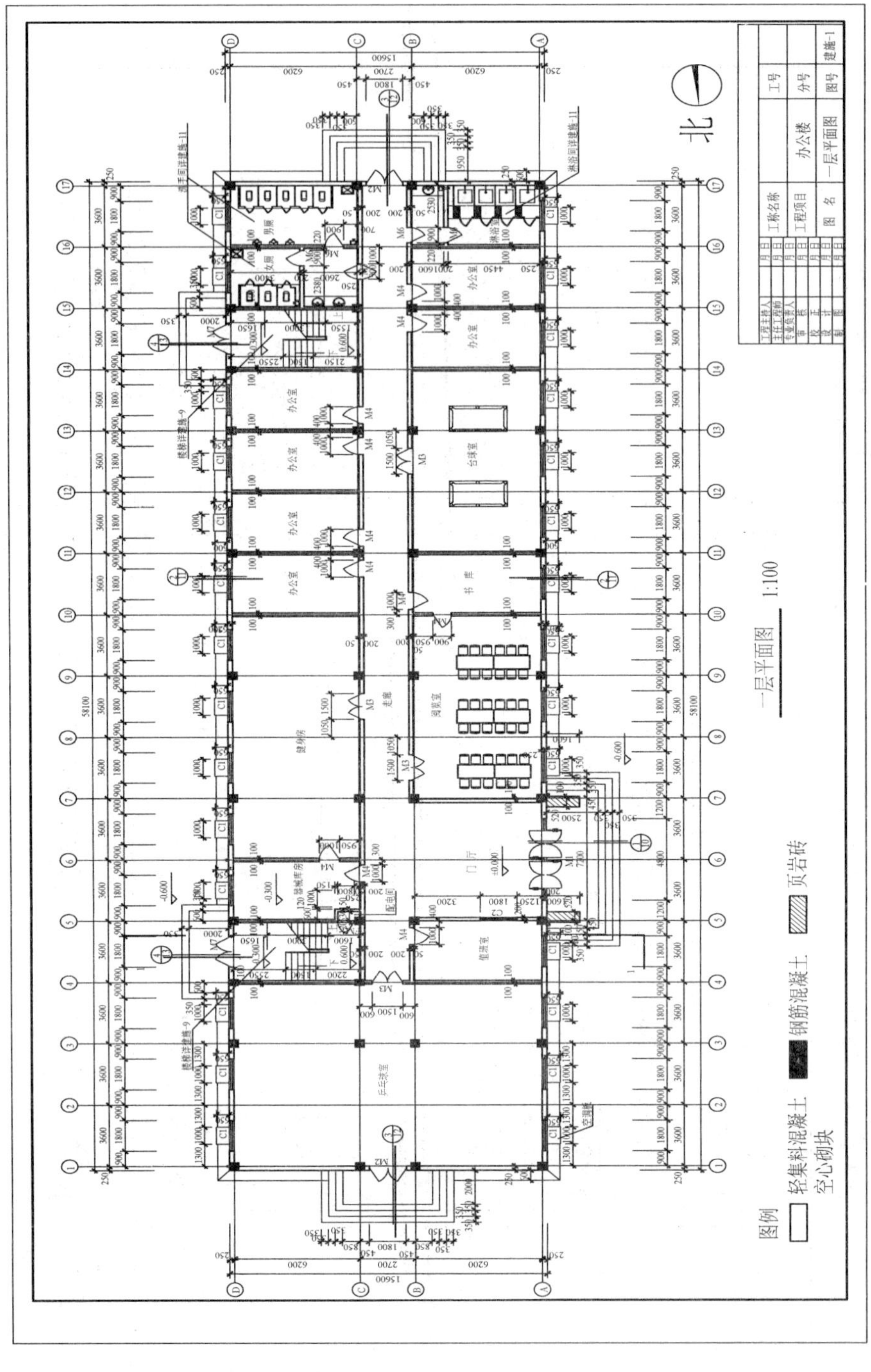
一层平面图 1:100
图例
轻集料混凝土空心砌块
钢筋混凝土
页岩砖
北
工程名称
工程项目 办公楼
图 名 一层平面图
工号
分号
图号 建施-1
办公室
会议室
书库
阅览室
门厅
值班室
健身房
乒乓球室
走廊
男厕
女厕
淋浴室
58100
15600

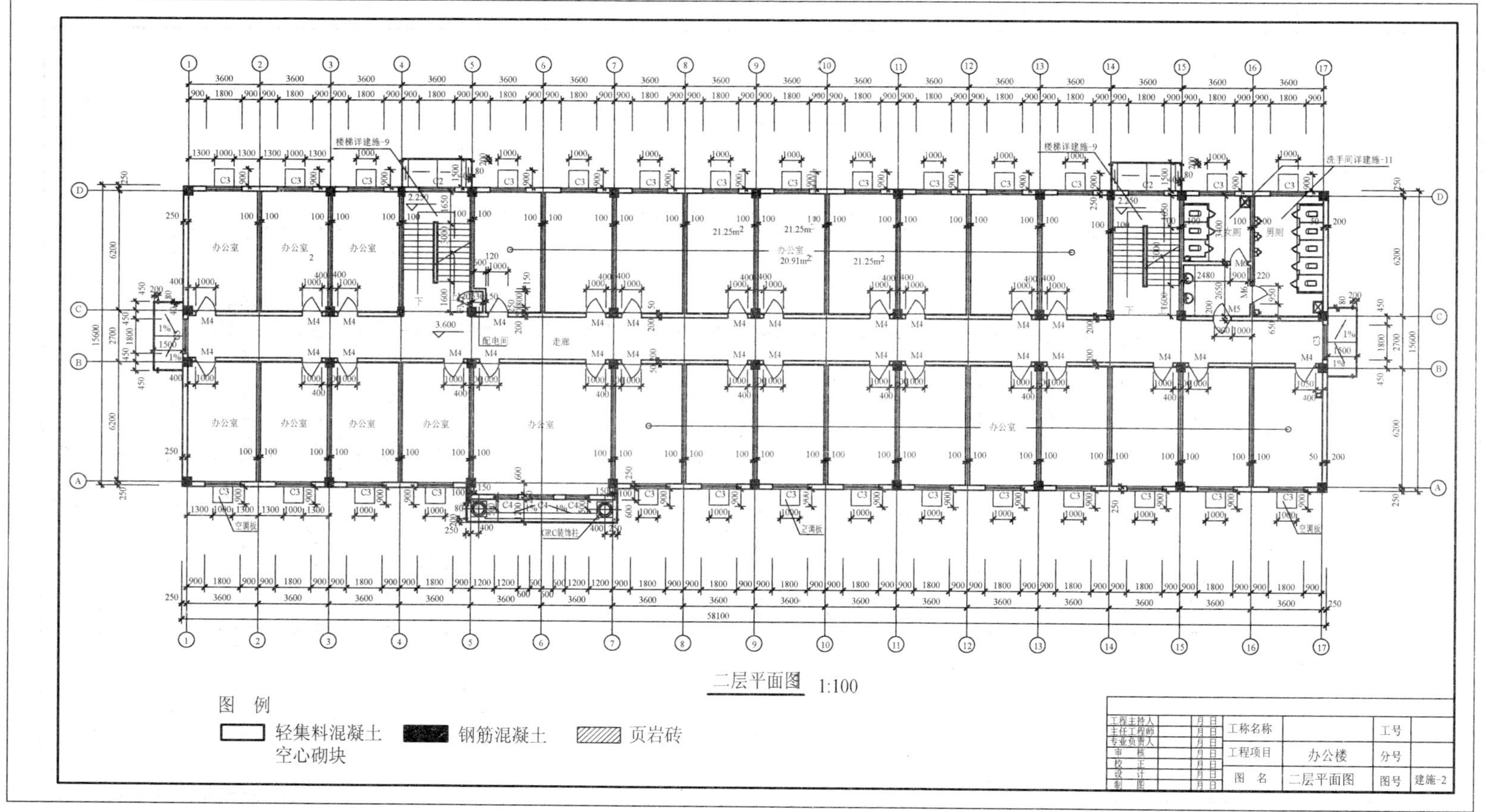
二层平面图　1:100
图　例
轻集料混凝土空心砌块
钢筋混凝土
页岩砖
工程名称
工程项目　办公楼
图　名　二层平面图
工号
分号
图号　建施-2

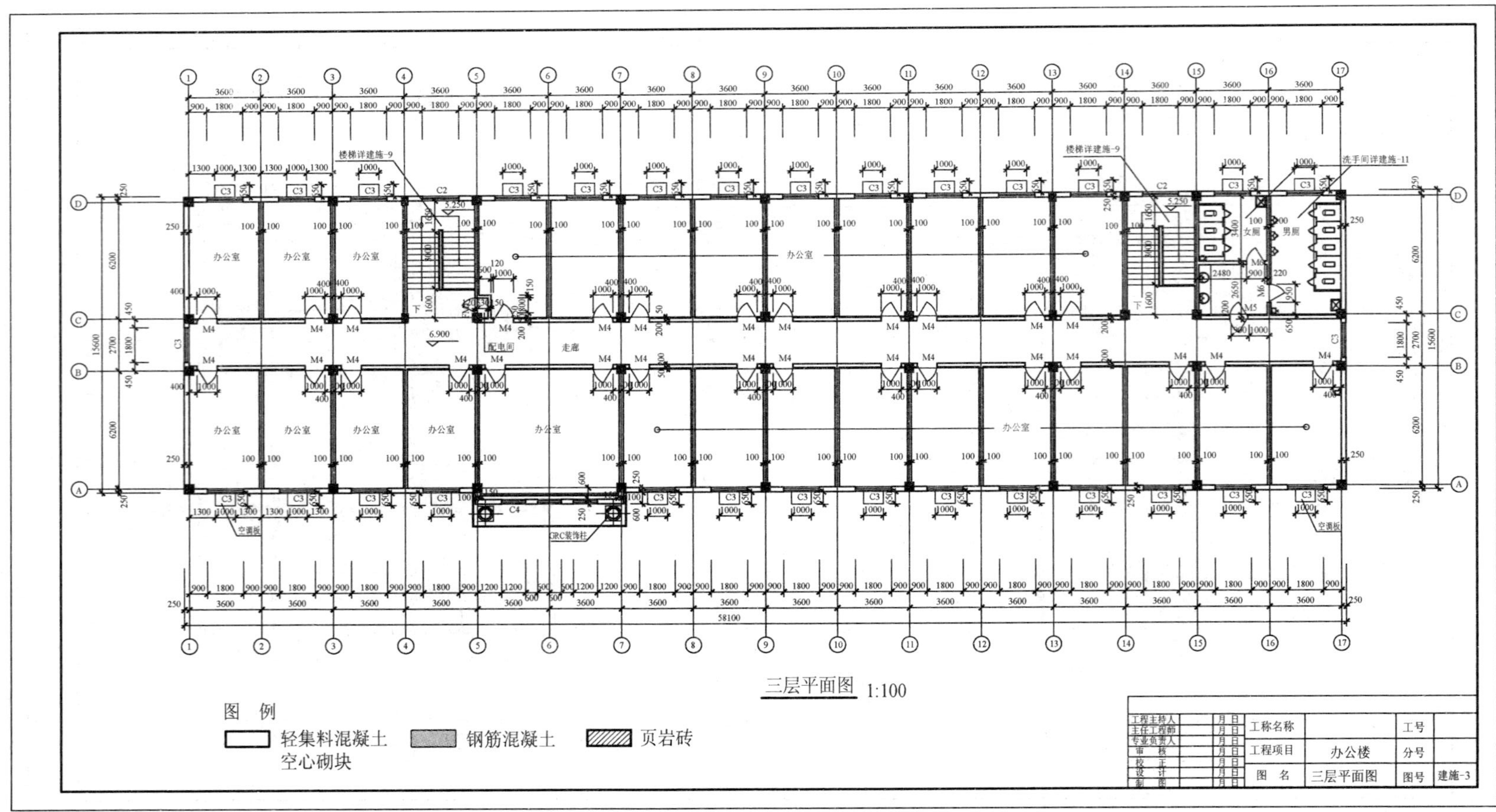
三层平面图 1:100
图例
轻集料混凝土空心砌块
钢筋混凝土
页岩砖
工程主持人
主任工程师
专业负责人
审核
校正
设计
制图
工称名称
工程项目 办公楼
图名 三层平面图
工号
分号
图号 建施-3
办公室
走廊
配电间
男厕
女厕
楼梯详建施-9
洗手间详建施-11
GRC装饰柱
空调板
15600
58100

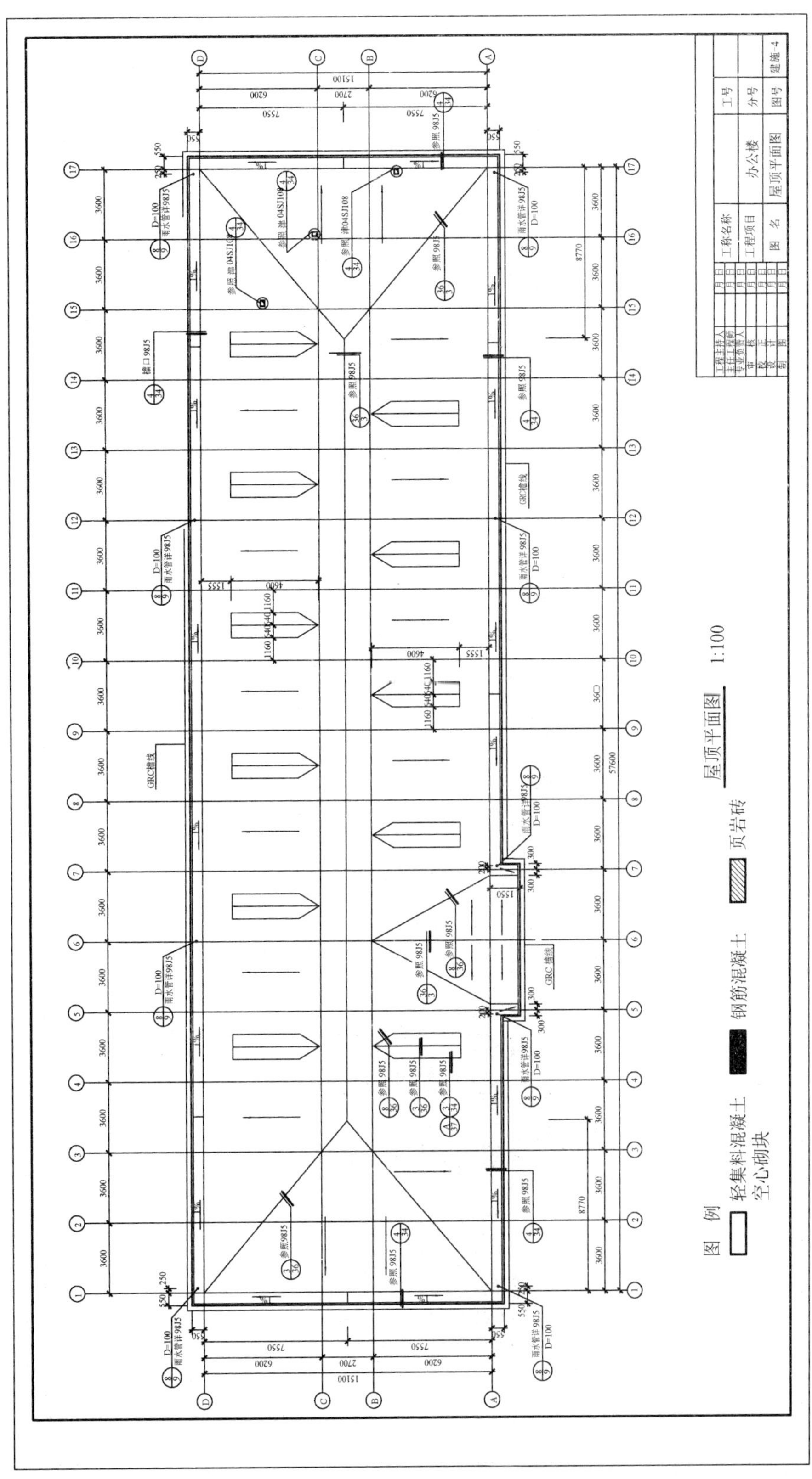
屋顶平面图　1:100
图例
轻集料混凝土空心砌块
钢筋混凝土
页岩砖
工程名称
办公楼
工程项目
图名
屋顶平面图
工号
分号
图号
建施 4

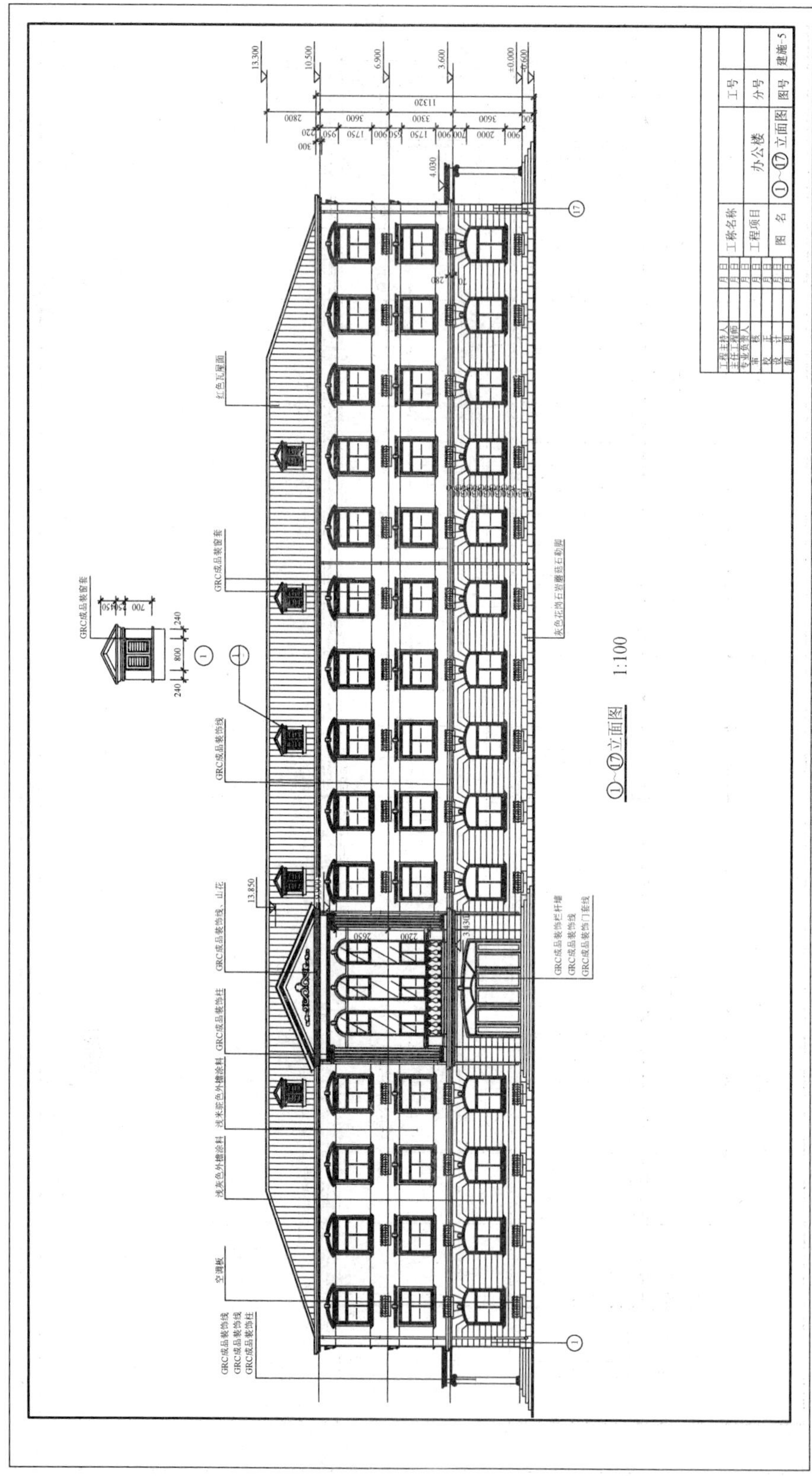
①~⑰立面图 1:100
工称名称
工程项目
办公楼
图名
①~⑰立面图
工号
分号
图号
建施-5
红色瓦屋面
GRC成品装窗套
GRC成品装饰线
GRC成品装饰线、山花
GRC成品装饰柱
浅米黄色外墙涂料
浅灰色外墙涂料
空调板
灰色花岗石岩蘑菇石勒脚
13.300
10.500
6.900
3.600
±0.000
-0.600
13.850
4.030
11320

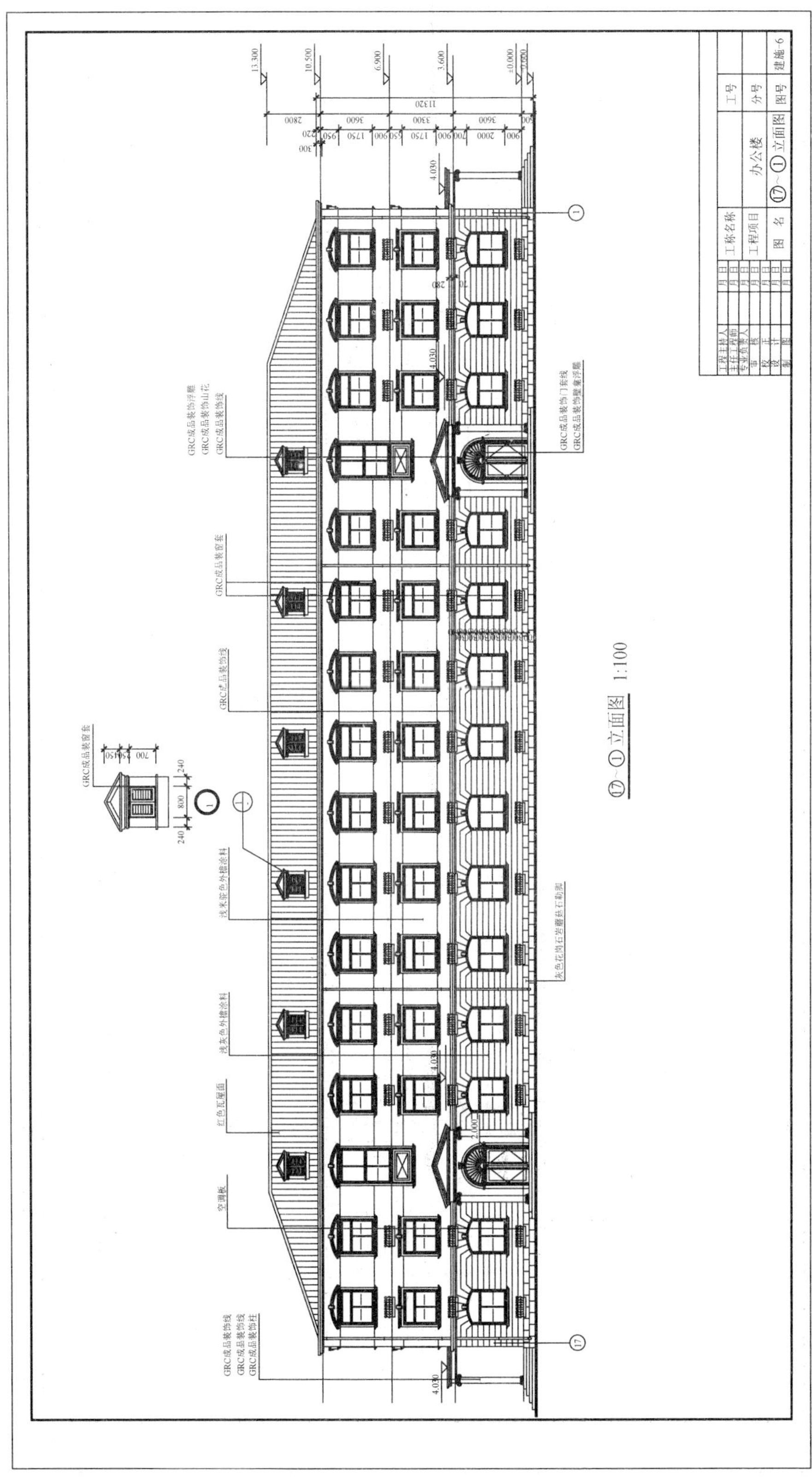

⑰~① 立面图 1:100
工称名称
工程项目 办公楼
图 名 ⑰~① 立面图
工号
分号
图号 建施-6
GRC成品装饰窗套
红色瓦屋面
浅灰色外墙涂料
浅米黄色外墙涂料
GRC成品装饰线
空调板

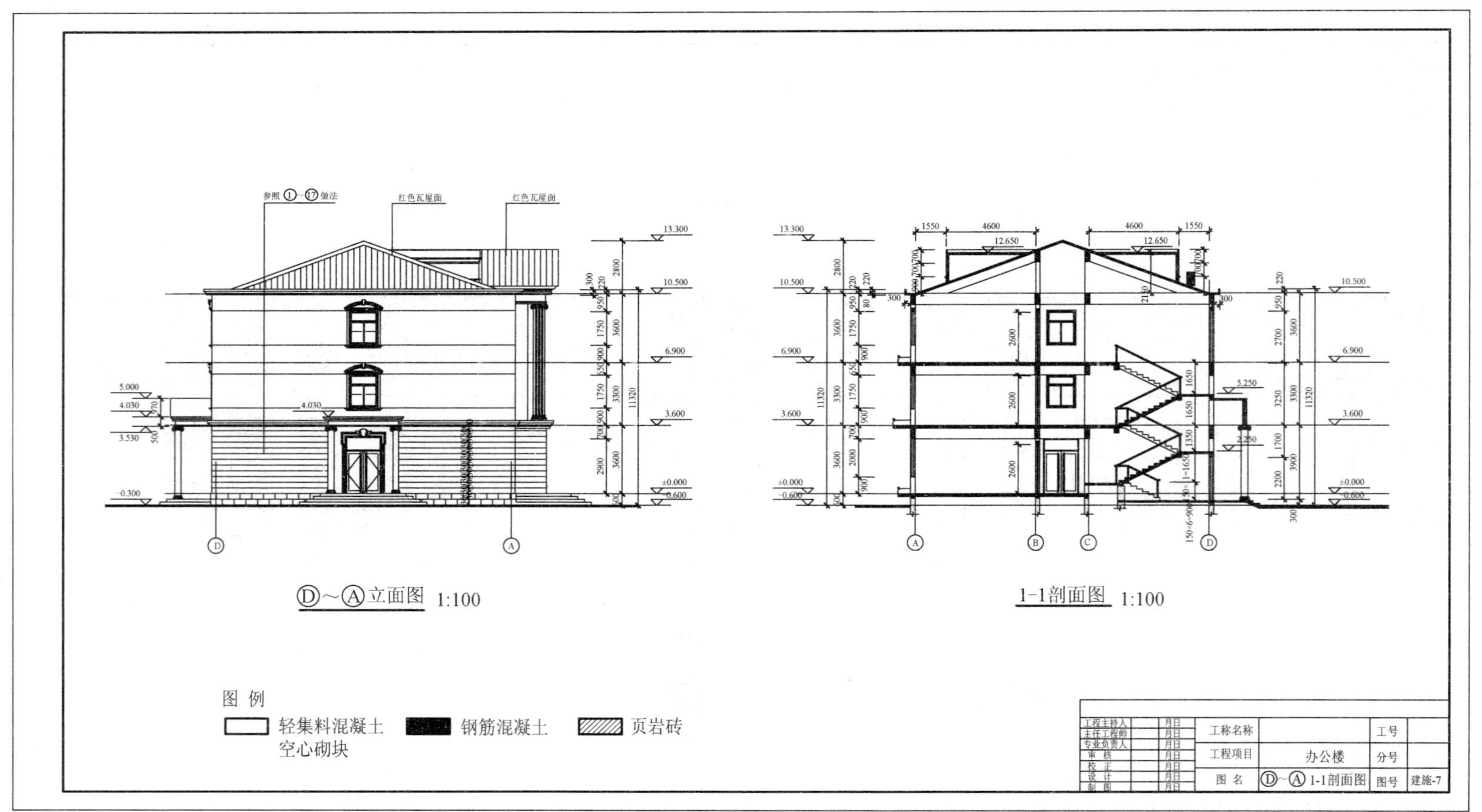
参照 ①~⑰ 做法
红色瓦屋面
红色瓦屋面
Ⓓ~Ⓐ立面图 1:100
1-1剖面图 1:100
图 例
轻集料混凝土空心砌块
钢筋混凝土
页岩砖
工程名称
工程项目
办公楼
图 名
Ⓓ~Ⓐ 1-1剖面图
工号
分号
图号
建施-7

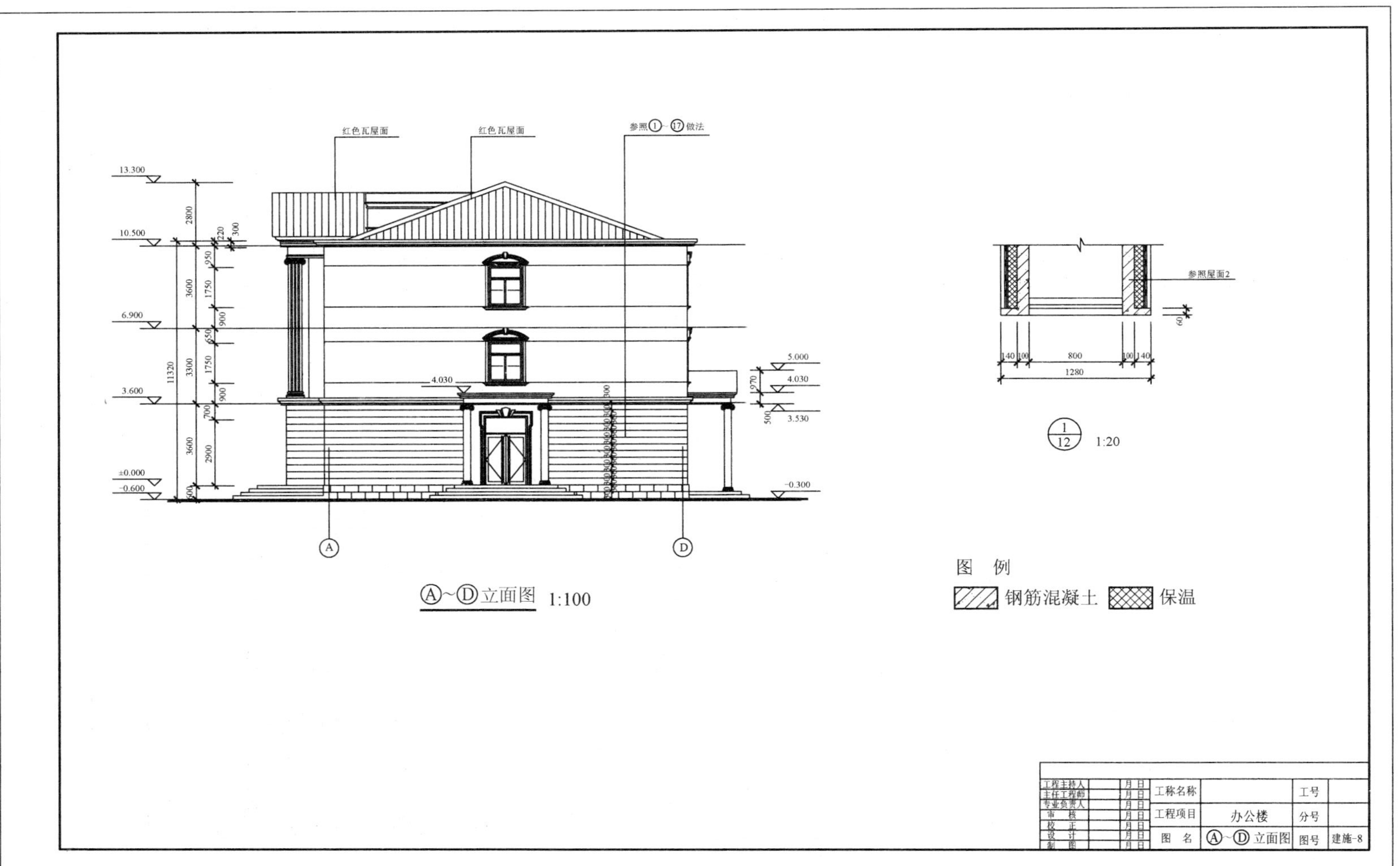
红色瓦屋面
红色瓦屋面
参照①~⑰做法
13.300
10.500
6.900
3.600
±0.000
-0.600
4.030
5.000
4.030
3.530
-0.300
2800
3600
3300
3600
11320
1750
1750
2900
参照屋面2
140
100
800
100
140
1280
1
12
1:20
A
D
Ⓐ~Ⓓ立面图 1:100
图 例
钢筋混凝土
保温
工程主持人
主任工程师
专业负责人
审 核
校 正
设 计
制 图
月 日
工称名称
工程项目
办公楼
图 名
Ⓐ~Ⓓ立面图
工号
分号
图号
建施-8

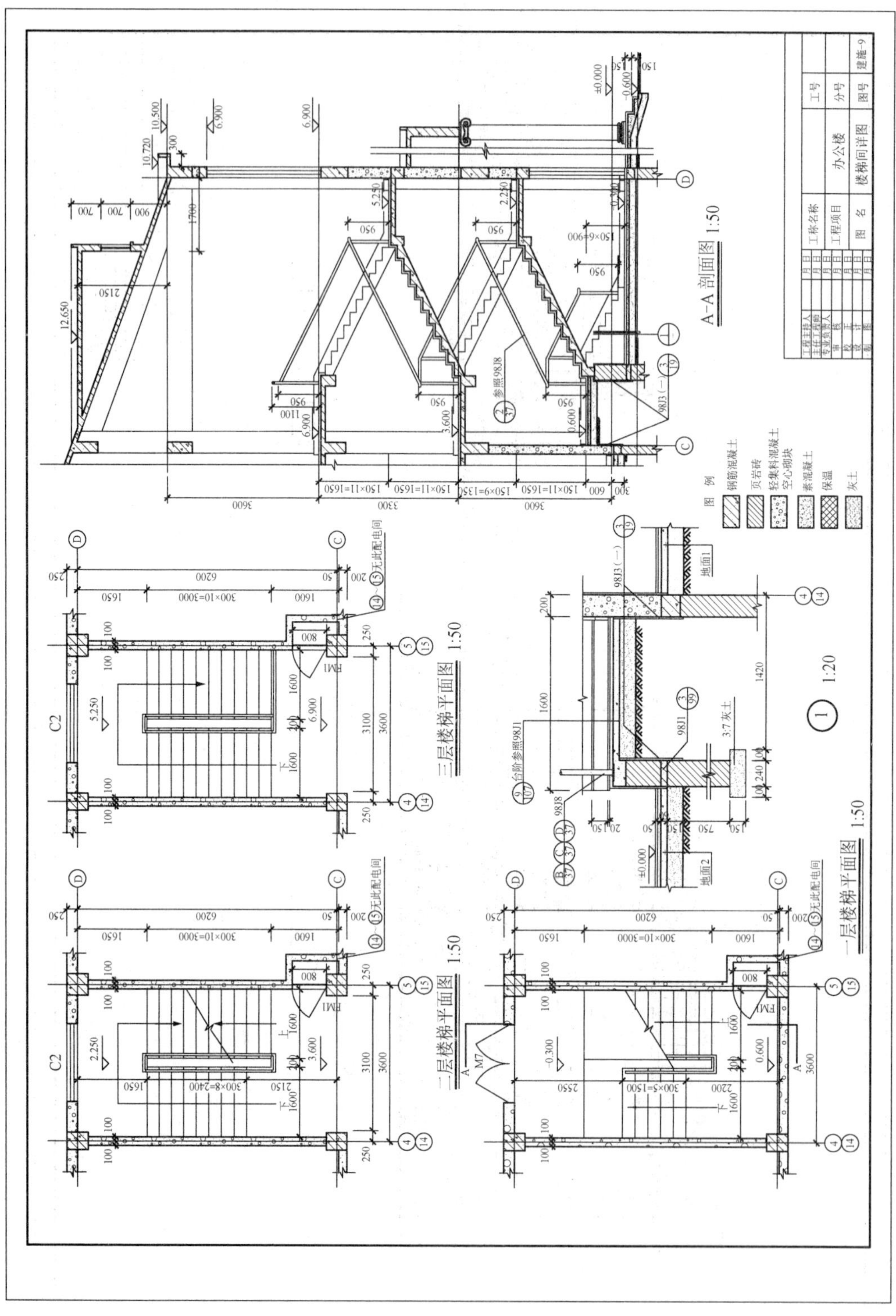
A-A剖面图 1:50
三层楼梯平面图 1:50
二层楼梯平面图 1:50
一层楼梯平面图 1:50
图例
钢筋混凝土
页岩砖
轻集料混凝土空心砌块
素混凝土
保温
灰土
工程名称
工程项目
办公楼
图名
楼梯间详图
工号
分号
图号
建施-9

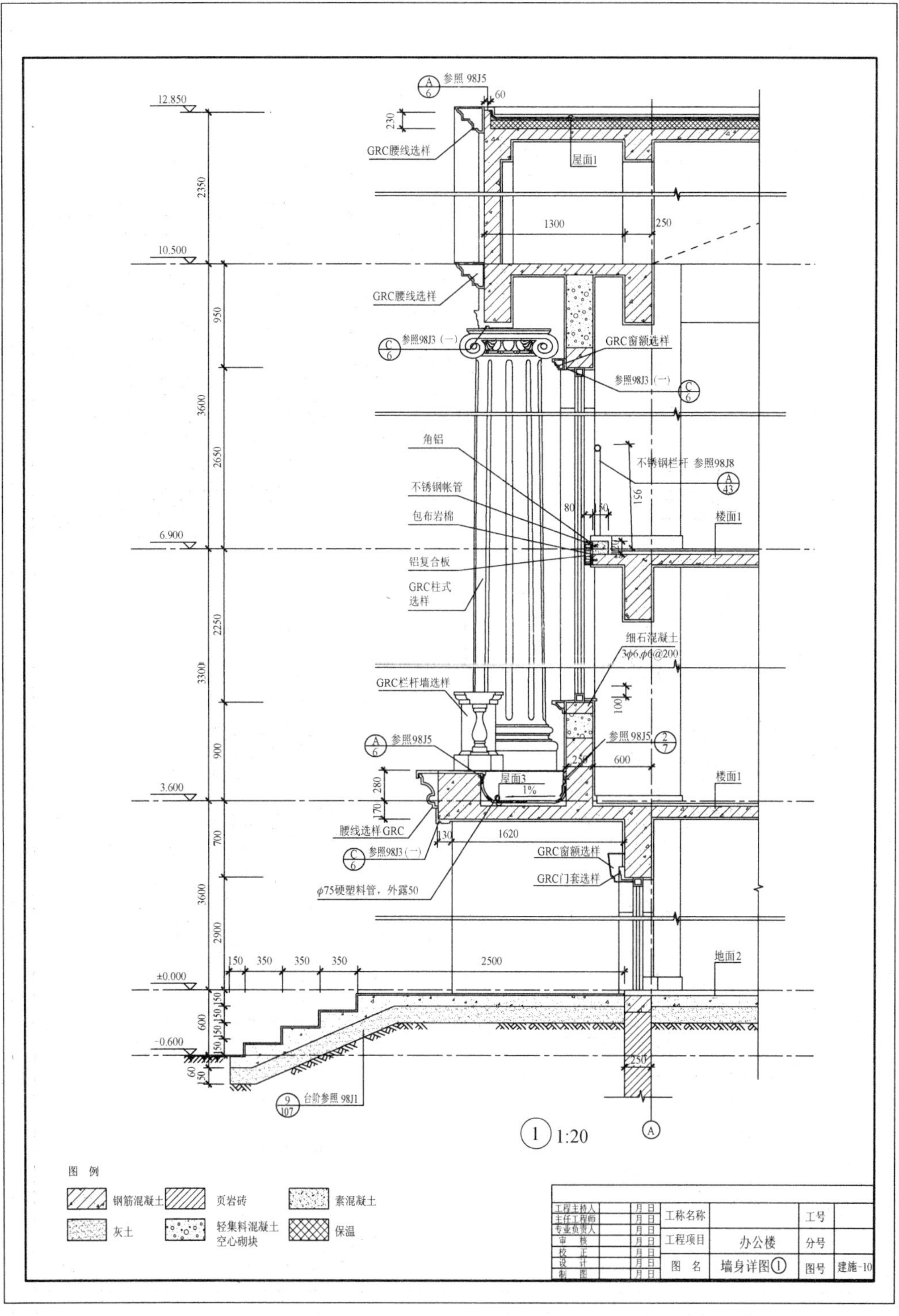
参照 98J5
GRC腰线选样
屋面1
GRC腰线选样
参照98J3（一）
GRC窗额选样
角铝
不锈钢栏杆 参照98J8
不锈钢帐管
包布岩棉
楼面1
铝复合板
GRC柱式选样
细石混凝土
3φ6,φ6@200
GRC栏杆墙选样
参照98J5
屋面3
1%
腰线选样 GRC
参照98J3（一）
GRC窗额选样
GRC门套选样
φ75硬塑料管，外露50
地面2
台阶参照 98J1
1 1:20
图 例
钢筋混凝土
页岩砖
素混凝土
灰土
轻集料混凝土空心砌块
保温
工程主持人
主任工程师
专业负责人
审核
校正
设计
制图
工称名称
工程项目
办公楼
图名
墙身详图①
工号
分号
图号
建施-10

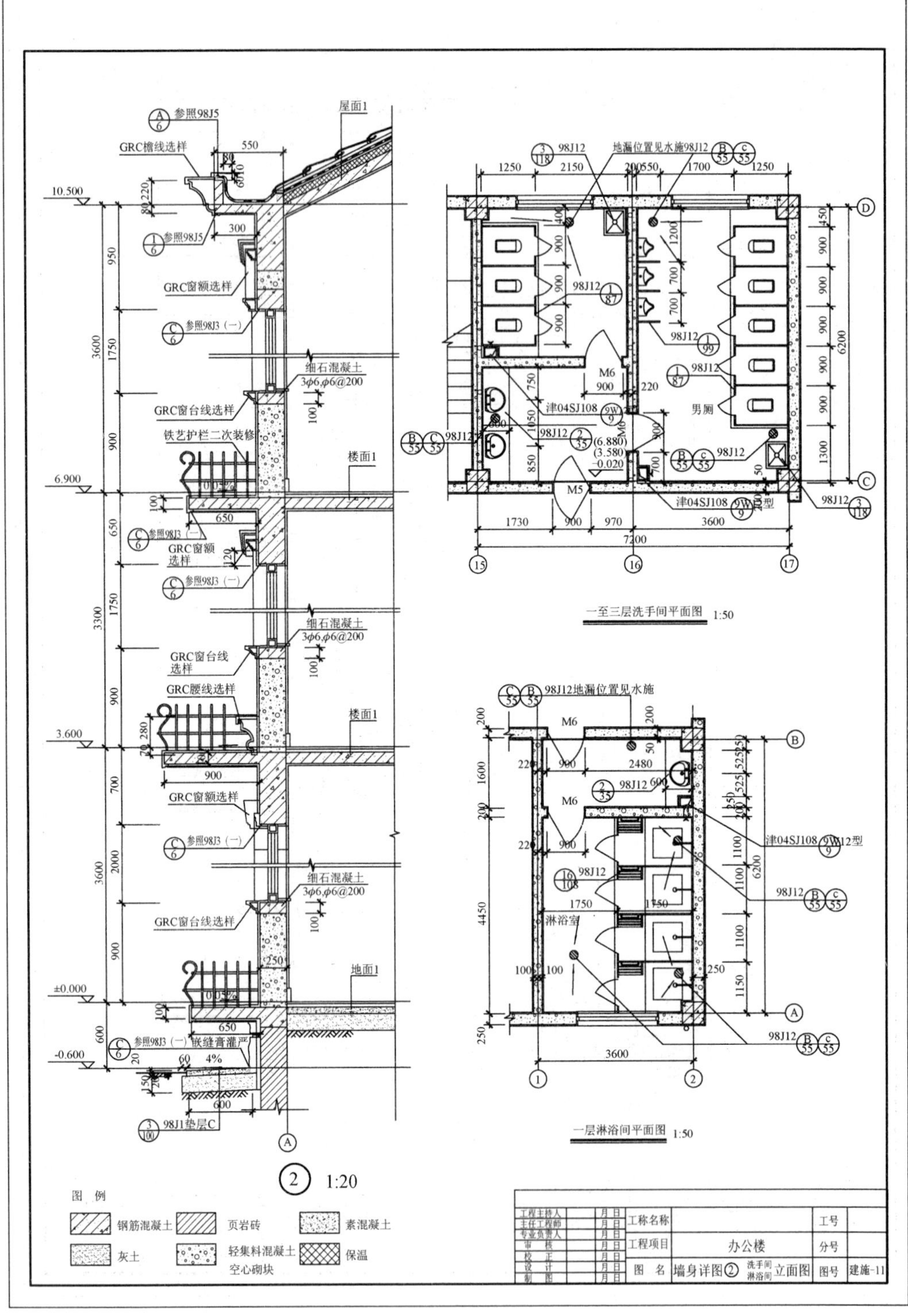

工程主持人		月日	工称名称		工号	
主任工程师		月日				
专业负责人		月日	工程项目	办公楼	分号	
审核		月日				
校正		月日	图名	墙身详图② 洗手间淋浴间立面图	图号	建施-11
设计		月日				
制图		月日				

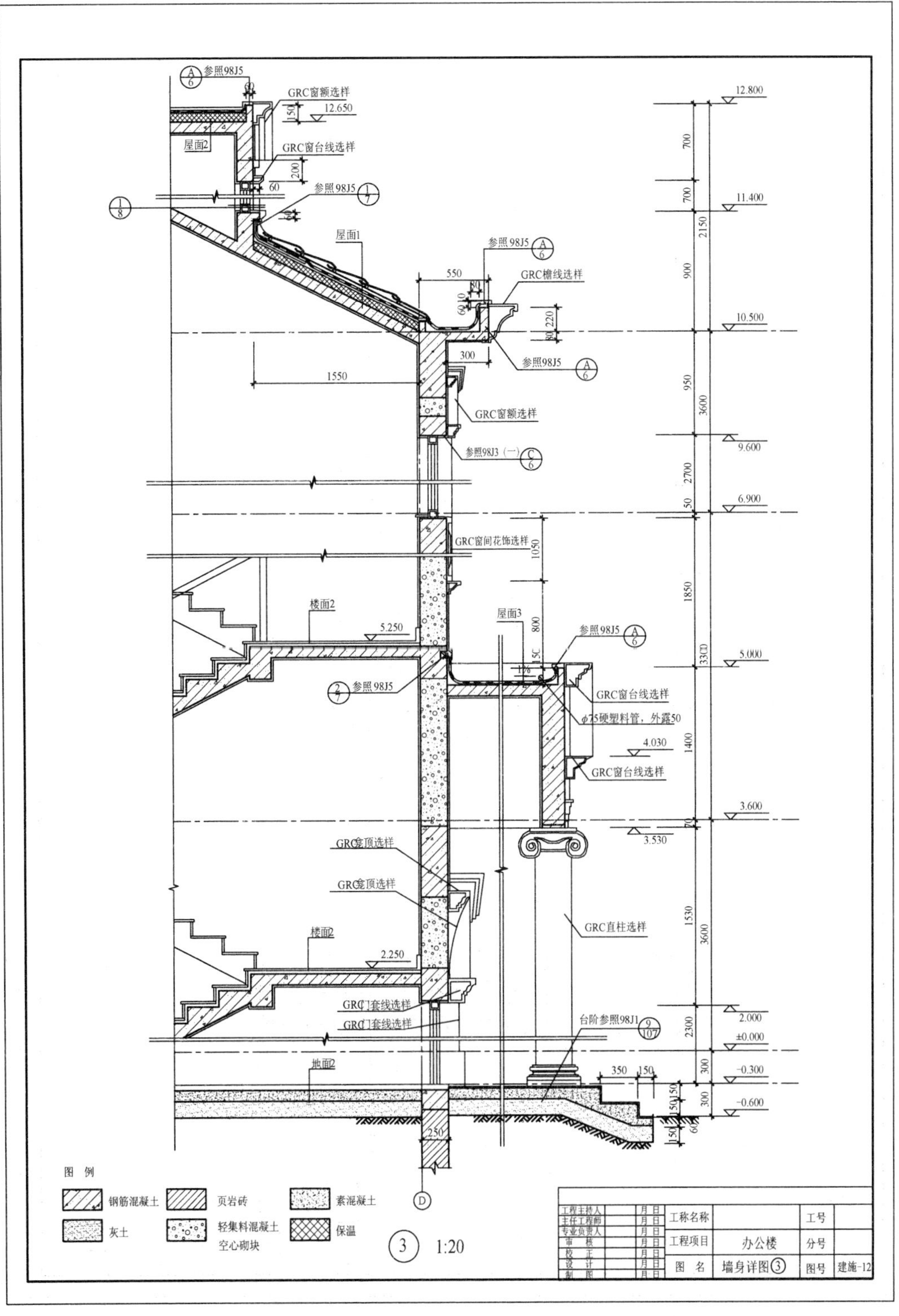
参照98J5
GRC窗额选样
12.650
屋面2
GRC窗台线选样
参照98J5
屋面1
参照98J5
550
GRC檐线选样
10.500
300
参照98J5
1550
GRC窗额选样
参照98J3（一）
GRC窗间花饰选样
楼面2
5.250
屋面3
参照98J5
参照98J5
GRC窗台线选样
φ75硬塑料管，外露50
4.030
GRC窗台线选样
3.530
GRC龛顶选样
GRC龛顶选样
GRC直柱选样
楼面2
2.250
GRC门套线选样
GRC门套线选样
台阶参照98J1
地面2
350
150
250
12.800
11.400
9.600
6.900
5.000
3.600
2.000
±0.000
−0.300
−0.600
700
700
2150
900
950
3600
2700
50
1050
1850
800
3300
1400
70
1530
3600
2300
300
300
图例
钢筋混凝土
页岩砖
素混凝土
灰土
轻集料混凝土空心砌块
保温
③ 1:20
工程主持人
主任工程师
专业负责人
审核
校正
设计
制图
月日
工称名称
工号
工程项目
办公楼
分号
图名
墙身详图③
图号
建施-12

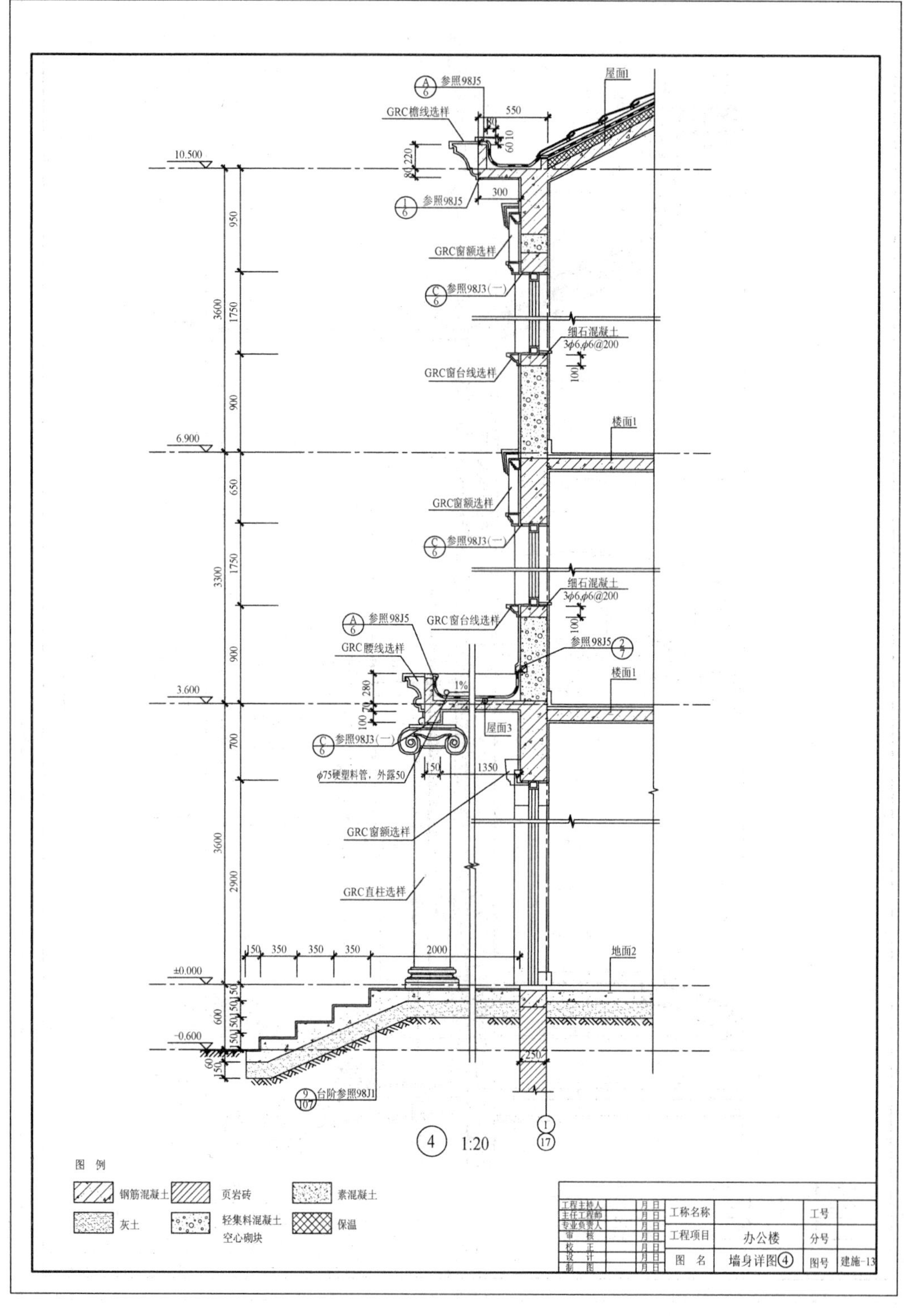

参照98J5
GRC檐线选样
屋面1
参照98J5
GRC窗额选样
参照98J3(一)
细石混凝土
3φ6,φ6@200
GRC窗台线选样
楼面1
GRC窗额选样
参照98J3(一)
细石混凝土
3φ6,φ6@200
参照98J5
GRC腰线选样
GRC窗台线选样
参照98J5
楼面1
屋面3
参照98J3(一)
φ75硬塑料管，外露50
GRC窗额选样
GRC直柱选样
地面2
台阶参照98J1
10.500
6.900
3.600
±0.000
-0.600
4 1:20
图例
钢筋混凝土
页岩砖
素混凝土
灰土
轻集料混凝土空心砌块
保温
工程主持人
主任工程师
专业负责人
审核
校正
设计
制图
月日
工称名称
工程项目
办公楼
图名
墙身详图④
工号
分号
图号
建施-13

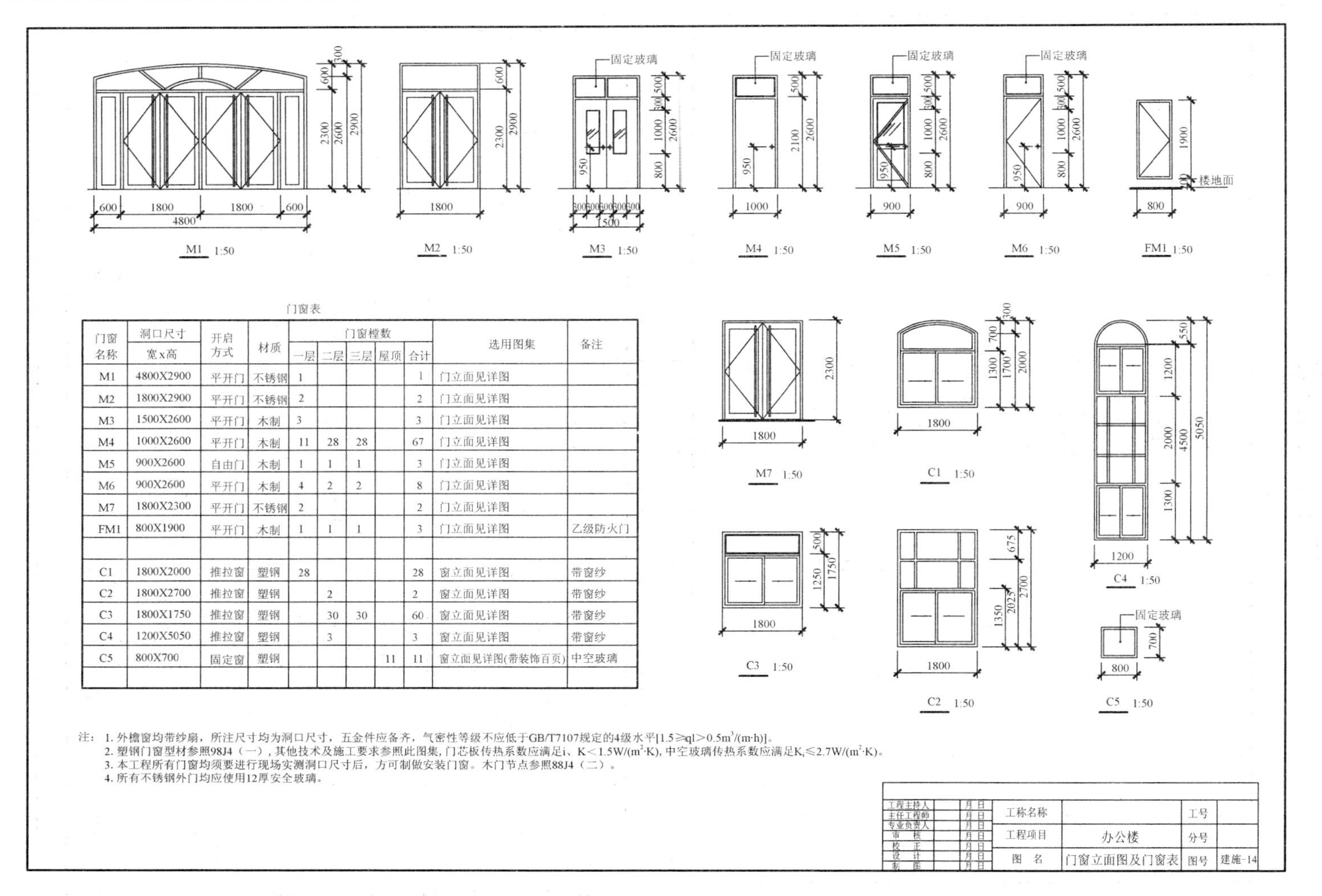

门窗表

门窗名称	洞口尺寸 宽x高	开启方式	材质	门窗樘数					选用图集	备注
				一层	二层	三层	屋顶	合计		
M1	4800X2900	平开门	不锈钢	1				1	门立面见详图	
M2	1800X2900	平开门	不锈钢	2				2	门立面见详图	
M3	1500X2600	平开门	木制	3				3	门立面见详图	
M4	1000X2600	平开门	木制	11	28	28		67	门立面见详图	
M5	900X2600	自由门	木制	1	1	1		3	门立面见详图	
M6	900X2600	平开门	木制	4	2	2		8	门立面见详图	
M7	1800X2300	平开门	不锈钢	2				2	门立面见详图	
FM1	800X1900	平开门	木制	1	1	1		3	门立面见详图	乙级防火门
C1	1800X2000	推拉窗	塑钢	28				28	窗立面见详图	带窗纱
C2	1800X2700	推拉窗	塑钢		2			2	窗立面见详图	带窗纱
C3	1800X1750	推拉窗	塑钢		30	30		60	窗立面见详图	带窗纱
C4	1200X5050	推拉窗	塑钢		3			3	窗立面见详图	带窗纱
C5	800X700	固定窗	塑钢				11	11	窗立面见详图(带装饰百页)	中空玻璃

注：1. 外檐窗均带纱扇，所注尺寸均为洞口尺寸，五金件应备齐，气密性等级不应低于GB/T7107规定的4级水平[$1.5 \geqslant ql > 0.5m^3/(m \cdot h)$]。
2. 塑钢门窗型材参照98J4（一），其他技术及施工要求参照此图集，门芯板传热系数应满足i、$K < 1.5W/(m^2 \cdot K)$，中空玻璃传热系数应满足$K_t \leqslant 2.7W/(m^2 \cdot K)$。
3. 本工程所有门窗均须要进行现场实测洞口尺寸后，方可制做安装门窗。木门节点参照88J4（二）。
4. 所有不锈钢外门均应使用12厚安全玻璃。

工程主持人	月 日	工称名称		工号	
主任工程师	月 日				
专业负责人	月 日	工程项目	办公楼	分号	
审 核	月 日				
校 正	月 日	图 名	门窗立面图及门窗表	图号	建施-14
设 计	月 日				
制 图	月 日				

结构施工图

工程补充/变更图纸通知单

（结施）－补/变字第1号

工号		分号	1	施工单位	
工程项目			工程名称	办公楼	

补充/变更内容：

1、结施－5详图YP－2改为YP－1

2、结施－5YP－1板厚=80mm配筋上下φ8@150双向.详图见结施－12

3、楼梯间两侧墙200改250

4、楼梯间与Ⓓ轴KZ3.KZ4柱箍筋φ8@100全长加密到标高6.850

5、结施－8Ⓐ Ⓓ轴梁上筋4根一排44/2取消

6、Ⓑ Ⓒ轴梁上筋均为Ⅲ级

7、过梁详图：

1.8m过梁详图
L=洞口尺寸+500

0.8~1.5m过梁详图
L=洞口尺寸+500

设计人	专业负责人	工程主持人	主任工程师	总工程师	室主任（所长）
月 日	月 日	月 日	月 日	月 日	月 日

以上工程补充变更图纸希查照办理

年 月 日

办公楼					工号		图号	
					分号		页号	1
图号	图纸名称	图号	重复使用图纸号 院内	重复使用图纸号 院外	实际张数	折合标准张	备注	
	结 构 目 录							
1	结构设计总说明	结施－1			1	1.25		
2	基础平面图	结施－2			1	1.25		
3	基础详图	结施－3			1	1.25		
4	框架柱配筋详图	结施－4			1	1		
5	一层结构平面图	结施－5			1	1.25		
6	一层梁配筋图	结施－6			1	1.25		
7	一层板配筋图	结施－7			1	1.25		
8	二层结构平面及梁配筋图	结施－8			1	1.25		
9	二层板配筋图	结施－9			1	1.25		
10	三层结构平面及梁配筋图	结施－10			1	1.25		
11	坡屋顶结构平面及梁配筋图	结施－11			1	1.25		
12	老虎窗详图YP-2	结施－12			1	1		
13	楼梯T1平面图	结施－13			1	1		
14	楼梯T1剖面及梯板配筋图	结施－14			1	1		
制表		校正		审核		日期	年 月 日	

结构设计总说明

一、工程概况：

本工程为三层坡屋顶办公楼，现浇框架结构，抗震防分类：丙类结构安全结构安全等级二级。r=1，地震设防烈度为七度（0.15g）,抗震等级：框架为三级.

结构使用周期50年.环境类别：上部结构一类，基础结构为二类b

计算程序为：建研院PKPM（2004）系列.

二、设计依据：

混凝土结构设计规范：GB 50010-2002建筑抗震设计规范：GB 50011-2001

建筑地基基础设计规范：GB 50007-2002建筑结构荷载规范：GB 50009-2001

岩土工程技术规范：DB 29-20-2000

平面整体标示方法制图规则和构造详图1G101-1地质报告K2004-0161

选用图集：《建筑物抗震构造详图》03G32902系列结构标准设计图集02

三、荷载取值：

活荷载标准值： 办公室：2.0kN/m² 基本风压：0.5kN/m²

楼梯.走廊卫生间：2.5KN/m² 非上人屋面：0.5kN/m²

四、地基及基础：

1.本工程室内标高±0.000（相当于大沽标高）3.450m.室外标高-0.600（相对标高）（地质勘探报告为甲方提供附近建筑地质勘探报告,作为参考。）

2.本工程采用天然地基，地基基础设计等级丙级，建筑场地类别为III地基承载力特征值f=120Kpa。

3.施工采用大开挖至槽底-2.5m到粉质粘土层，再回填石屑。分步碾压至基底分步碾压至基底标高。如不符合设计要求则通知设计单位，采取相应措施。

4.施工时应注意水降到槽底以下0.5米，应晾槽二至三天再普遍进行钎探；间距不大于1.5米，深度不小于2.1米。挖槽时注意边坡支护

5.土石屑垫层采用的土石屑材料，其粒径d<2mm不分不得超过总重的≤45%含粉量（即粒径d=.0.075~0.005mm）不得超过总重的9%。含泥量（d<0.005mm）一般不得超过总重的（3%）含水量一般控制在8%~10%之间。土石屑干密度≥19kN/m³

6.验槽合格后才能进行基础施工

7.施工时做好沉降观测.予估沉降量100mm

五、材料

1.本工程基础预防混凝土碱集料反应等级属二类，严禁使用引起碱-碳酸盐反应的其它活性集料。

2.砼：基础至±0.00m至顶层梁.板.柱.及楼梯混凝土强度等级均为C30未注砼为：25C砌体及砂浆：±0.000以下M10级水泥砂浆；页岩砖MU10主体M5级混合砂浆，轻集料砼砌块

3.钢筋：Φ—HPB300级钢 强度设计值f_y=210N/mm²

Φ—HRB335级钢 强度设计值f_y=300N/mm²

Φ—HRB400 RRB400级钢 强度设计值f_y=360N/mm²

4.焊条：E43XX型用于焊Φ级钢E50XX型用于焊ΦΦII级钢。

六、钢筋连接与锚固

1.框架柱梁的贯通钢筋d≥22应采用机械连接或等强对焊接长，焊点须作拉力试验，且应满足施工及验收规范要求。两批相邻接头间距焊接不小于35d且不小于500。

2.框架梁柱中受力钢筋同一截面钢筋接头面积不大于50%。

3.框架梁.柱搭接区内箍筋加密

七、过梁

各层平面图门窗位置处没有单独注明过梁，凡门窗上口不到梁底的均设过梁。门窗位置及宽度详建筑，过梁截面及配筋详见过梁图集03G322-1。

八、填充墙工程：砌体质量控制等级B级.

1.填充墙应沿框架柱全高每隔500mm设2Φ6拉筋，拉筋长度不小于墙长的1/5且不小于 700mm墙位置详建筑图。

2.填充墙长大于5m时，墙顶与梁拉结。做法见97G329-3(5/60)

3.填充墙高大于4m时，在门窗洞口上加高度120mm宽度同墙厚的混凝土系梁，配筋为4Φ12箍筋Φ6@200沿墙全长设置

4.填充墙门窗洞口上过梁，遇有现浇柱.墙时，柱.墙内应予留过梁插筋伸出柱外长度30d。

九、楼板

1.孔洞直径或宽度不大于300mm时，不配置附加钢筋，受力钢筋绕过孔洞，不得切断。

2.孔洞直径或宽度大于300mm时，应按照平面要求加筋或加梁处理。

3.设备管井板等管道施工完后在用同标号混凝土二次浇注。

十、其他

1.各设备专业在墙、楼板穿孔留洞及预埋管等须结合各专业图纸施工。

2.楼板及梁上留孔应加筋见加筋详图。楼板上轻隔墙现浇板内应加筋见详图。

3.接地防雷详电施工图。

4.本工程应按有关施工规范规程施工。

纵向受拉钢筋锚固长度(mm)

LLE (>300) / f_y(KPa)		f_t (KPa) 混凝土强度等级 C20 (1.10)	C25 (1.27)	C30 (1.43)	C35 (1.57)	>C40 (1.71)
I 级钢筋 (210)	二级	36d	31d	28d	24d	23d
	三级	33d	28d	25d	23d	21d
	四级	31d	27d	24d	22d	20d
II 级钢筋 (300)	二级	45d	38d	33d	31d	29d
	三级	41d	35d	31d	28d	26d
	四级	39d	33d	30d	27d	25d
III级钢筋 (400)	二级	53d	46d	42d	38d	35d
	三级	48d	42d	38d	35d	32d
	四级	46d	40d	36d	33d	30d

受拉钢筋搭接长度L_l=£L_a

同一连接区内钢筋搭接接头面积百分率	≤25%	50%	100%
搭接长度修正系数	1.2	1.4	1.6

受力钢筋的混凝土保护层厚度(mm)

环境类别	构件类别	混凝土强度等级 ≤C20	C25-C45	≥C50
一类	板、墙	20	15	15
	梁	30	25	25
	柱	30	30	30
二类a	板、墙	/	20	20
	梁	/	30	30
	柱	/	30	30
二类b	板、墙	/	25	20
	梁	/	35	30
	柱	/	35	30

注：1、基础中纵向受力钢筋的混凝土保护层厚度不应小于40mm

2、异型柱钢筋的混凝土保护层厚度不应小于25mm

结构混凝土耐久性的基本要求

环境类别	最大水灰比	最小水泥用量 kg/m³	最低混凝土强度等级	最大氯离子含量	最大碱离子含量 kg/m³
一室内正常环境	0.65	225	C20	1.00%	不限制
二露天及室内高湿度环境	0.55	275	C30	0.20%	3.0

工程主持人	月 日	工称名称		工号	
主任工程师	月 日				
专业负责人	月 日				
审核	月 日	工程项目	办公楼	分号	
校正	月 日				
设计	月 日	图名	结构设计总说明	图号	结施-1
制图	月 日				

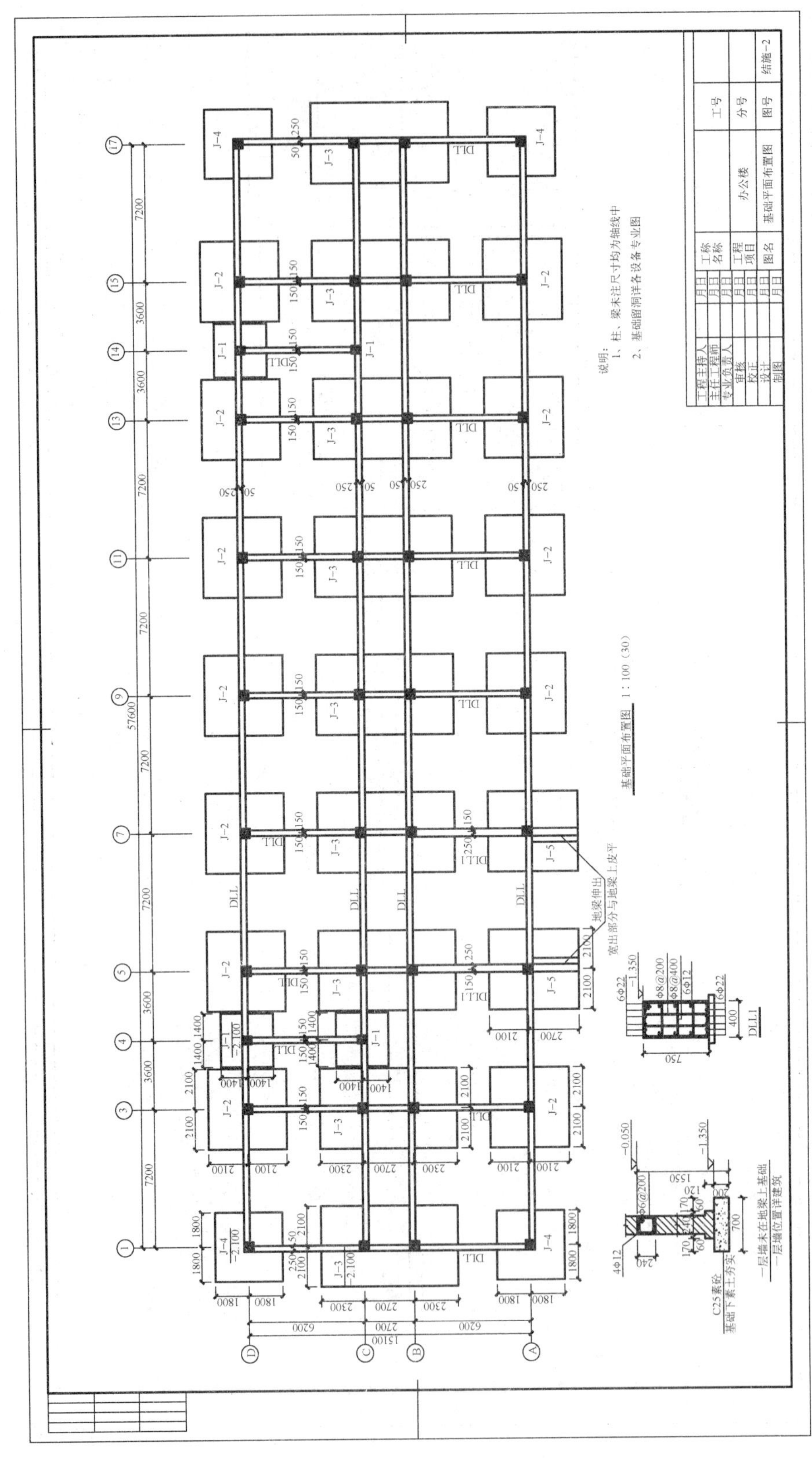
说明：
1、柱、梁未注尺寸均为轴线中
2、基础留洞详各设备专业图
基础平面布置图 1：100（30）
地梁伸出宽出部分与地梁上皮平
DLL1
一层墙未在地梁上基础一层墙位置详建筑
C25素砼
基础下素土夯实
工程主持人
主任工程师
专业负责人
审核
校正
设计
制图
工程名称
工程项目
办公楼
图名
基础平面布置图
工号
分号
图号
结施-2

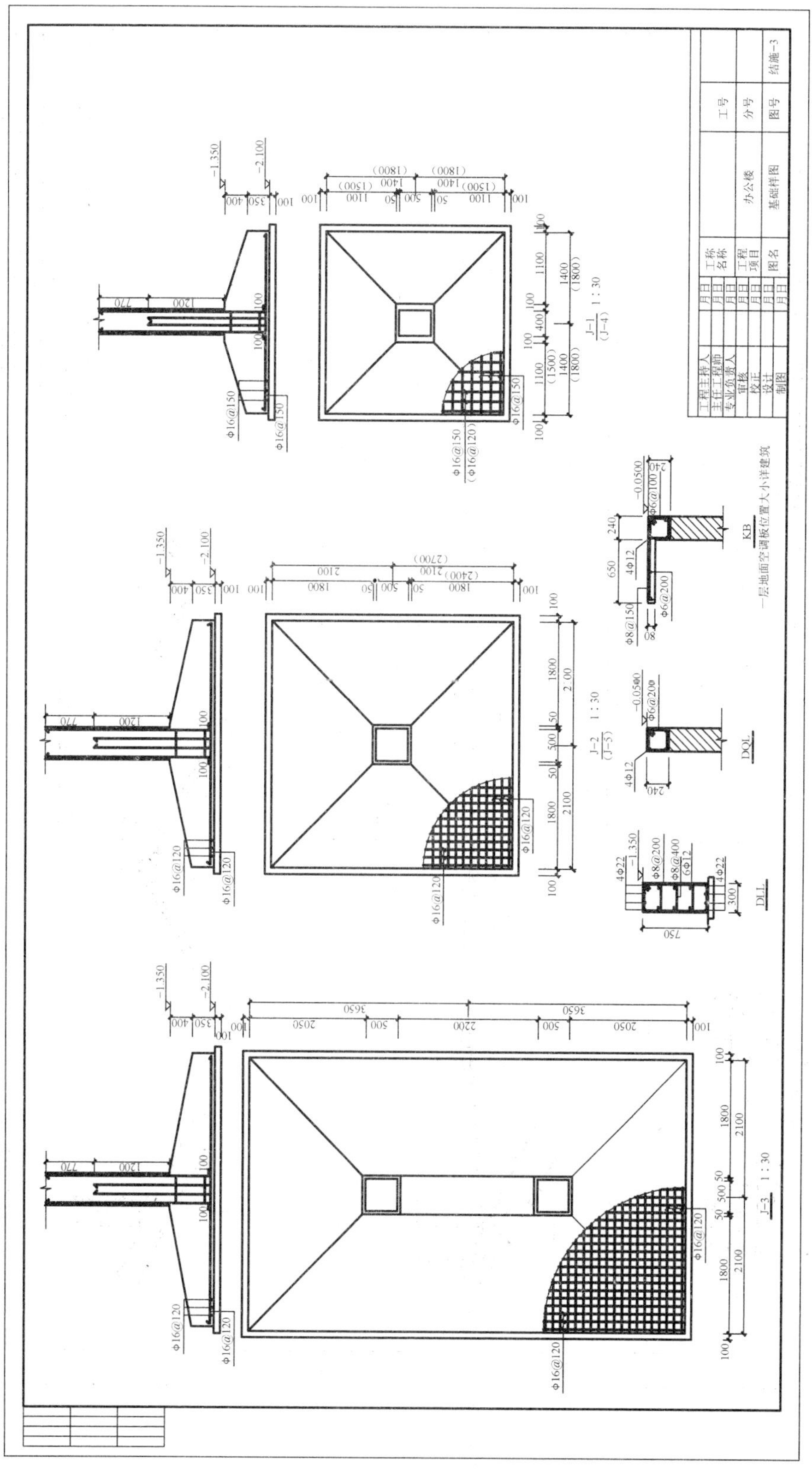
工程主持人
主任工程师
专业负责人
审核
校正
设计
制图
工程名称
工程项目
办公楼
图名
基础样图
工号
分号
图号
结施-3
J-1 (J-4) 1:30
J-2 (J-3) 1:30
J-3 1:30
KB
DQL
DLL
一层地面空调板位置大小详建筑

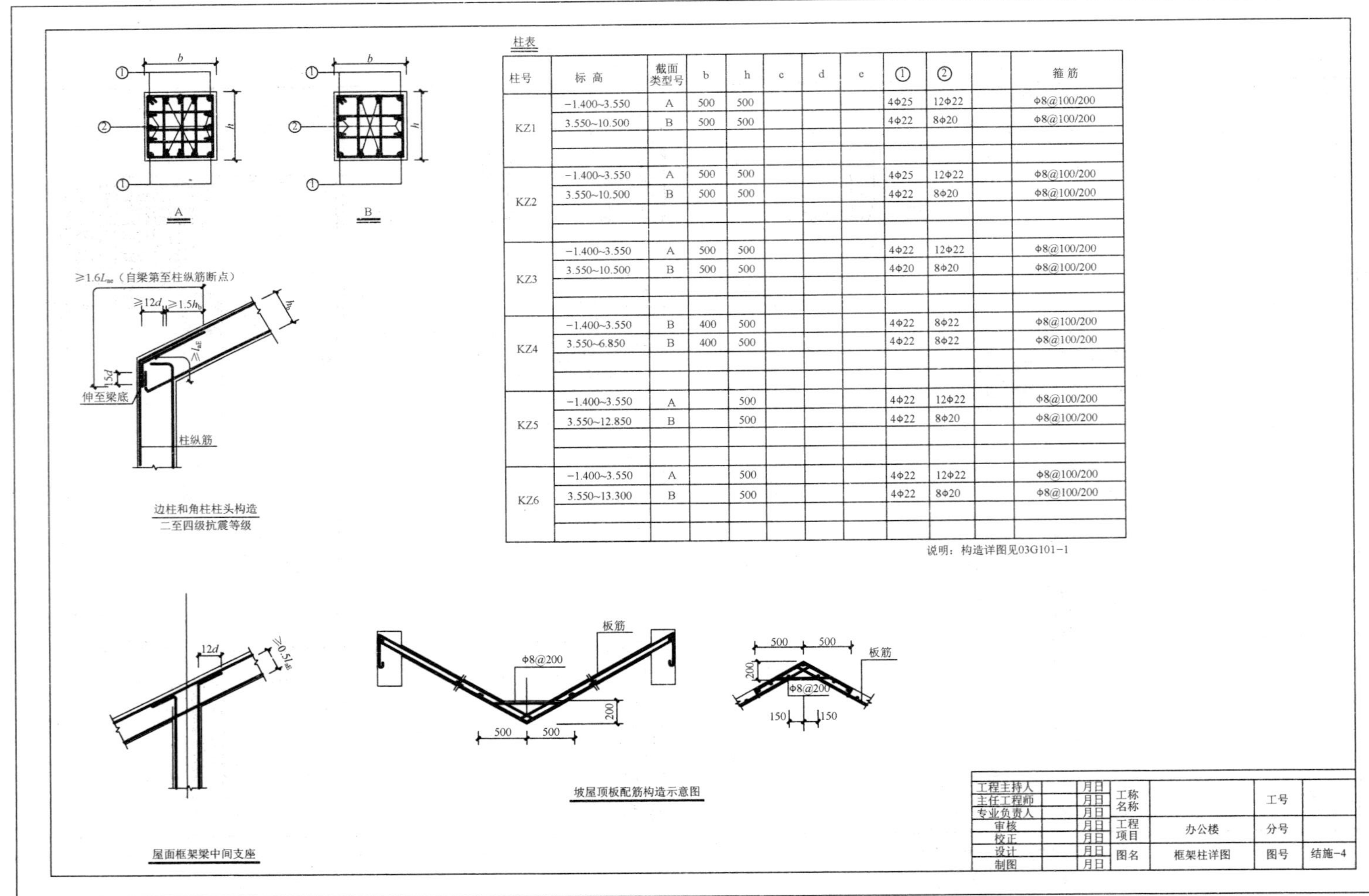

柱表

柱号	标 高	截面类型号	b	h	c	d	e	①	②		箍 筋
KZ1	−1.400~3.550	A	500	500				4Φ25	12Φ22		Φ8@100/200
	3.550~10.500	B	500	500				4Φ22	8Φ20		Φ8@100/200
KZ2	−1.400~3.550	A	500	500				4Φ25	12Φ22		Φ8@100/200
	3.550~10.500	B	500	500				4Φ22	8Φ20		Φ8@100/200
KZ3	−1.400~3.550	A	500	500				4Φ22	12Φ22		Φ8@100/200
	3.550~10.500	B	500	500				4Φ20	8Φ20		Φ8@100/200
KZ4	−1.400~3.550	B	400	500				4Φ22	8Φ22		Φ8@100/200
	3.550~6.850	B	400	500				4Φ22	8Φ22		Φ8@100/200
KZ5	−1.400~3.550	A		500				4Φ22	12Φ22		Φ8@100/200
	3.550~12.850	B		500				4Φ22	8Φ20		Φ8@100/200
KZ6	−1.400~3.550	A		500				4Φ22	12Φ22		Φ8@100/200
	3.550~13.300	B		500				4Φ22	8Φ20		Φ8@100/200

说明：构造详图见03G101−1

边柱和角柱柱头构造
二至四级抗震等级

屋面框架梁中间支座

坡屋顶板配筋构造示意图

工程主持人		月日	工称名称		工号	
主任工程师		月日				
专业负责人		月日				
审核		月日	工程项目	办公楼	分号	
校正		月日				
设计		月日	图名	框架柱详图	图号	结施−4
制图		月日				

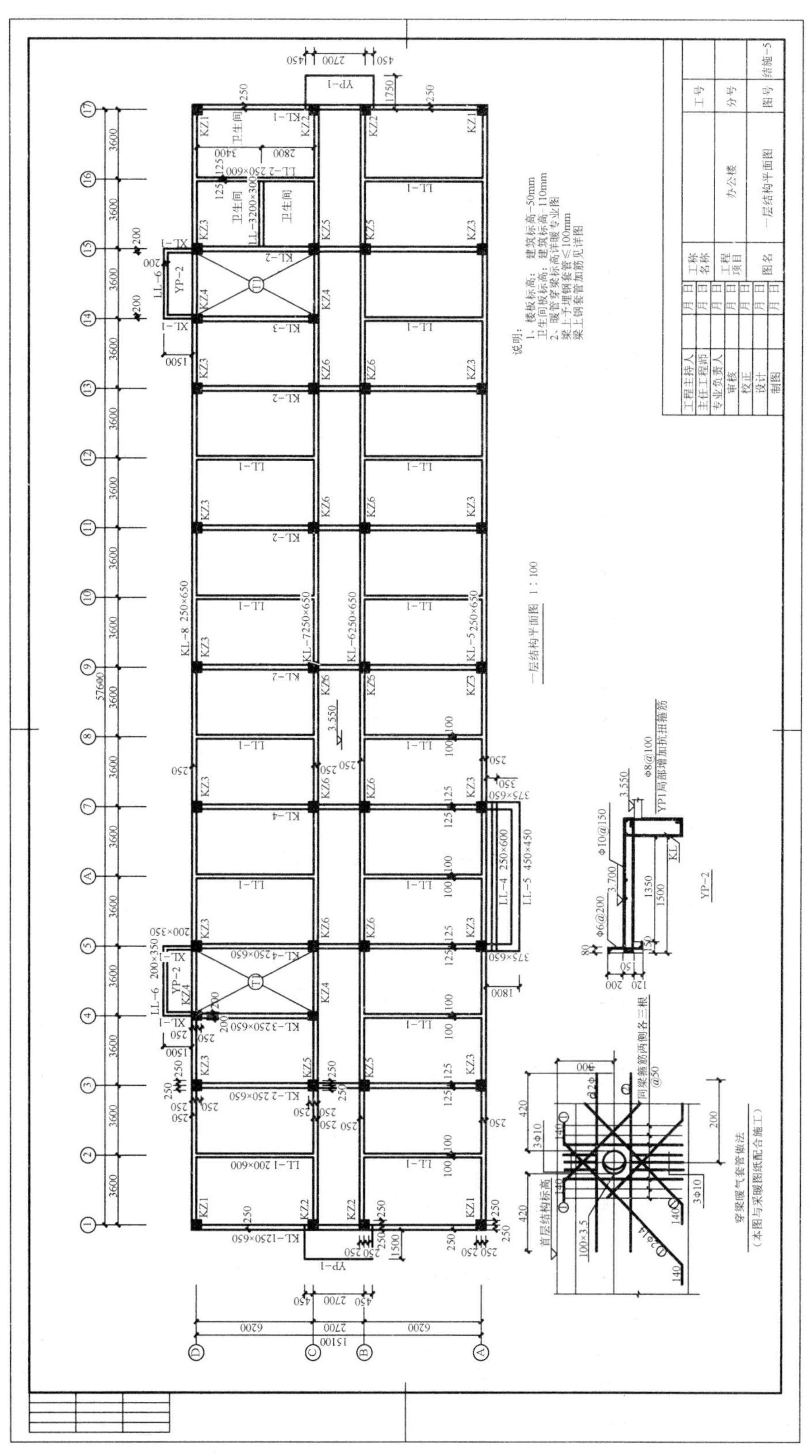

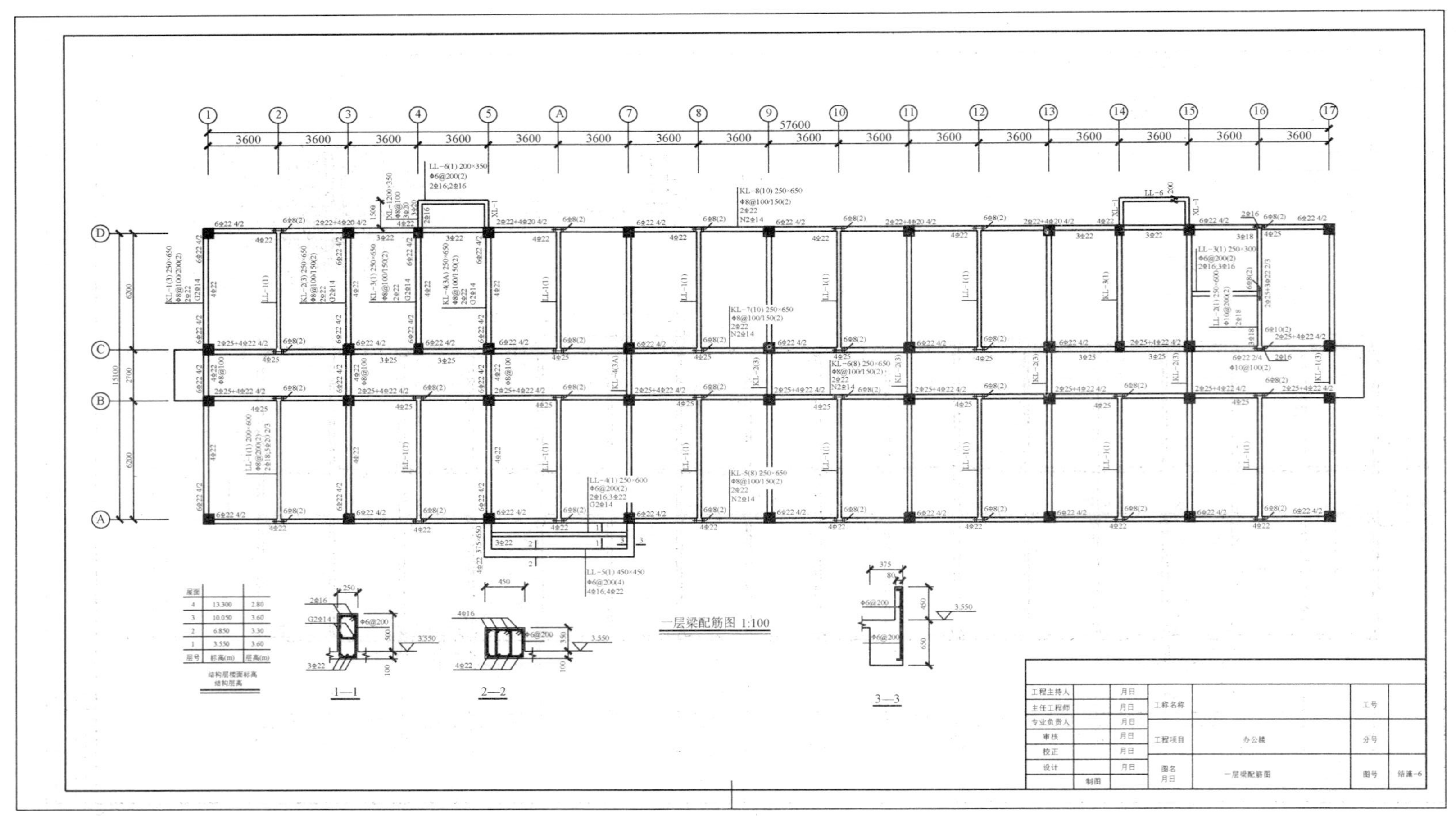
57600
3600
15100
6200
2700
KL-1(3) 250×650
KL-2(3) 250×650
KL-3(1) 250×650
KL-4(3A) 250×650
KL-5(8) 250×650
KL-6(8) 250×650
KL-7(10) 250×650
KL-8(10) 250×650
LL-1(1) 200×600
LL-2(1) 250×600
LL-3(1) 250×300
LL-4(1) 250×600
LL-5(1) 450×450
LL-6(1) 200×350
XL-1
一层梁配筋图 1:100
1—1
2—2
3—3
层面
4 13.300 2.80
3 10.050 3.60
2 6.850 3.30
1 3.550 3.60
层号 标高(m) 层高(m)
结构层楼面标高
结构层高
工程主持人
主任工程师
专业负责人
审核
校正
设计
制图
月日
工程名称
工程项目
办公楼
图名
一层梁配筋图
工号
分号
图号
结施-6

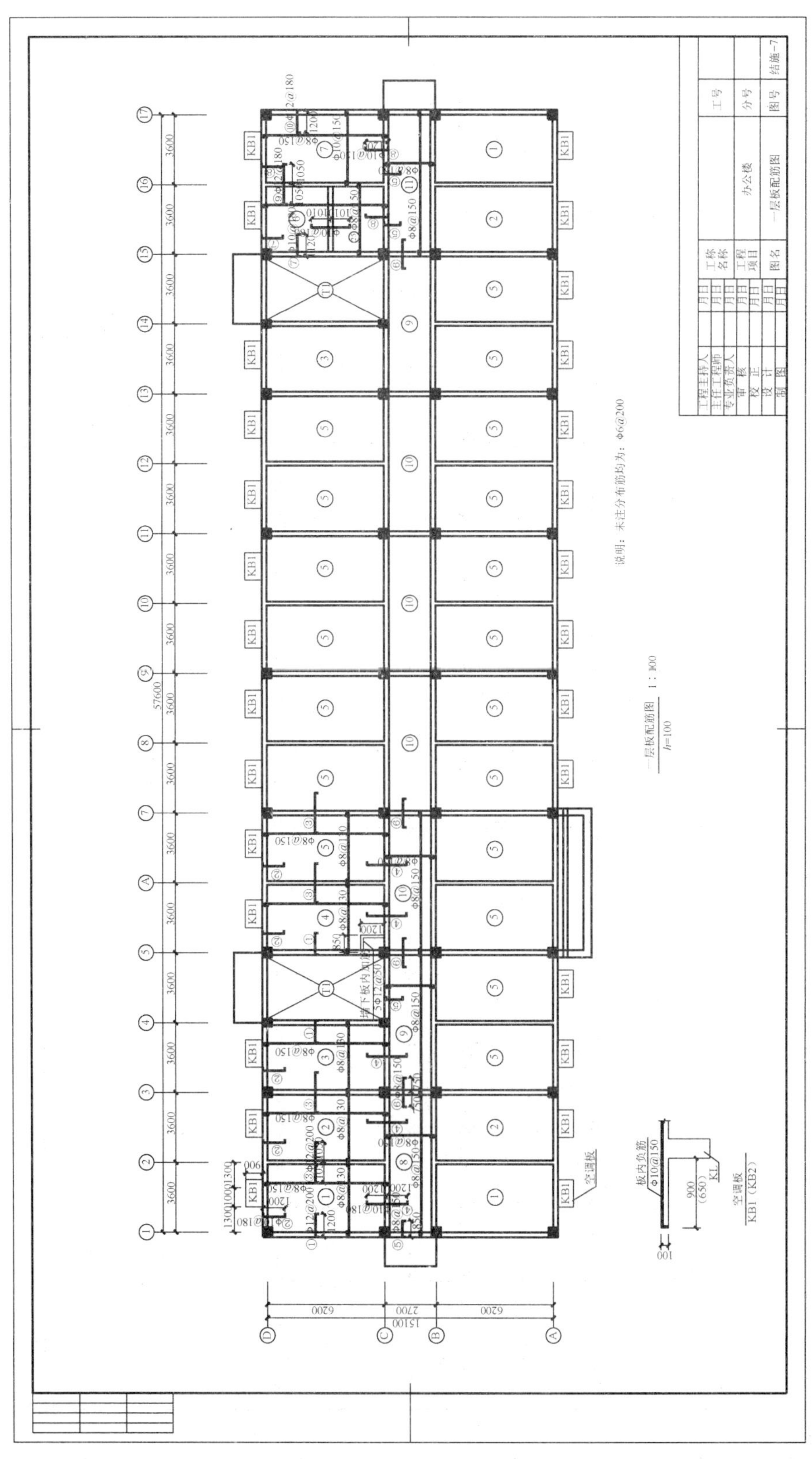
说明：未注分布筋均为：Φ6@200
一层板配筋图　1：100
h=100
办公楼
一层板配筋图
结施-7
空调板
KB1（KB2）
板内负筋
Φ10@150
57600
15100

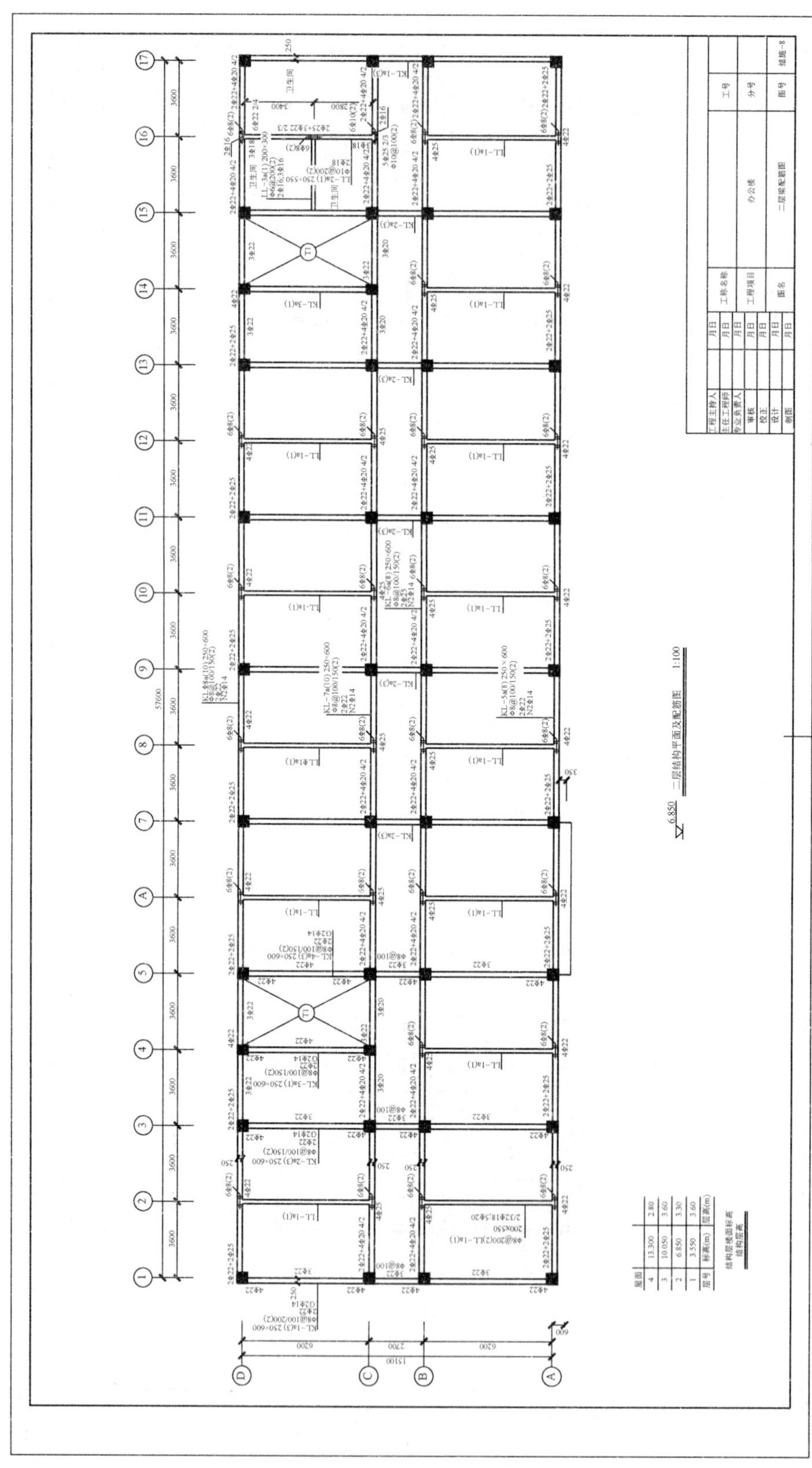

二层结构平面及配筋图 1:100
办公楼
二层梁配筋图
结施-8

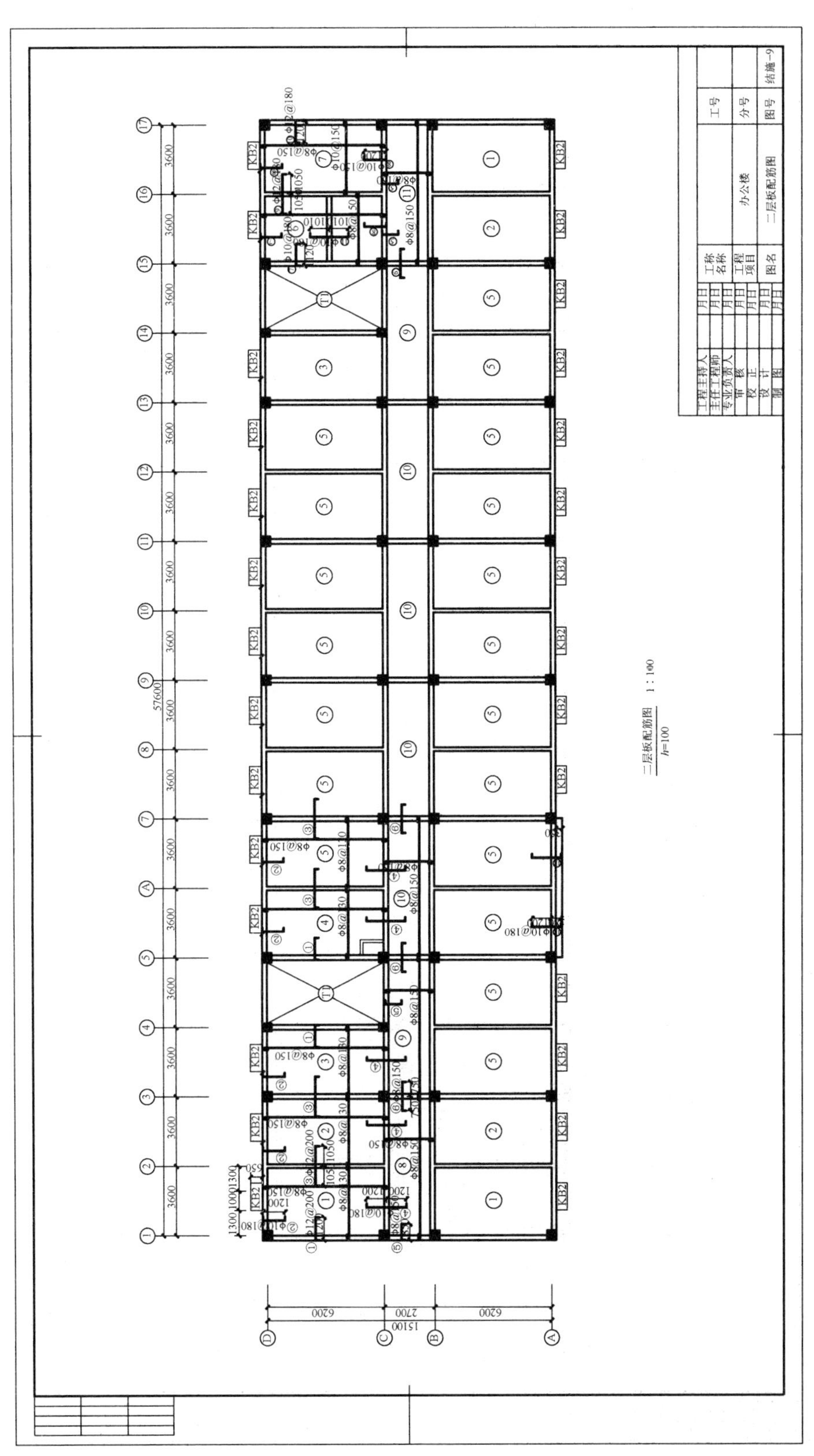

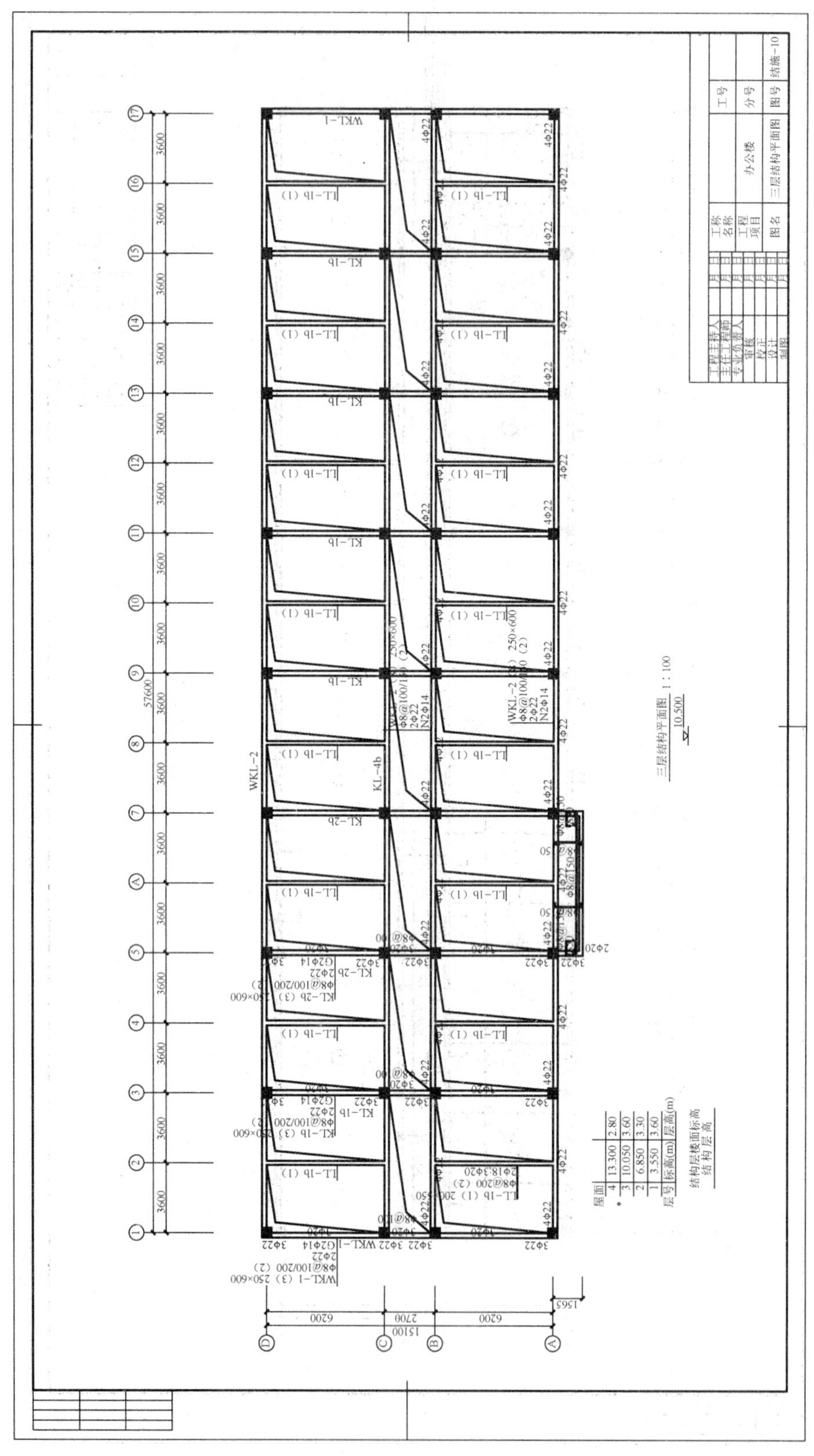
三层结构平面图 1:100
10.500
屋面
4 13.300 2.80
3 10.050 3.60
2 6.850 3.30
1 3.550 3.60
层号 标高(m) 层高(m)
结构层楼面标高
结构层高
工程主持人
主任工程师
专业负责人
审核
校计
设计
制图
工程名称
工程项目 办公楼
图名 三层结构平面图
工号
分号
图号 结施-10

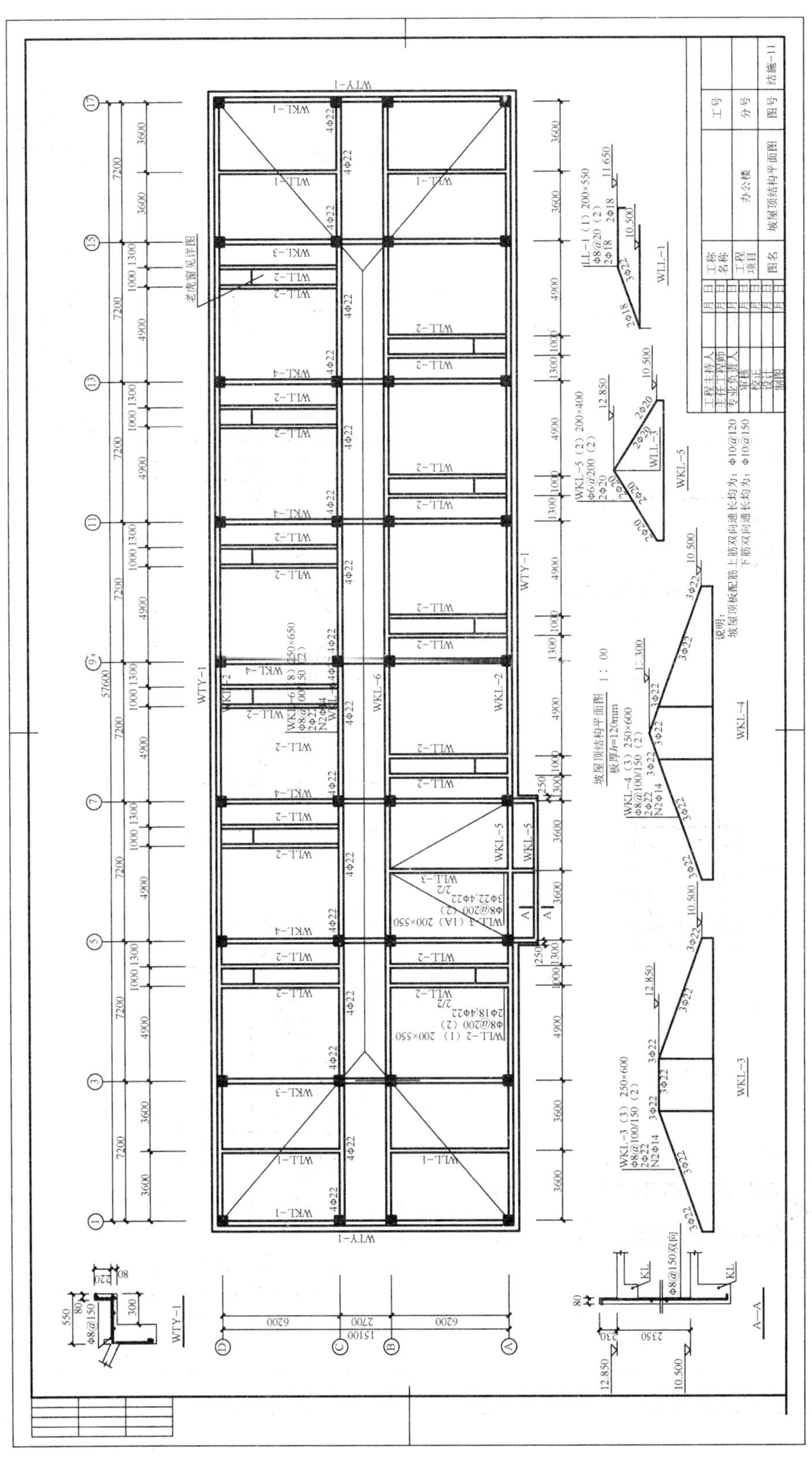

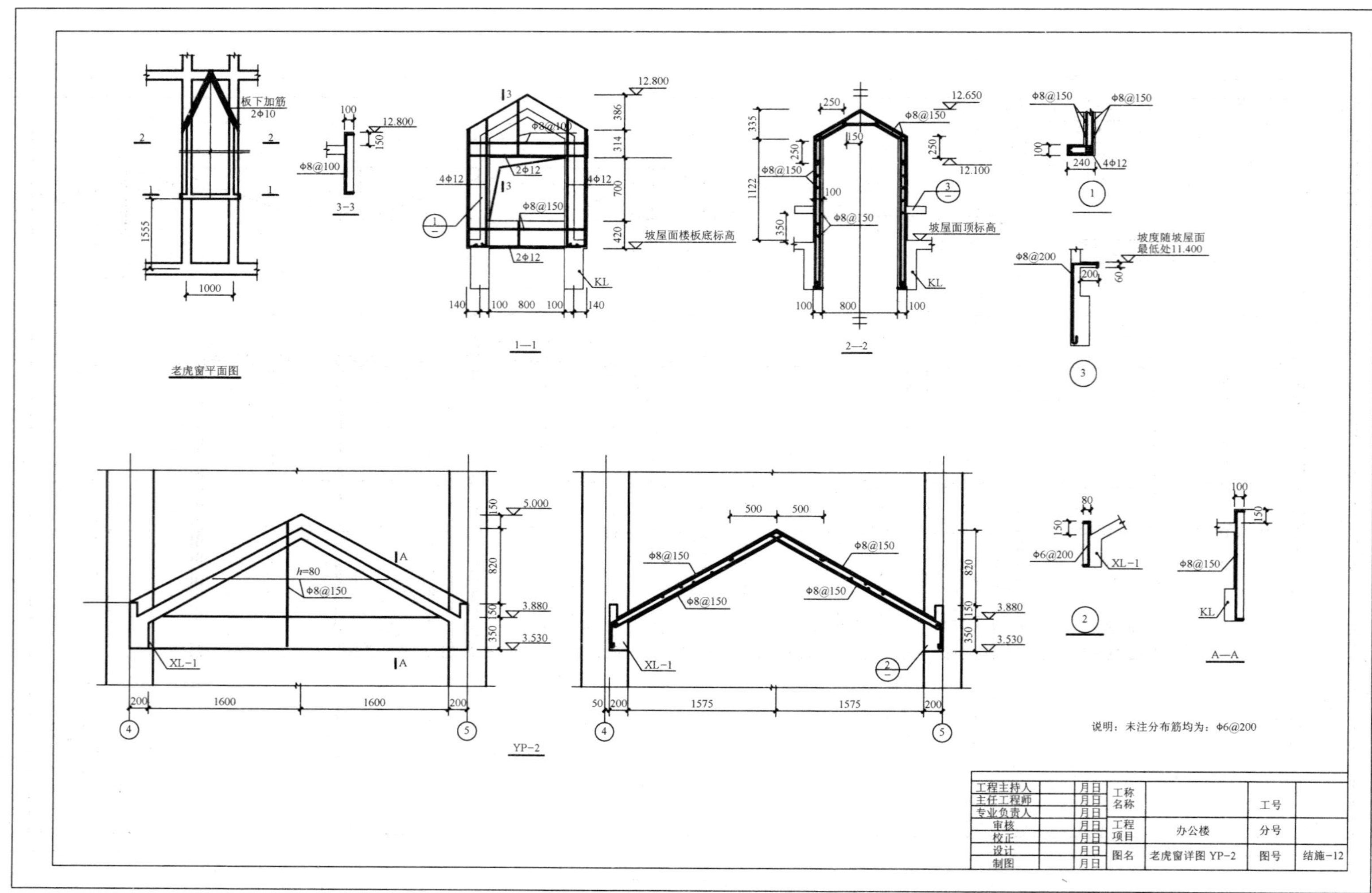

板下加筋
2Φ10
1555
1000
老虎窗平面图
12.800
Φ8@100
3-3
Φ8@100
4Φ12
2Φ12
Φ8@150
坡屋面楼板底标高
KL
1—1
12.650
Φ8@150
12.100
坡屋面顶标高
2—2
Φ8@150
4Φ12
坡度随坡屋面
最低处11.400
Φ8@200
h=80
Φ8@150
5.000
3.880
3.530
XL-1
YP-2
Φ6@200
A—A
说明：未注分布筋均为：Φ6@200
工程主持人
主任工程师
专业负责人
审核
校正
设计
制图
工称名称
工程项目
办公楼
图名
老虎窗详图 YP-2
工号
分号
图号
结施-12

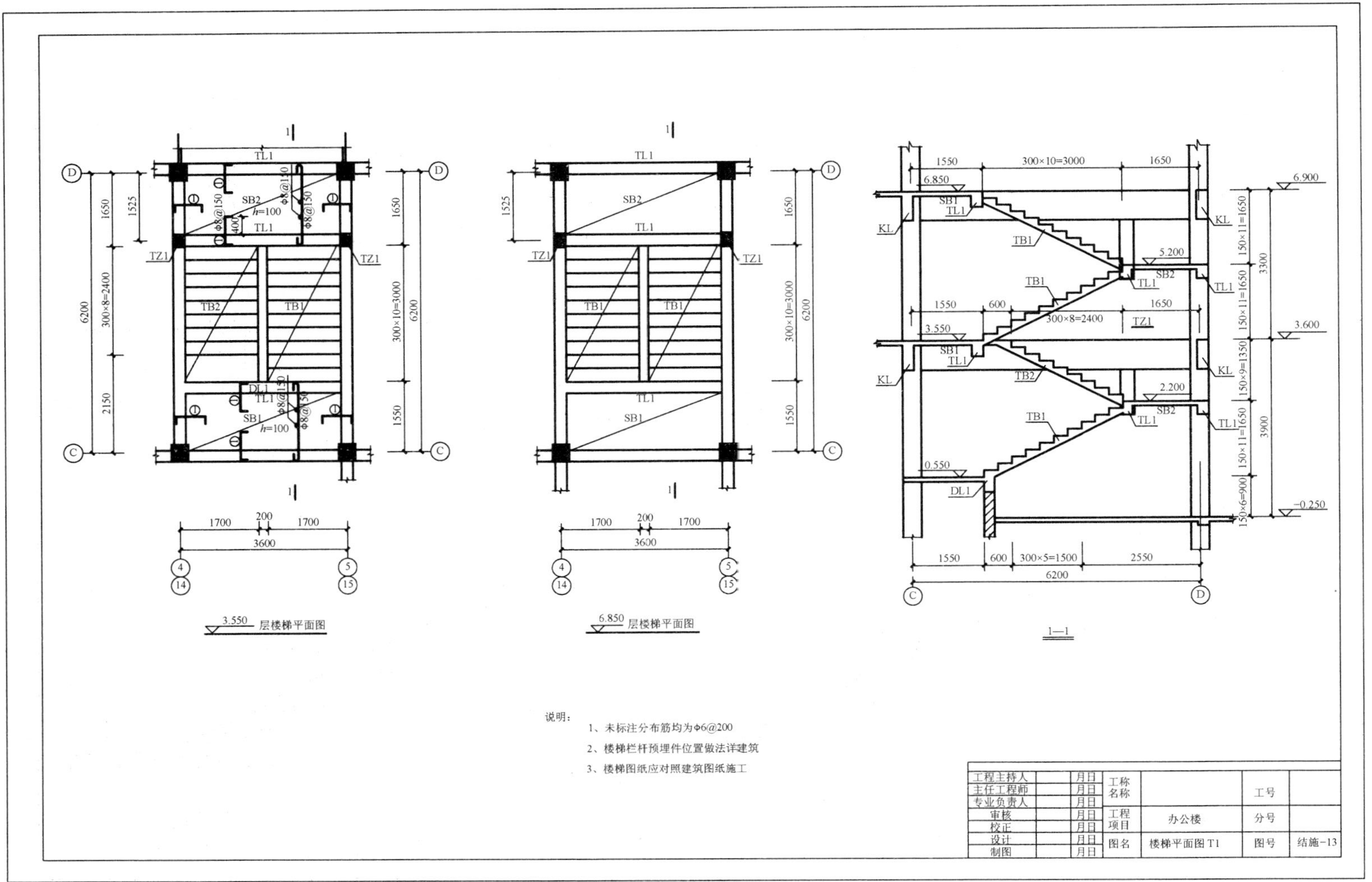
3.550 层楼梯平面图
6.850 层楼梯平面图
1—1
说明：
1、未标注分布筋均为Φ6@200
2、楼梯栏杆预埋件位置做法详建筑
3、楼梯图纸应对照建筑图纸施工
工程主持人
主任工程师
专业负责人
审核
校正
设计
制图
工称名称
工程项目
办公楼
图名
楼梯平面图T1
工号
分号
图号
结施-13

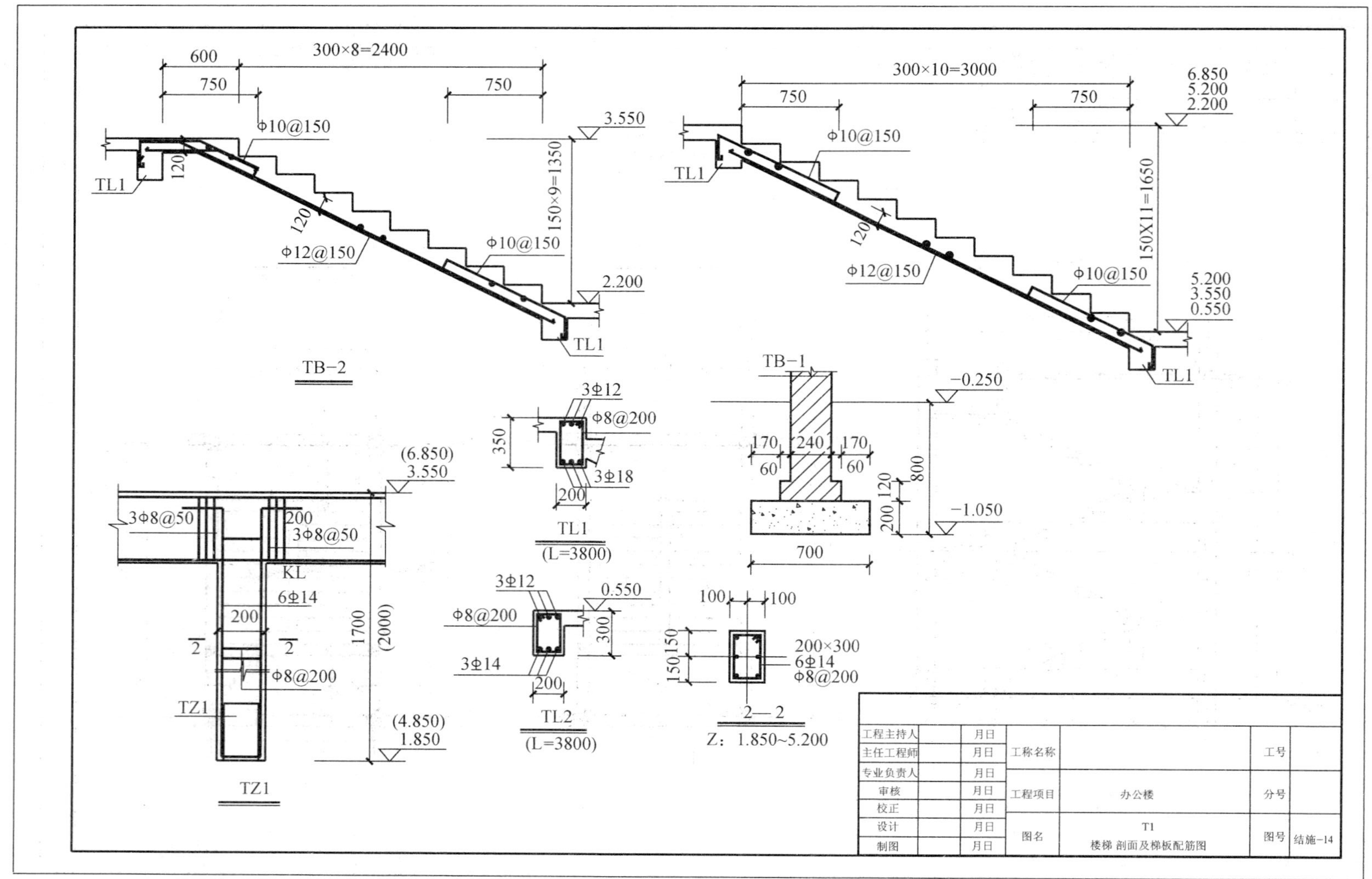
300×8=2400
300×10=3000
150×9=1350
150X11=1650
TB-2
TB-1
TL1
(L=3800)
TL2
(L=3800)
TZ1
KL
2—2
Z：1.850~5.200
工程主持人
主任工程师
专业负责人
审核
校正
设计
制图
月日
工称名称
工程项目
办公楼
图名
T1
楼梯 剖面及梯板配筋图
工号
分号
图号
结施-14

参 考 文 献

陈青来. 2007. 钢筋混凝土结构平法设计与施工规则[M]. 北京：中国建筑工业出版社.

彭波. 2008. G101 平法钢筋计算精讲[M]. 北京：中国电力出版社.

中国建筑标准设计研究院. 国家建筑标准设计图集 11G101—1 混凝土结构施工图平面整体表示方法制图规则和构造详图（现浇混凝土框架、剪力墙、梁、板）[s]. 北京：中国计划出版社.

中国建筑标准设计研究院. 2012. 12G101—2 混凝土结构施工图平面整体表示方法制图规则和构造详图（现浇混凝土板式楼梯）[s]. 北京：中国计划出版社.

中国建筑标准设计研究院. 11G101—3 混凝土结构施工图平面整体表示方法制图规则和构造详图（独立基础、条形基础、筏形基础及桩承台基础）[s]. 北京：中国计划出版社.

中华人民共和国住房和城乡建设部. 2010. GB 50010—2010 混凝土结构设计规范[s]. 北京：中国建筑工业出版社.